elemente chemie ist ein Lern- und Arbeitsbuch. Es dient sowohl der unterrichtlichen Arbeit als auch dem Nachbereiten und Wiederholen von Lerneinheiten. Das Buch kann jedoch den Unterricht nicht ersetzen.
Das Erleben von Experimenten und die eigene Auseinandersetzung mit deren Ergebnissen sind unerlässlich. Wissen muss erarbeitet werden.

Eine geeignete Aufbereitung soll den Umgang mit dem Buch erleichtern. Zu diesem Zwecke sind verschiedene Symbole und Kennzeichnungen verwendet worden, die überall im Buch die gleiche Bedeutung haben:

Rückblick. Alle Inhalte der letzten Jahrgangsstufe werden auf diesen Seiten in komprimierter Form wiederholt.

Praktikum. Ausführlich beschriebene, leicht durchführbare Schülerexperimente, welche die Schüler in Chemieübungen eigenständig durchführen können.

Exkurs. Zu den Themen des Lehrplans passende, aber teilweise darüber hinausgehende, interessante Inhalte.

Impulse. Fächerverbindende Inhalte oder Inhalte, die besondere Unterrichtsmethoden erfordern.

Auf Sonderseiten dargestellte Inhalte eignen sich teilweise auch für den Profilbereich.

Durchblick Zusammenfassung und Übung. Zusammenfassung, inhaltliche Vertiefungen und Aufgaben unterschiedlicher Schwierigkeit zur Überprüfung des Gelernten eines Kapitels.

Arbeitsteil (Aufgaben und Versuche). Einige Substanzen, mit denen im Chemieunterricht umgegangen wird, sind als Gefahrstoffe eingestuft. Die Bedeutung der Gefahrensymbole ist im Anhang dargestellt. Das Tragen einer Schutzbrille beim Experimentieren ist unerlässlich, weitere notwendige Schutzmaßnahmen sind beim Versuch vermerkt.
Die Versuchsanleitungen sind nach Schüler- und Lehrerversuch unterschieden und enthalten in besonderen Fällen Hinweise auf mögliche Gefahren.

V1 **Schülerversuch**. Die allgemeinen Hinweise zur Vermeidung von Unfällen beim Experimentieren müssen bekannt sein. Insbesondere ist immer eine **Schutzbrille** zu tragen. Auch Schülerversuche sind nur auf Anweisung des Lehrers auszuführen.

V1 **Lehrerversuch**

⚠ **Gefahrensymbol**. Bei Versuchen, die mit diesem Zeichen versehen sind, müssen vom Lehrer besondere Vorsichtsmaßnahmen getroffen werden.

A1 **Problem oder Arbeitsaufgabe**

[ ] Verweis auf Bild, Versuch oder Aufgabe innerhalb eines Unterkapitels.
Die Nummerierung der Aufgaben, Versuche und Bilder erfolgt unterkapitelweise.

Fettdruck (schwarz) im Text – wichtiger neuer Begriff

Texthinterlegung – Ergebnis vorangegangener Überlegungen, Definition, kurz: **Merksatz**

Hinweise zur Benutzung 3
Rückblick Quantitative Aspekte chemischer Reaktionen 6
Rückblick Molekülstruktur und Stoffeigenschaften 7
Rückblick Protonenübergänge 8
Rückblick Elektronenübergänge 9
Rückblick Qualitative Analysemethoden 10
Rückblick Aufgaben 10

Organische Chemie **13**
Friedrich Wöhler und die Harnstoffsynthese 14
Organische Kohlenstoffverbindungen 15
Praktikum Qualitative Analyse organischer Verbindungen 16

1 Struktur und Eigenschaften der Kohlenwasserstoffe **17**
1.1 Bindungsverhältnisse in Kohlenwasserstoffen 18
1.2 Formelschreibweise 21
1.3 Homologe Reihen 22
1.4 Nomenklatur verzweigter Kohlenwasserstoffmoleküle 23
1.5 Die Isomerie 24
1.6 Physikalische Eigenschaften der Alkane 25
1.7 **Impulse** Lernzirkel: Alkane 28
1.8 Brennbarkeit der Kohlenwasserstoffe 29
1.9 Halogenierung von Alkanen 30
1.10 Die radikalische Substitution 31
1.11 Die elektrophile Addition 32
1.12 **Exkurs** Weitere Additionsreaktionen und Dehydrierung 33
1.13 **Durchblick** Zusammenfassung und Übung 34

2 Kohlenwasserstoffe in Natur, Alltag und Technik **35**
2.1 Erdöl, Erdgas und Kohle 36
2.2 Methan – Hauptbestandteil des Erdgases 38
2.3 Gewinnung von Kohlenwasserstoffen aus Erdöl 39
2.4 Kraftfahrzeugbenzin – Verbrennung und Katalysator 40
2.5 Kraftfahrzeugbenzin – Veredelung 42
2.6 Erdatmosphäre und Treibhauseffekt 44
2.7 **Exkurs** Der Kohlenstoffkreislauf 48
2.8 Alternative Stoff- und Energiequellen 50
2.9 **Exkurs** Alternative Energiequellen im Vergleich 54
2.10 **Impulse** Das Ende des Ölzeitalters? 56
2.11 Halogenkohlenwasserstoffe 57
2.12 Halogenalkane und Ozon 58
2.13 Vom Ethen zum Polyethen 60
2.14 **Durchblick** Zusammenfassung und Übung 61

3 Eigenschaften und Reaktionen sauerstoffhaltiger organischer Verbindungen **63**
3.1 Alkohole 64
3.2 Aldehyde, Ketone und Carbonsäuren 66
3.3 Eigenschaften von Alkoholen 68
3.4 Eigenschaften von Aldehyden und Ketonen 72
3.5 Eigenschaften von Carbonsäuren 73
3.6 Reaktionen von Alkoholen 74
3.7 **Exkurs** Alkohole können Salze bilden 76
3.8 **Impulse** Lernzirkel: Alkohole 77
3.9 Reaktionen von Aldehyden und Ketonen 78
3.10 Reaktionen von Carbonsäuren 80
3.11 **Praktikum** Sauerstoffhaltige organische Verbindungen 83
3.12 Veresterung und Esterspaltung 84
3.13 **Exkurs** Säurekatalysierte Veresterung – Mechanismus 88
3.14 **Durchblick** Zusammenfassung und Übung 89

4 Sauerstoffhaltige organische Verbindungen in Natur und Technik 91
4.1 Herstellung von Alkohol 92
4.2 Exkurs Die Herstellung von Bier 93
4.3 Alkoholgenuss – Alkoholmissbrauch 94
4.4 Bedeutung verschiedener Alkohole 96
4.5 Impulse Vom Alkohol zum Katerfrühstück 98
4.6 Praktikum Alkoholische Gärung 100
4.7 Wichtige Aldehyde und Ketone 101
4.8 Essig und Essigsäure 103
4.9 Praktikum Essig im Alltag 104
4.10 Carbonsäuren 105
4.11 Exkurs Carbonsäuren als Lebensmittelzusatzstoffe 106
4.12 Exkurs Carbonsäuren in der Natur und im Alltag 107
4.13 Praktikum Organische Säuren in Lebensmitteln 108
4.14 Verwendung von Esterverbindungen 109
4.15 Praktikum Herstellung von Gummibärchen 110
4.16 Riesenmoleküle durch Esterbildung 112
4.17 Durchblick Zusammenfassung und Übung 113

5 Biomoleküle 115
5.1 Aufbau und Eigenschaften von Fetten 116
5.2 Verseifung von Fetten 118
5.3 Bedeutung der Fette in der Ernährung 119
5.4 Bedeutung der Fette als nachwachsende Rohstoffe 120
5.5 Impulse Treibstoff vom Acker – pro und contra 121
5.6 Klassifizierung der Kohlenhydrate 122
5.7 Glucose – eine mehrfunktionelle Verbindung 123
5.8 Stärke 125
5.9 Exkurs Stärkefolien – Kunststofffolien 126
5.10 Exkurs Vielfalt der Zucker 127
5.11 Aminocarbonsäuren 128
5.12 Proteinogene Aminosäuren 129
5.13 Peptide und Peptidbindung 130
5.14 Vielfalt der Proteine 131
5.15 Durchblick Zusammenfassung und Übung 133

Basiskonzeptseiten 135
Donator-Akzeptor-Konzept 136
Struktur-Eigenschafts-Konzept 138
Stoff-Teilchen-Konzept 140
Energiekonzept 142
Gleichgewichtskonzept 143

Anhang 144
Tabellen 144
Hinweise auf besondere Gefahren: R-Sätze 146
Sicherheitsratschläge: S-Sätze 147
Entsorgung von Chemikalienabfällen 148
Stichwortverzeichnis 149
Bildquellenverzeichnis 153

Rückblick Quantitative Aspekte chemischer Reaktionen

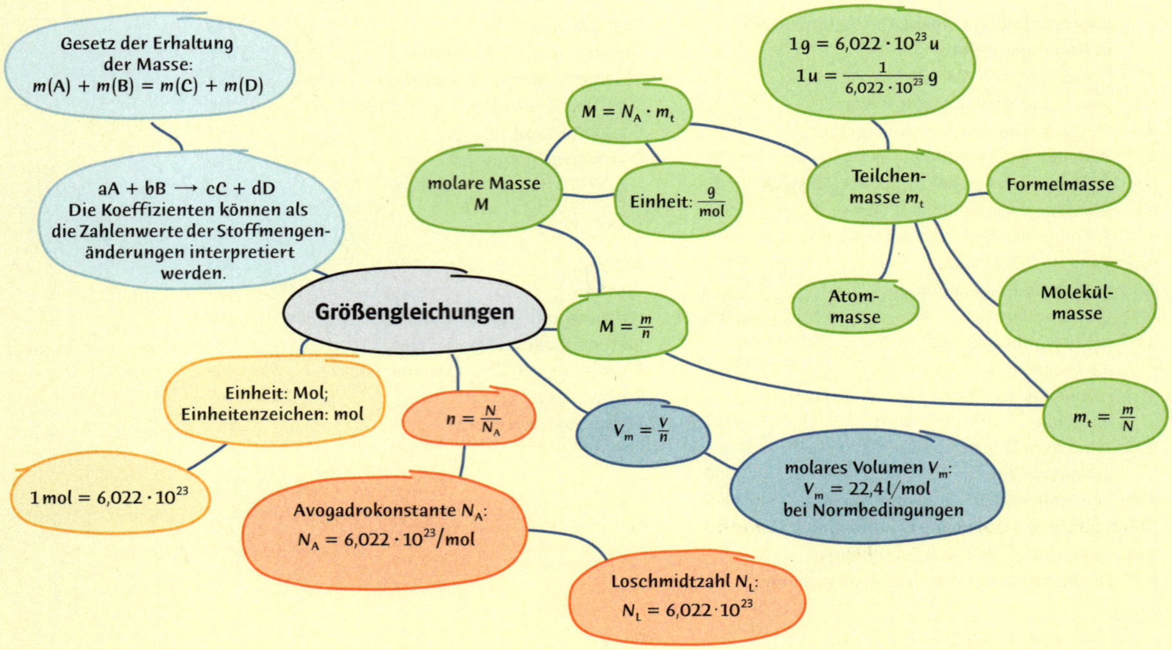

Größe		Mögliche Einheiten
Symbol	**Bezeichnung**	
M	Molare Masse	g/mol
n	Stoffmenge	mol
m	Masse der Stoffportion	g, kg, t
V	Volumen	ml, l, dm^3, cm^3
V_m	Molares Volumen	l/mol
m_t	Teilchenmasse	u
N_A	Avogadrokonstante	1/mol
N_L	Loschmidtzahl	1, mol
E_s	Sublimationsenergie	J, kJ
E_I	Ionisierungsenergie	J, kJ
E_D	Dissoziationsenergie	J, kJ
E_A	Elektronenaffinität	J, kJ
E_G	Gitterenergie	J, kJ
ΔE_i	Bildungsenergie	J, kJ

Isotope
Atome des gleichen Elements, deren Protonenzahl identisch ist, die sich jedoch in der Neutronenzahl und damit ihrer Atommasse unterscheiden, sind Isotope. Diese stehen im Periodensystem an der gleichen Stelle, d. h., sie haben dieselbe Ordnungszahl. Die Isotope eines Elements zeigen gleiches chemisches Verhalten.

Umrechnungsfaktoren zwischen Gramm und atomarer Masseneinheit
$1\,u = 1{,}66054 \cdot 10^{-24}\,g$
$1\,g = 6{,}02214 \cdot 10^{23}\,u$

Mittlere Atommasse
Die im Periodensystem angegebene Masse ist die mittlere Atommasse. Diese wird aus den Teilchenmassen der verschiedenen Isotope und deren relativen Häufigkeiten berechnet. Bei Reinelementen spricht man von der Atommasse des Elements.

Molekülmasse
Die Molekülmasse berechnet man, indem man die mittleren Atommassen bzw. Atommassen der Elemente, aus denen das Molekül aufgebaut ist, addiert.

Bildungsenergie eines Salzes
Bei der Bildung eines Salzes aus einem Metall und einem Nichtmetall setzt sich die Bildungsenergie folgendermaßen zusammen:

$$\Delta E_i = E_S + E_D + E_I + E_A + E_G$$

Rückblick Molekülstruktur und Stoffeigenschaften

Orbital
Das Orbital ist ein bestimmter Raum um den Atomkern, in dem sich die Elektronen befinden. Jedes Atomorbital kann maximal zwei Elektronen aufnehmen.

Molekülorbital
Die wechselseitige Durchdringung von Atomorbitalen führt zur Bildung eines Molekülorbitals. Wird dieses mit einem gemeinsamen Elektronenpaar besetzt, liegt eine Elektronenpaarbindung (Atombindung) vor. Diese beiden Elektronen stammen aus den einfach besetzten Atomorbitalen.

Elektronenpaarabstoßungsmodell (EPA)
Mithilfe des EPA-Modells lässt sich der räumliche Bau von Molekülen einfach darstellen. Man bedient sich folgender Regeln:
1. Elektronenpaare stoßen sich gegenseitig ab und bilden den jeweils größtmöglichen Winkel untereinander.
2. Nicht bindende Elektronenpaare benötigen mehr Raum als bindende.
3. Mehrfachbindungen werden in ihrer abstoßenden Wirkung wie Einfachbindungen behandelt.

Polare Atombindung
Sind in einem Molekül Atome mit verschiedenen Elektronegativitätswerten [B2] miteinander verbunden, entsteht durch die unsymmetrische Ladungsverteilung [B4] eine polare Atombindung, die sich im Auftreten von Teilladungen (Partialladungen) äußert.

Zwischenmolekulare Kräfte
Zwischen einzelnen Teilchen können Wechselwirkungen auftreten. Beruhen sie auf induzierten Dipolen, spricht man von Van-der-Waals-Kräften. Bei kleinen Molekülen sind diese schwach. Ist ein Molekül ein permanenter Dipol, sind die auftretenden zwischenmolekularen Kräfte meist stärker. Jedoch sind die Dipol-Dipol-Kräfte wiederum nicht so stark wie die Dipol-Ionen-Kräfte. Daneben gibt es noch die Wasserstoffbrücken, die meist stärker sind als die Van-der-Waals-Kräfte. Je nachdem, welche zwischenmolekularen Kräfte vorliegen bzw. wie stark diese ausgeprägt sind, ergeben sich spezifische Stoffeigenschaften. Diese äußern sich z. B. in unterschiedlichen Siedetemperaturen oder Löslichkeiten.

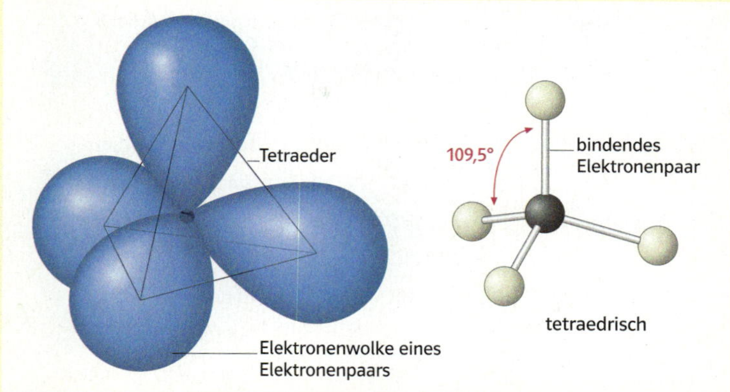

B1 Modelle zum räumlichen Bau des Methanmoleküls

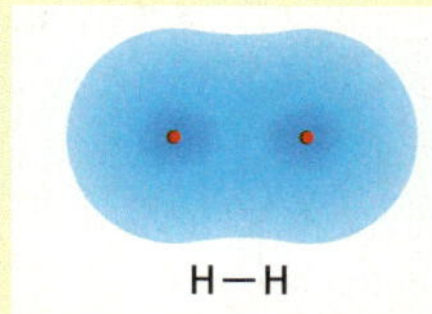

B3 Symmetrische Ladungsverteilung beim Wasserstoffmolekül

Hydratation
Da Wassermoleküle Dipole sind, können sie einzelne Ionen aus einem Salzverband herauslösen und umgeben. Man nennt diesen Vorgang Hydratation.

Wasserstoffbrücke
Wassermoleküle sind Dipole. Diese haben die Möglichkeit mit anderen Wassermolekülen in Wechselwirkung zu treten. Durch die Ausbildung von Wasserstoffbrücken ergeben sich für das Wasser besondere Eigenschaften wie Dichteanomalie, eine hohe Wärmekapazität und eine große Oberflächenspannung.

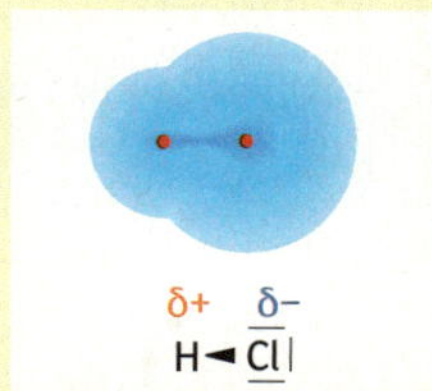

B4 Unsymmetrische Ladungsverteilung beim Hydrogenchloridmolekül

Hauptgruppen						
I	II	III	IV	V	VI	VII
H 2,1						
Li 1,0	Be 1,5	B 2,0	C 2,5	N 3,0	O 3,5	F 4,0
Na 0,9	Mg 1,2	Al 1,5	Si 1,8	P 2,1	S 2,5	Cl 3,0
K 0,8	Ca 1,0	Ga 1,6	Ge 1,8	As 2,0	Se 2,4	Br 2,8
Rb 0,8	Sr 1,0	In 1,7	Sn 1,8	Sb 1,9	Te 2,1	I 2,5

B2 Elektronegativitätswerte von einigen Hauptgruppenelementen nach PAULING

Rückblick Protonenübergänge

Säure bzw. Lauge	Formel	Säurerestanion bzw. Basenkation	Name des Anions bzw. Kations
Salzsäure	HCl	Cl^-	Chloridion
Schwefelsäure	H_2SO_4	HSO_4^-	Hydrogensulfation
		SO_4^{2-}	Sulfation
Schweflige Säure	H_2SO_3	HSO_3^-	Hydrogensulfition
		SO_3^{2-}	Sulfition
Schwefelwasserstoff	H_2S	HS^-	Hydrogensulfidion
		S^{2-}	Sulfidion
Kohlensäure	H_2CO_3	HCO_3^-	Hydrogencarbonation
		CO_3^{2-}	Carbonation
Salpetersäure	HNO_3	NO_3^-	Nitration
Phosphorsäure	H_3PO_4	$H_2PO_4^-$	Dihydrogenphosphation
		HPO_4^{2-}	Hydrogenphosphation
		PO_4^{3-}	Phosphation
Natronlauge	$NaOH$	Na^+	Natriumion
Kalilauge	KOH	K^+	Kaliumion
Kalkwasser	$Ca(OH)_2$	Ca^{2+}	Calciumion
Ammoniakwasser	NH_4OH	NH_4^+	Ammoniumion

B1 Wichtige Säuren und Laugen

B2 pH-Skala

Indikator	sauer	neutral	basisch
Lackmus	rot	violett	blau
Bromthymolblau	gelb	grün	blau
Phenolphthalein	farblos	farblos	rotviolett
Universalindikator	rot	gelb	blau

B3 Wichtige Indikatoren

Säure-Base-Definition nach Brønsted Säuren sind Protonendonatoren, Basen sind Protonenakzeptoren.

Charakteristische Ionen
In sauren Lösungen befinden sich Oxoniumionen (H_3O^+), die den Farbumschlag des Universalindikators nach Rot bewirken. In basischen (alkalischen) Lösungen sind Hydroxidionen (OH^-) enthalten, welche den Farbumschlag des Universalindikators nach Blau verursachen.

Indikatoren
Farbstoffe, deren Farbe davon abhängt, ob sie sich in saurer, neutraler oder basischer Lösung befinden [B3].

pH-Wert
Gibt an, wie sauer bzw. basisch eine wässrige Lösung ist [B2].

Protolyse
Übertrag eines Protons von einem Protonendonator auf einen Protonenakzeptor.

Korrespondierendes Säure-Base-Paar
Teilchenpaar, bei dem das eine Teilchen durch Protonenaufnahme oder -abgabe aus dem anderen Teilchen gebildet werden kann.
Beispiele: H_3O^+/H_2O oder H_2O/OH^-

Ampholyt
Teilchen, das sowohl als Protonendonator wie auch als Protonenakzeptor wirken kann.
Beispiele: H_2O oder HCO_3^-

Neutralisation
Die Oxoniumionen einer Säureportion reagieren mit den Hydroxidionen einer Laugenportion unter Energiefreisetzung zu Wasser.

$$H_3O^+ + OH^- \longrightarrow 2\,H_2O$$

Säure-Base-Reaktionsschema
Allgemein:
Säure 1 + Base 2 ⟶ Base 1 + Säure 2

Konkret:
Protonenabgabe

$$\underset{\text{Säure 1}}{H_2O} + \underset{\text{Base 2}}{NH_3} \longrightarrow \underset{\text{Base 1}}{OH^-} + \underset{\text{Säure 2}}{NH_4^+}$$

Protonenaufnahme

Rückblick Elektronenübergänge

Oxidation und Reduktion
Teilchen, die Elektronen abgeben, werden oxidiert, sie selbst sind Reduktionsmittel. Bekannte Reduktionsmittel sind Wasserstoff oder Kohlenstoff. Teilchen, die Elektronen aufnehmen, sind Oxidationsmittel; sie werden reduziert. Zu den gängigsten Oxidationsmitteln gehören Sauerstoff, Wasserstoffperoxid, Kaliumpermanganat oder die oxidierende Säure Salpetersäure.

Oxidationszahl
Um sie zu ermitteln, geht man formal davon aus, dass eine Verbindung aus Atomionen aufgebaut ist. Dabei erhält immer der elektronegativere Bindungspartner alle Bindungselektronen. Die Oxidationszahlen werden in römischen Ziffern über das jeweilige Atomsymbol geschrieben. Bei negativen Oxidationszahlen wird der römischen Ziffer ein Minuszeichen vorangestellt [B1].

Redoxreaktionen
Elektronenübergänge von einem Elektronendonator auf einen Elektronenakzeptor nennt man Redoxreaktionen. Um eine Redoxreaktion korrekt aufzustellen, müssen einige Regeln beachtet werden [B2].

Galvanische Elemente
Die unterschiedliche Fähigkeit von Metallatomen und Metallionen Elektronen abzugeben, kann man dazu nutzen elektrische Spannung aufzubauen [B3]. Die bekanntesten Beispiele für galvanische Elemente sind Batterien und Akkumulatoren.

Brennstoffzelle
Ein spezielles galvanisches Element, bei dem Brennstoff (meist Wasserstoff) und Sauerstoff von außen zugeführt werden. Der Brennstoff und Sauerstoff kommen nicht in direkten Kontakt miteinander. Die Reaktion, bei der chemische direkt in elektrische Energie umgewandelt wird, läuft kontrolliert ab. Daher wird die Reaktionsenergie nicht auf einen Schlag frei, wie bei der Knallgasreaktion.

Für elementare Stoffe gilt:
1. Die Atome der elementaren Stoffe haben die Oxidationszahl 0.

In Verbindungen gilt:
2. Metallionen haben immer eine positive Oxidationszahl.
3. Fluoratome haben grundsätzlich die Oxidationszahl –I.
4. Wasserstoffatome haben die Oxidationszahl I (Ausnahme: in Verbindungen mit Metallen: –I).
5. Sauerstoffatome haben die Oxidationszahl –II (Ausnahme: in Peroxiden: –I).
6. Bei Molekülen und Elementargruppen ist die Summe der Oxidationszahlen aller Atome 0.
7. Bei Atomionen entspricht die Oxidationszahl der Ladung.
8. Bei Molekülionen entspricht die Summe der Oxidationszahlen der Ladung.

B1 Regeln zur Ermittlung von Oxidationszahlen

a) Anschreiben der Teilchen und Ermitteln der **Oxidationszahlen**.
b) Aufstellen der **Teilreaktionsgleichungen**:
- Ermittlung der an den Vorgängen beteiligten **Elektronenanzahlen**.
- **Ausgleich der Elektronenanzahl** durch das kleinste gemeinsame Vielfache.

c) **Ladungsausgleich**:
Unter sauren Bedingungen durch Oxoniumionen (H_3O^+).
Unter alkalischen Bedingungen durch Hydroxidionen (OH^-).
d) **Atomanzahlausgleich** durch Wassermoleküle, falls Lösungen vorliegen.
e) Aufstellen der **gesamten Reaktionsgleichung** durch Addition der Teilgleichungen.

B2 Regeln zum Erstellen von Redoxgleichungen

	Elektrolyse	**Galvanisches Element**
Energieumwandlung	Elektrische Energie ⟶ chemische Energie	Chemische Energie ⟶ elektrische Energie
freiwillig oder erzwungen?	erzwungen	freiwillig
Anode	Pluspol	Minuspol
Kathode	Minuspol	Pluspol

B3 Vergleich von galvanischem Element und Elektrolyse

Eselsbrücke ANOX An der Anode findet immer die Oxidation statt

Elektrolyse
Durch diesen Vorgang werden Redoxreaktionen erzwungen [B3]. Dazu muss eine Gleichspannung angelegt werden.

Rückblick Qualitative Analysemethoden

B1 Untersuchung von Sprudelwasser

Analytische Chemie

Qualitative Analyse	Quantitative Analyse
Frage: Was? Welche Atome, Ionen, Moleküle?	Frage: Wie viel?

B3 Unterschied zwischen qualitativer und quantitativer Analyse

Nachweisreagenzien
sind zusätzlich zu den zu untersuchenden Proben benötigte Chemikalien.

Fällungsreaktionen
Durch Zugabe des Nachweisreagenzes zu einer Prüflösung entsteht bei Anwesenheit bestimmter Ionen ein schwer lösliches Salz.

Beispielsweise können die Halogenidionen Cl^-, Br^-, I^-, Bariumionen Ba^{2+}, Sulfationen SO_4^{2-} und Carbonationen CO_3^{2-} mithilfe von Fällungsreaktionen nachgewiesen werden.

Flammenfärbung
In B2 und B5 sind die Flammenfärbungen von Alkali- und Erdalkalimetallen abgebildet.
Lithium – karminrot, Natrium – gelb,
Kalium – violett, Rubidium – dunkelrot,
Caesium – blau, Calcium – ziegelrot,
Strontium – zinnoberrot, Barium – hellgrün

Bezeichnung	Nachweis von
Glimmspanprobe	Sauerstoff
Knallgasprobe	Wasserstoff
Kalkwasserprobe	Kohlenstoffdioxid
Iod-Stärke-Reaktion	Iod oder Stärke

B4 Spezielle Nachweisreaktionen

Rückblick Aufgaben zu den Seiten 6 bis 10

A1 Bei der Untersuchung von Sprudelwasser mit den entsprechenden Reagenzien kann man die in B1 dargestellten Beobachtungen machen.
a) Welche Schlüsse lassen sich daraus ziehen?
b) Formuliere für die Bildung der Niederschläge die jeweilige Reaktionsgleichung.

A2 Beschreibe eine Vorgehensweise, um Kaliumchlorid eindeutig von Natriumsulfat unterscheiden zu können.

A3 Fasse in eigenen Worten zusammen, welche Aufgabe der analytischen Chemie zukommt.

A4 Gib die Stoffmengen und Massen von Schwefel und Kupfer zur Gewinnung von 1 mol Kupfersulfid (Cu_2S) an.

A5 Gib die Atommasse von Schwefel, die zugehörige molare Masse und die Masse von 1 mol Schwefelatomen an.

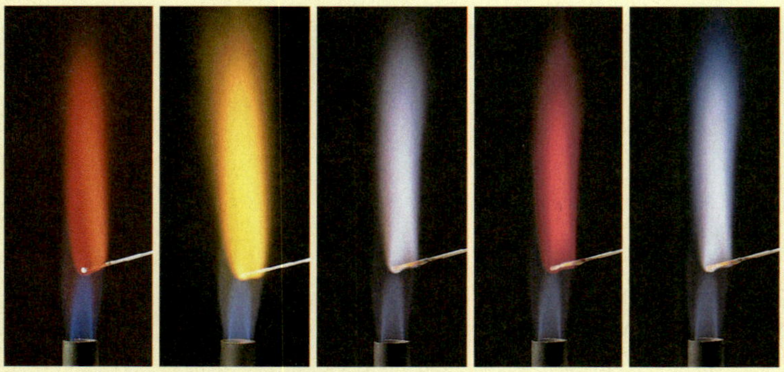

B2 Flammenfärbung der Alkalimetalle – Lithium (ganz links), Natrium, Kalium, Rubidium, Caesium (ganz rechts)

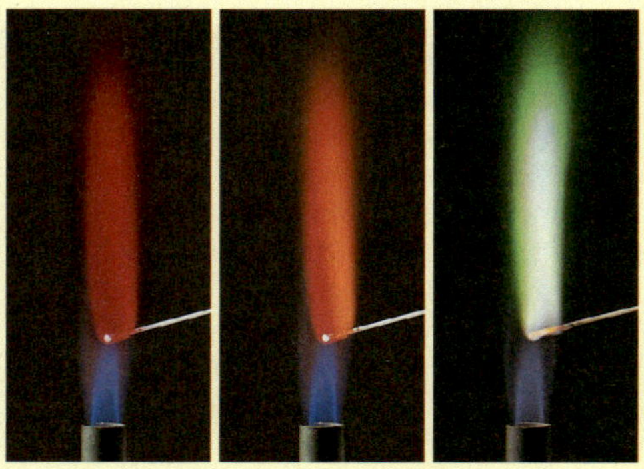

B5 Flammenfärbung von Calcium (links), Strontium (Mitte) und Barium (rechts)

Verhältnisformel	Atomanzahlverhältnis	Massenverhältnis
Ag_2S	$\frac{N(Ag)}{N(S)} = \frac{2}{1}$	$\frac{2 \cdot 107{,}9\,u}{1 \cdot 32{,}1\,u} = \frac{6{,}7}{1}$
FeS_2		
	$\frac{N(Al)}{N(S)} = \frac{2}{3}$	

B6 Zur Aufgabe 6

Gruppe	m(Blei)	m(Schwefel)	m(Bleisulfid)	$\frac{m(\text{Blei})}{m(\text{Schwefel})}$
1	1,28 g		1,48 g	
2	1,00 g		1,16 g	
3	1,24 g		1,43 g	
4	1,56 g		1,82 g	

B7 Zur Aufgabe 7

A6 Übertrage Tabelle B6 in dein Heft und ermittle die fehlenden Angaben.

A7 In einer Versuchsreihe haben Blei und Schwefel zu Bleisulfid reagiert. Dabei sind jeweils die Masse des Bleis und – nach der Reaktion – die Masse der Bleisulfidportion bestimmt worden.
a) Übertrage Tabelle B7 in dein Heft.
b) Berechne die fehlenden Angaben.
c) Bestimme die Verhältnisformel von Bleisulfid.

A8 Die Anzahl $6 \cdot 10^{23}$ ist unvorstellbar groß. **a)** Wie lange müsste ein Computer zählen, der in der Lage ist, pro Sekunde 1 Milliarde Atome zu zählen?
b) In welchem Zusammenhang steht die Anzahl $6 \cdot 10^{23}$ mit den quantitativen Beziehungen in der Chemie?

A9 20 ml Essig werden mit Phenolphthaleinlösung versetzt. Anschließend wird die Probe mit Natronlauge der Konzentration $c(\text{NaOH}) = 1\,\text{mol/l}$ bis zum Umschlag des Indikators nach Rotviolett titriert. Es werden 16,7 ml Natronlauge benötigt.
a) Welche Stoffmengenkonzentration an Essigsäure weist der Essig auf?
b) Wie groß ist der Massenanteil der Essigsäure? ($\rho(\text{Essig}) = 1{,}006\,\text{g/ml}$)

A10 Welche Bedeutung haben die Zeichen δ+ und δ−, die Atomsymbolen in Strukturformeln zugeordnet werden?

A11 Was versteht man unter Elektronegativität?

A12 Ordne folgende Atome nach steigender Elektronegativität:
a) O, F, H, Na, S, Al
b) Br, C, O, H, Cl, Mg.

A13 Nenne vier Beispiele für Dipolmoleküle.

A14 Ordne folgende Bindungen nach steigender Polarität. Ermittle zuvor die Differenzen der Elektronegativitätswerte
Cl—H, O—H, C—H, Br—H, C—I, C—O, F—H, O—Cl

A15 Feuchte Schwammtücher saugen Wasser besser auf als trockene. Trockene Erde nimmt Wasser nicht so gut auf wie feuchte. Man erklärt dieses Phänomen mit Wassermolekülen, die, wenn sie einmal einen Kontakt zu einer Oberfläche haben, andere Wassermoleküle über … Führe den Gedanken zu Ende.

A16 Im flüssigen Ammoniak können sich Wasserstoffbrücken zwischen NH_3-Molekülen ausbilden. Zeichne einen Ausschnitt aus dem Molekülverband.

A17 Zu einer farblosen Lösung A wird etwas Bromthymolblau gegeben. Die Lösung verfärbt sich daraufhin gelb. Zu einer farblosen Lösung B tropft man etwas Phenolphthaleinlösung. Lösung B wird anschließend rotviolett. Gießt man die Lösungen A und B nun zusammen, hat die neue Lösung eine grüne Farbe. Erkläre diese Beobachtungen.

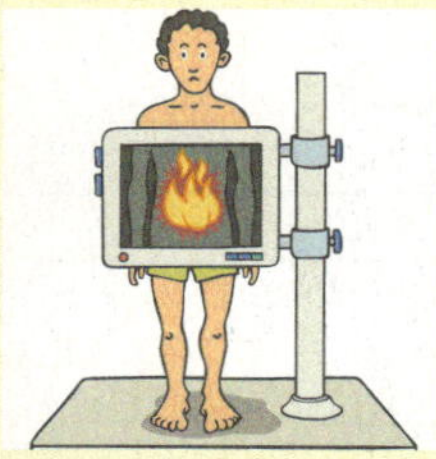

B8 Zu Aufgabe 18

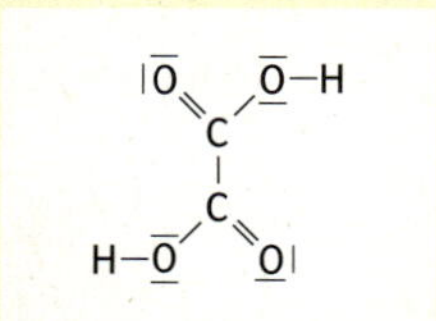

B9 Oxalsäure

A18 Theoretisch könnte man überschüssige Magensäure durch Einnahme von Magnesiumpulver unschädlich machen und so Sodbrennen bekämpfen.
a) Warum ist dieser Vorschlag vor allem für Raucher nicht zu empfehlen?
b) Hast du eine bessere Idee, wie ein Überschuss an Magensäure kompensiert werden könnte?

A19 Formuliere die Reaktionsgleichungen für folgende Reaktionen:
a) Gibt man ein Stück Magnesiumband in Schwefelsäure, dann bilden sich Wasserstoff und Magnesiumsulfat.
b) Blei(II)-oxid löst sich in Salpetersäure unter Bildung von Blei(II)-nitrat und Wasser.
c) Der Kalkstein in Teekesseln besteht v.a. aus Calciumcarbonat. Gibt man verdünnte Salzsäure dazu, dann bildet sich Calciumchlorid und Kohlensäure, die unter Aufschäumen sofort in Kohlenstoffdioxid und Wasser zerfällt.
d) Gibt man zu Ammoniumchlorid etwas festes Natriumhydroxid, so bemerkt man bald den stechenden Geruch von Ammoniak. Außerdem entstehen bei der Reaktion noch Wasser und Kochsalz.
Welche dieser Reaktionen sind Säure-Base-Reaktionen? Unterstreiche in diesen Reaktionsgleichungen jeweils die Säure mit roter Farbe und die Base mit blauer Farbe.

A20 Erstelle die Reaktionsgleichungen für folgende Neutralisationsreaktionen. Benenne jeweils das entstehende Salz.

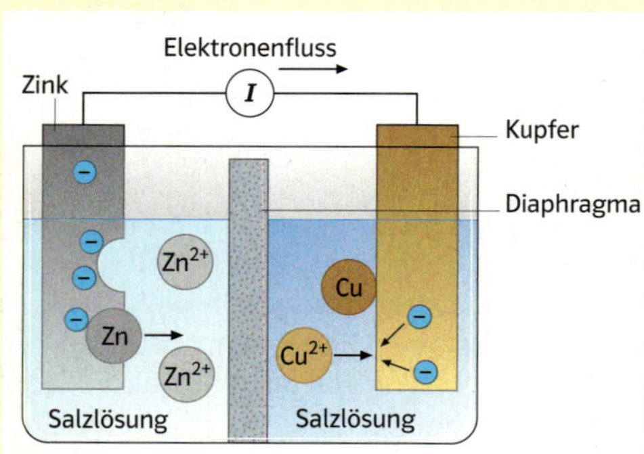

B10 Vorgänge im Daniell-Element

a) Kalkwasser und Phosphorsäure
b) Salpetersäure und Ammoniakwasser
c) Natronlauge und Schwefelsäure

A21 Erstelle von folgenden Verbindungen die Verhältnisformel und gib die Oxidationszahlen aller Atome an:
Natriumsulfit, Bariumnitrat, Calciumcarbonat, Kaliumsulfat, Magnesiumphosphat.

A22 Erkläre den Unterschied zwischen einem galvanischen Element und einer Elektrolysezelle.

A23 Erstelle für folgende Vorgänge die Teilgleichungen für die Reduktion und die Oxidation und formuliere die Redoxgleichungen:
a) Eine violette Permanganatlösung (MnO_4^-) wird mit Oxalsäure ($H_2C_2O_4$) [B9] versetzt. Die Permanganatlösung entfärbt sich wegen der Bildung von Mn^{2+}-Ionen, gleichzeitig wird Kohlenstoffdioxid gebildet.
b) In alkalischem Milieu reagiert Permanganatlösung mit einer Sulfitlösung unter Bildung von Mangan(IV)-oxid und Sulfationen.

A24 Erkläre, wo das Thermitverfahren angewandt wird. Stelle die zum Thermitverfahren gehörige Reaktionsgleichung auf.

A25 Beschreibe die Vorgänge im Daniell-Element [B10].
a) Welche Elektrode ist der Pluspol, bei welcher handelt es sich um den Minuspol?
b) Notiere die Teilreaktionsgleichungen, die an den beiden Elektroden ablaufen. Führe anschließend beide Teilreaktionsgleichungen zur Redoxreaktionsgleichung zusammen.

A26 Erhitzt man ein Gemisch aus schwarzem Kupferoxid (CuO) und Kohlenstoff und leitet eines der Produkte, das gasförmig ist, in Kalkwasser, so trübt sich dieses.
a) Formuliere die Reaktionsgleichung zur beschriebenen Reaktion.
b) Ordne den Edukten die Begriffe Reduktionsmittel und Oxidationsmittel zu.

Organische Chemie

Noch zu Beginn des 19. Jahrhunderts glaubten die Chemiker, dass viele Stoffe wie Zucker und Fette nur in lebenden Körpern aufgebaut werden könnten, aber niemals in den Apparaturen eines Laboratoriums.

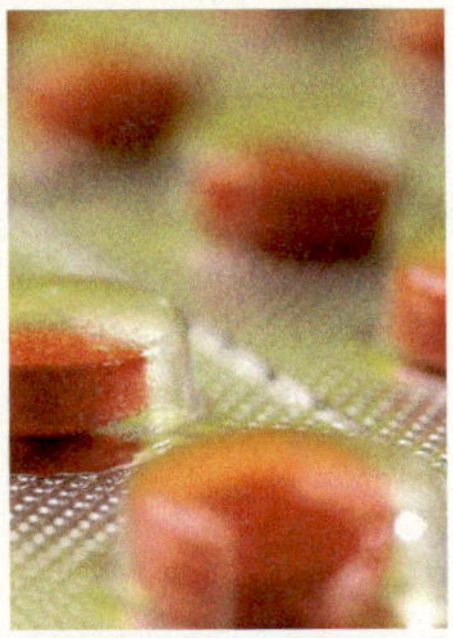

Der organischen stand die anorganische Chemie gegenüber. Die Auffassung von einem grundsätzlichen Unterschied zwischen beiden Bereichen der Chemie wurde 1828 durch FRIEDRICH WÖHLER (1800–1882) erschüttert. WÖHLER gelang es, im Labor aus dem anorganischen Salz Ammoniumcyanat die organische Verbindung Harnstoff herzustellen.

Die Begriffe „organisch" und „anorganisch" haben historische Bedeutung. Die organischen Verbindungen sind Kohlenstoffverbindungen. Unterschiedliche Stoffe wie Erdöl, Erdgas, Kunststoffe, Waschmittel, Arzneimittel, Farbstoffe, Kosmetika, aber auch Fette, Zucker und Proteine sorgen für die enorme Vielfalt der „organischen Chemie".

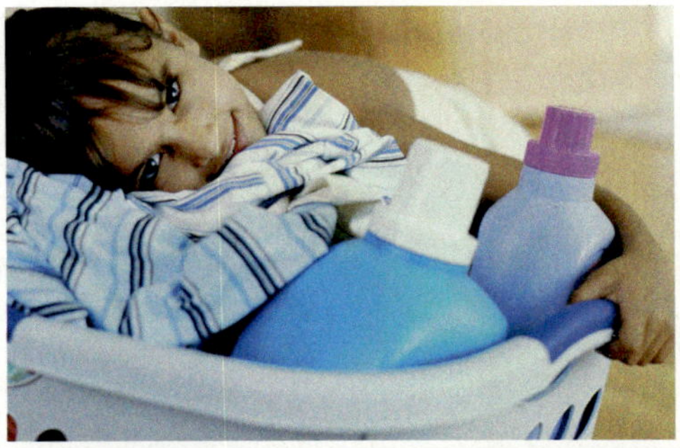

Friedrich Wöhler und die Harnstoffsynthese

B1 Friedrich Wöhler (1800–1882)

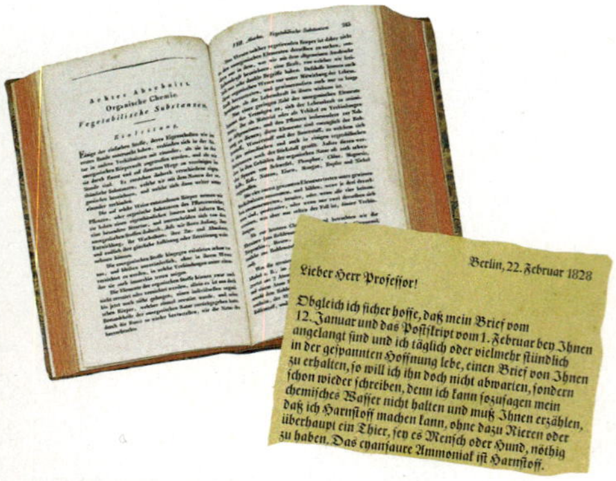

B2 Wöhlers Entdeckung im Lehrbuch

Jöns Jacob Berzelius (1779–1848) glaubte, dass in den Organismen eine besondere Lebenskraft, die „vis vitalis" wirkt. Er führte daher 1806 den Begriff organische Chemie für die Chemie der von Organismen hergestellten Stoffe ein.

Friedrich Wöhler. Im Alter von 20 Jahren begann der gebürtige Frankfurter sein Medizinstudium in Marburg. Bereits ein Jahr später wechselte er nach Heidelberg, um dort während des Studiums der Medizin im Chemischen Laboratorium von Leopold Gmelin zu experimentieren. 1823 schloss er sein Studium mit der Promotion ab und wandte sich ganz der Chemie zu. Im gleichen Jahr erhielt er die Gelegenheit, in Stockholm bei Jöns Jacob Berzelius zu arbeiten. Während seines einjährigen Aufenthalts entwickelte sich zwischen dem jungen Chemiker und dem viel älteren Großmeister der damaligen Chemie eine lebenslange Freundschaft. Von 1826 bis 1831 lehrte und forschte er in Berlin. Dort gelang ihm 1827 die Reindarstellung von Aluminium durch die Reaktion von Aluminiumchlorid mit Kalium. Durch Zufall entdeckte er die Synthese von Harnstoff aus Ammoniumcyanat, die ihn weltberühmt machte.

$$[|N\equiv C-\overline{\underline{O}}|]^- NH_4^+ \xrightarrow{\text{Erwärmen}} (H_2\overline{N})_2C=\overline{O}\rangle$$

Harnstoff galt bis dahin als typische, nur von lebenden Tieren herstellbare organische Substanz. Sie ist als Abbauprodukt von Proteinen im Urin enthalten.

Wöhler berichtete in einem Brief vom 22. Februar 1828 seinem Freund und Lehrer Berzelius: *„... muß ich Ihnen erzählen, daß ich Harnstoff machen kann, ohne dazu Nieren oder überhaupt ein Thier, sey es Mensch oder Hund nöthig zu haben ... Es bedurfte nun weiter Nichts als einer vergleichenden Untersuchung mit Pisse-Harnstoff, den ich in jeder Hinsicht selbst gemacht hatte, und dem Cyan-Harnstoff."*

Da die Synthese von Harnstoff im Reagenzglas (in vitro) also unabhängig von Organismen erfolgte, musste die Definition des Begriffs „organische Chemie" geändert werden. Chemiker verstehen seit 1828 unter dem Begriff organische Chemie die Chemie der Kohlenstoffverbindungen mit Ausnahme des Kohlenstoffdioxids und der Carbonate.

Noch im Jahr der Harnstoffsynthese, mit 28 Jahren, wurde Wöhler zum Professor ernannt. 1831 wechselte er von Berlin nach Kassel an die Höhere Gewerbeschule. 1836 übernahm er den Lehrstuhl für Chemie und Pharmazie an der Universität Göttingen. Unter seiner Leitung wurde das Göttinger Labor eine berühmte Lehrstätte. Bis zu seinem Tod im Jahr 1882 wirkte Wöhler dort.

A1 Recherchiere, auf welchen Gebieten der Chemie Wöhler im Laufe seines Lebens forschte.

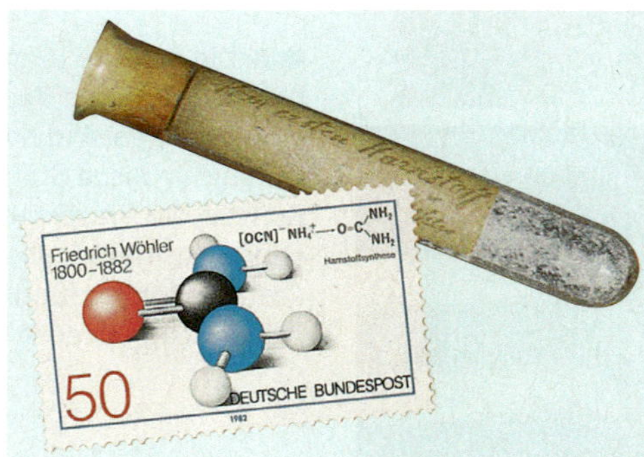

B3 Reagenzglas von Wöhler mit von ihm hergestelltem Harnstoff (im Deutschen Museum in München ausgestellt)

Organische Kohlenstoffverbindungen

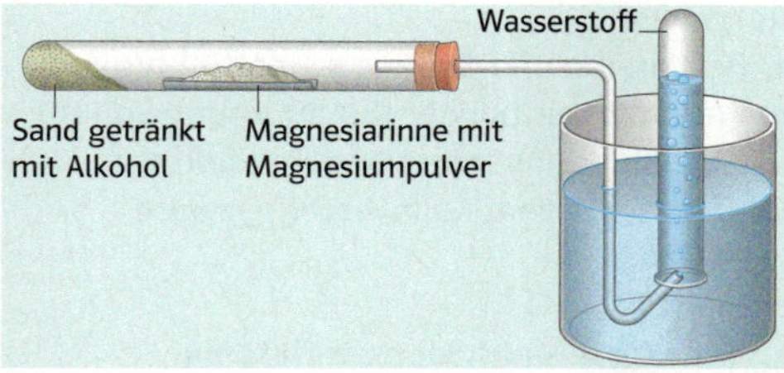

B1 Nachweis der Sauerstoffatome. Die organische Verbindung oxidiert Magnesium

Neben Kohlenstoff, Wasserstoff, Sauerstoff und Stickstoff spielen noch Schwefel, Phosphor, die Halogene und einige Metalle wie Eisen, Magnesium oder Kupfer in manchen biologisch wichtigen Verbindungen, z. B. Chlorophyll bzw. Hämoglobin eine Rolle. Auffallend ist, dass nur wenige Elemente zusammen mit Kohlenstoff viele Millionen organischer Verbindungen bilden [B3]. In der anorganischen Chemie dagegen sind „nur" einige Hunderttausend Verbindungen bekannt.

Vielfalt durch Kohlenstoffatome. Kohlenstoffatome sind vierbindig, das heißt, sie gehen vier Elektronenpaarbindungen ein. Dabei haben Kohlenstoffatome die Eigenschaft, untereinander stabile Bindungen einzugehen. Sie können kettenförmige, verzweigte oder ringförmige Moleküle bilden. Diese Verknüpfungsmöglichkeiten der Kohlenstoffatome untereinander sowie mit anderen Atomen sorgen für die enorme Vielfalt der organischen Verbindungen.

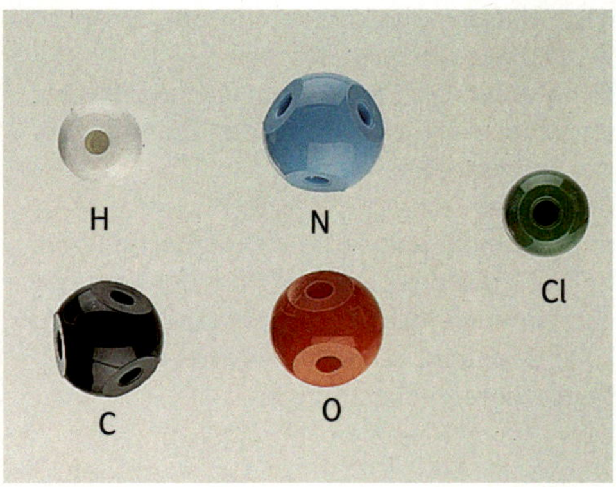

B2 Modelle für Atome organischer Moleküle

Perioden	Gruppen I	II	III	IV	V	VI	VII	VIII
1	H							He
2	Li	Be	B	C	N	O	F	Ne
3	Na	Mg	Al	Si	P	S	Cl	Ar
4	K	Ca	Ga	Ge	As	Se	Br	Kr
5	Rb	Sr	In	Sn	Sb	Te	I	Xe
6	Cs	Ba	Tl	Pb	Bi	Po	At	Rn
7	Fr	Ra						

B3 Häufige Elemente in organischen Verbindungen

V1 In ein Reagenzglas füllt man 2 cm hoch Sand und tränkt diesen mit Alkohol. Man bringt in das waagerecht eingespannte Reagenzglas eine Magnesiarinne mit Magnesiumpulver und verschließt mit einem durchbohrten Stopfen mit Gasableitungsrohr [B1]. Zunächst wird das Magnesiumpulver stark erhitzt, danach werden durch gleichzeitiges schwaches Erhitzen des Sandes Alkoholdämpfe darübergeleitet. Die aus dem Rohr entweichenden Gase werden über Wasser aufgefangen und entzündet. (Schutzbrille!) Man gibt das feste Reaktionsprodukt in Wasser und prüft den pH-Wert.

A1 Die experimentelle Untersuchung einer organischen Verbindung hat ergeben, dass die Moleküle dieser Verbindungen aus Kohlenstoff-, Wasserstoff- und Sauerstoffatomen aufgebaut sind. Ein Molekül hat die Masse 46 u.
Ermittle mögliche Summenformeln.

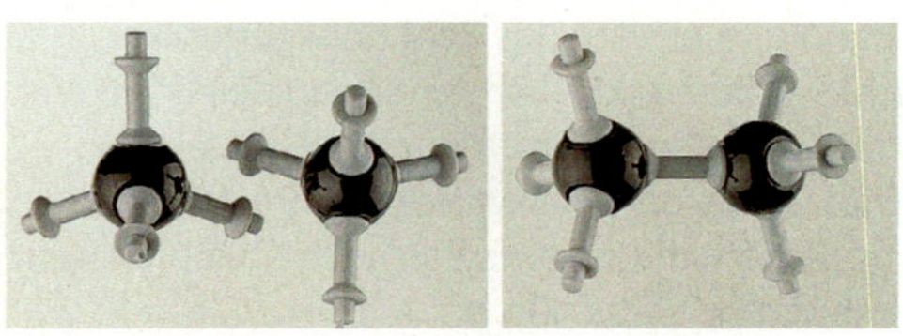

B4 Vierbindigkeit der Kohlenstoffatome

Praktikum Qualitative Analyse organischer Verbindungen

Durch die qualitative Analyse einer organischen Verbindung ermittelt man die in einer Verbindung vorkommenden Elemente.

V1 Nachweis von Kohlenstoff- und Wasserstoffatomen

Geräte und Chemikalien: Schutzbrille, Porzellanschale, Weithals-Erlenmeyerkolben (250 ml) mit Stopfen, Reagenzglas, durchbohrter Stopfen mit Gasableitungsrohr, Stativ, Doppelmuffe, Universalklemme, Becherglas (100 ml), Gasbrenner, Spatel, Holzspan, frisch filtriertes Kalkwasser, Kupferoxid in Drahtform, weißes Kupfersulfat oder Watesmopapier, Ethanol, Puderzucker.

Durchführung:

a) Gib 2 bis 3 ml Ethanol in die Porzellanschale und entzünde den Stoff mit dem Holzspan. Halte den Weithals-Erlenmeyerkolben mit der Öffnung nach unten über die Flamme. Schütte dann etwas Kalkwasser in den Kolben, verschließe und schüttle kräftig.

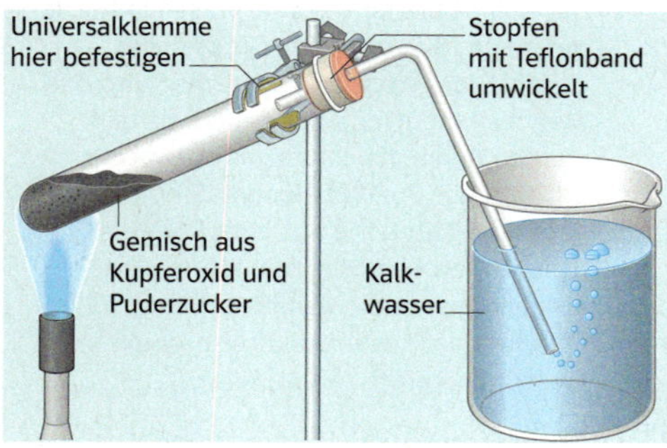

b) Vermische in dem Reagenzglas eine Spatelspitze Puderzucker mit etwa 5 Spatel Kupferoxid. Verschließe das Reagenzglas mit dem durchbohrten Stopfen mit dem Gasableitungsrohr und befestige das Reagenzglas so an dem Stativ, dass das Gasableitungsrohr in das Kalkwasser ragt. Nimm den Brenner in die Hand und erhitze das Reaktionsgemisch kräftig. Ziehe kurz vor dem Ende des Erhitzens das Gasableitungsrohr durch Anheben des Stativs aus dem Kalkwasser. Führe mit den Tröpfchen im Reagenzglas nach Abkühlen den Wassernachweis durch.

Aufgaben:

a) Beschreibe und deute die Beobachtungen.

b) Warum muss bei der Durchführung von (b) das Gasableitungsrohr vor dem Ende des Erhitzens aus dem Kalkwasser gezogen werden?

V2 Hinweis auf Sauerstoffatome

Information: Eine Lösung von Iod in flüssigen Sauerstoffverbindungen ist gelb bis braun, eine Lösung von Iod in Verbindungen, die keine Sauerstoffatome enthalten, in der Regel rotviolett bis violett. Ausnahmen bilden einige Schwefel- und Stickstoffverbindungen, die hier aber keine Rolle spielen.

Fülle in Reagenzgläser jeweils 5 ml folgender Flüssigkeiten: Hexan, Propanol, Aceton, Heptan und gib jeweils wenige Körner Iod dazu. Welche Aussage kannst du treffen?

V3 Nachweis von Stickstoffatomen und Schwefelatomen

Geräte und Chemikalien: Schutzbrille, Gasbrenner, Reagenzglas, Spatel, Pinzette, konz. Natronlauge in einer Tropfflasche ($w \approx 30\,\%$), gekochtes Eiweiß, Universalindikatorpapier, Uhrglas.

Hinweis: (Schutzbrille!) Durch Natronlauge können schwere Verätzungen hervorgerufen werden! Es kann auch zum Herausspritzen heißer Lauge kommen, wenn das Reagenzglas schon aus der Flamme genommen worden ist!

Durchführung:

a) Erhitze in dem Reagenzglas eine kleine Portion gekochtes Hühnereiweiß mit etwa 3 ml konz. Natronlauge kurz zum Sieden. Nimm das Reagenzglas aus der Flamme.

b) Halte mit der Pinzette ein feuchtes Indikatorpapier in die entweichenden Dämpfe über der Reagenzglasöffnung.

Aufgaben:

a) Beschreibe und deute die Beobachtungen.

b) Hält man in die Dämpfe über der Reagenzglasöffnung einen Glasstab mit einem Tropfen konz. Salzsäure, bildet sich weißer Rauch. Deute diese Beobachtungen.

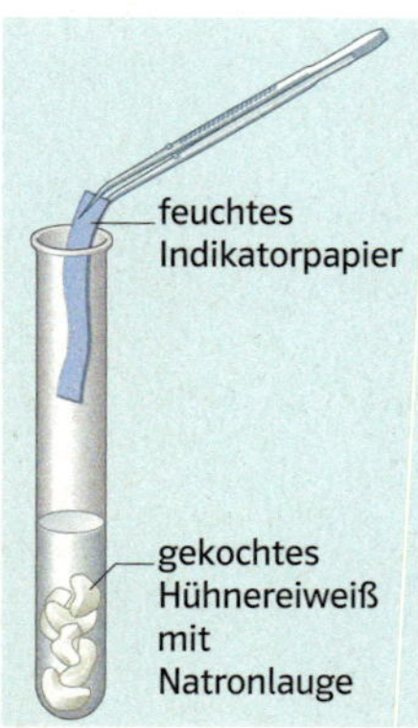

B1 Zum Nachweis von Stickstoffatomen

1 Struktur und Eigenschaften der Kohlenwasserstoffe

Kohlenwasserstoffe sind Verbindungen, die aus Kohlenstoff- und Wasserstoffatomen aufgebaut sind. Erdöl und Erdgas sind überwiegend Gemische solcher Kohlenwasserstoffe.

- Obwohl nur Atome zweier Elemente am Aufbau dieser Verbindungen beteiligt sind, gibt es eine Vielzahl von Stoffen ähnlicher und sehr unterschiedlicher Eigenschaften.

- Wechselwirkungen von Molekülen, die zwischenmolekulare Kräfte, bedingen Stoffeigenschaften wie die Löslichkeit, die Siedetemperatur und die Viskosität.

- Verschiedene Kohlenwasserstoffe und andere Stoffklassen lassen sich in homologe Reihen einordnen.

- Reaktionsmechanismen geben im Detail wieder, was sich zwischen den reagierenden Teilchen genau abspielt. Verschiedene Reaktionsmechanismen, die bei den Kohlenwasserstoffen auftreten, werden in diesem Kapitel dargestellt.

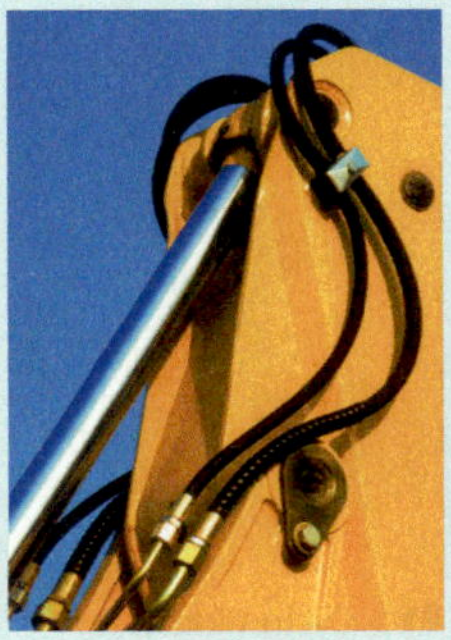

1.1 Bindungsverhältnisse in Kohlenwasserstoffen

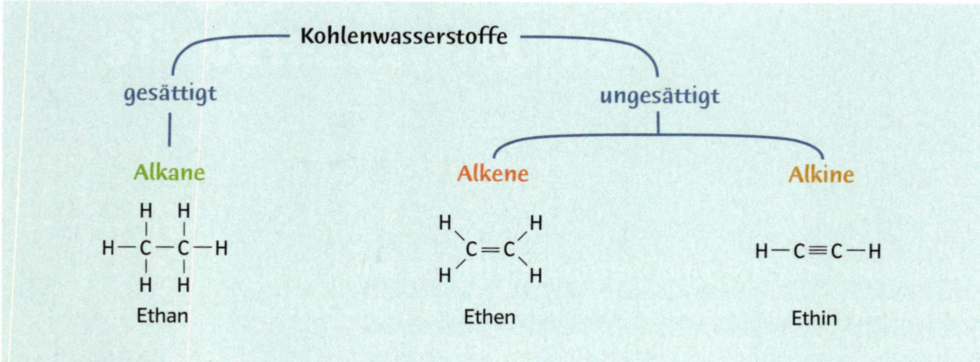

B2 Gesättigte und ungesättigte Kohlenwasserstoffe

Kohlenstoffatome sind vierbindig. Um vier Bindungen auszubilden, können sie nicht nur durch *Einfach-*, sondern auch durch *Doppel-* oder *Dreifachbindungen* verbunden sein [B2].

Alkane. Vergleicht man die Summenformeln bestimmter Kohlenwasserstoffmoleküle, erkennt man, dass jeweils im Molekül eine bestimmte Anzahl an Wasserstoffatomen gebunden ist. Innerhalb der Verbindungen treten nur Einfachbindungen auf, sodass jedes Kohlenstoffatom die maximale Anzahl an Bindungspartnern besitzt. Man spricht daher von *gesättigten Verbindungen*. Bei bekannter Anzahl n der Kohlenstoffatome eines Moleküls kann man daher die Anzahl m der im Molekül gebundenen Wasserstoffatome zu $m = 2n + 2$ berechnen. Daraus ergibt sich die allgemeine Summenformel (Molekülformel) $\mathbf{C_nH_{2n+2}}$. Die Kohlenwasserstoffe, deren Moleküle sich nach dieser Formel aufbauen lassen, heißen Alkane. Man erkennt sie an der **Endung „-an“**, wie z. B. Ethan und Propan.

Alkane sind gesättige Kohlenwasserstoffverbindungen der allgemeinen Summenformel C_nH_{2n+2}.

Die Moleküle gesättigter Kohlenwasserstoffverbindungen können nicht nur *kettenförmig*, sondern auch *ringförmig* aufgebaut sein. Man spricht dann von Cycloalkanen [B1]. Sie haben die Summenformel C_nH_{2n}.

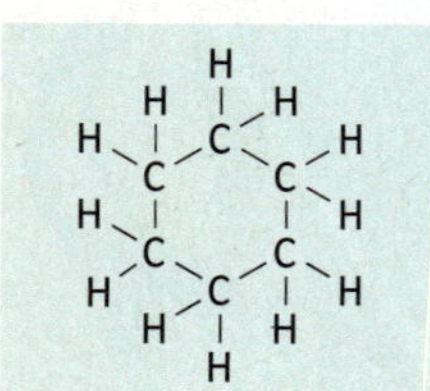

B1 Cycloalkan

Alkene. Andere Kohlenwasserstoffmoleküle haben zwei Wasserstoffatome weniger als die entsprechenden Alkanmoleküle, da zwischen den Kohlenstoffatomen eine Doppelbindung vorhanden ist. Die Summenformel lautet daher $\mathbf{C_nH_{2n}}$. Diese Verbindungen bilden die Reihe der Alkene, ihre Namen enden mit der **Nachsilbe „-en“**, z. B. Ethen oder Propen. Aufgrund der Doppelbindung besitzen die C-Atome der Alkene nicht die maximale Anzahl an Bindungspartnern, die Alkene zählen daher zu den *ungesättigten Verbindungen*.

Alkine. Kohlenwasserstoffe, die eine Dreifachbindung aufweisen, sind Alkine. Daher ist die allgemeine Summenformel $\mathbf{C_nH_{2n-2}}$. Das wichtigste und bekannteste Alkin heißt Ethin, das auch unter dem Namen Acetylen bekannt ist. Alkine, deren Name mit der **Nachsilbe „-in“** enden, sind ebenfalls ungesättigte Verbindungen.

Alkene (C_nH_{2n}) und Alkine (C_nH_{2n-2}) zählen zu den ungesättigten Verbindungen, da Mehrfachbindungen im Molekül vorhanden sind. Die Namen der Alkene enden mit der Nachsilbe „-en“, die der Alkine mit „-in“.

A1 Zeichne jeweils die Strukturformel eines Kohlenwasserstoffs mit der Summenformel **a)** C_4H_8, **b)** C_6H_{14}, **c)** C_3H_4.

A2 Zeichne die Formel eines Cycloalkens mit 6 Kohlenstoffatomen.

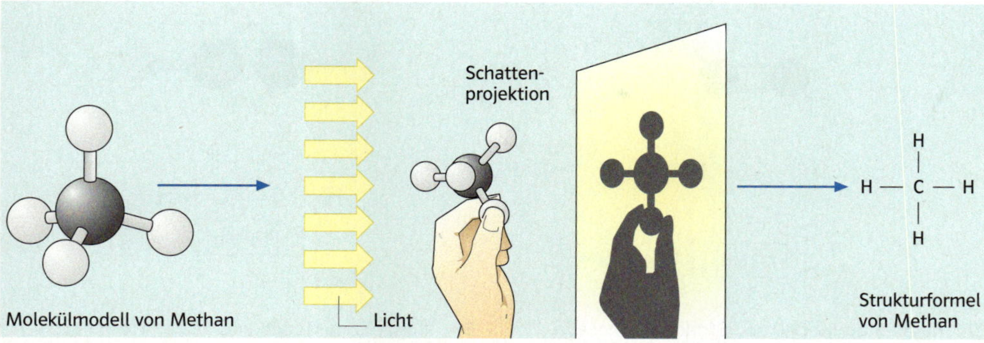

B3 Ableitung der Strukturformel des Methanmoleküls aus der Schattenprojektion des Kugel-Stab-Modells

Der räumliche Bau des Methanmoleküls. Im Methanmolekül bildet jeweils ein Außenelektron des Kohlenstoffatoms mit dem Elektron eines Wasserstoffatoms ein bindendes Elektronenpaar. Die vier bindenden Elektronenpaare werden so um den Atomrumpf des Kohlenstoffatoms angeordnet, dass sie sich maximal abstoßen (Elektronenpaarabstoßungsmodell). Es ergibt sich daraus eine tetraedrische Anordnung der Wasserstoffatome um das Kohlenstoffatom mit einem Bindungswinkel von 109,5° [B4].

Das Kugel-Stab-Modell gibt die räumliche Anordnung der Atome im Molekül zueinander wieder. Bei einer zeichnerischen Darstellung in der Ebene ist die räumliche Wiedergabe nur unzulänglich möglich oder umständlich. Ersetzt man in einer Schattenprojektion des Kugel-Stab-Modells die schwarzen Kreisflächen durch die entsprechenden Symbole für die Atome, so erhält man die **Strukturformel** des Moleküls [B3].

Das Ethanmolekül hat die Summenformel C_2H_6. Jedes Kohlenstoffatom bildet dabei jeweils drei Bindungen mit Wasserstoffatomen aus. Durch das Überlappen der verbliebenen Atomorbitale der beiden Kohlenstoffatome wird die vierte Atombindung im Molekül ausgebildet, eine C—C-Einfachbindung. Dabei ist jedes Kohlenstoffatom von seinen vier Bindungspartnern tetraedrisch umgeben [B5].

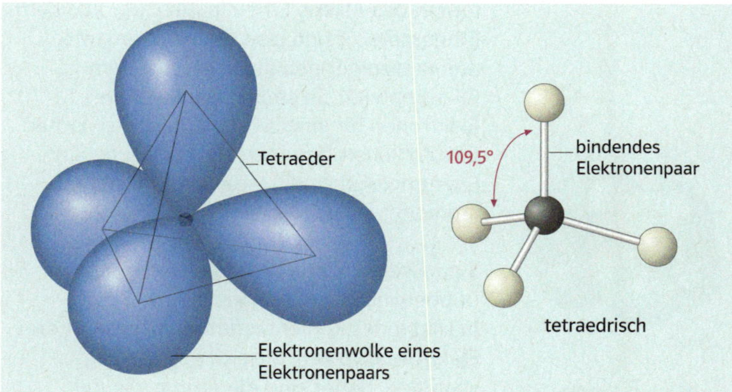

B4 Räumlicher Bau des Methanmoleküls und seine Molekülstruktur

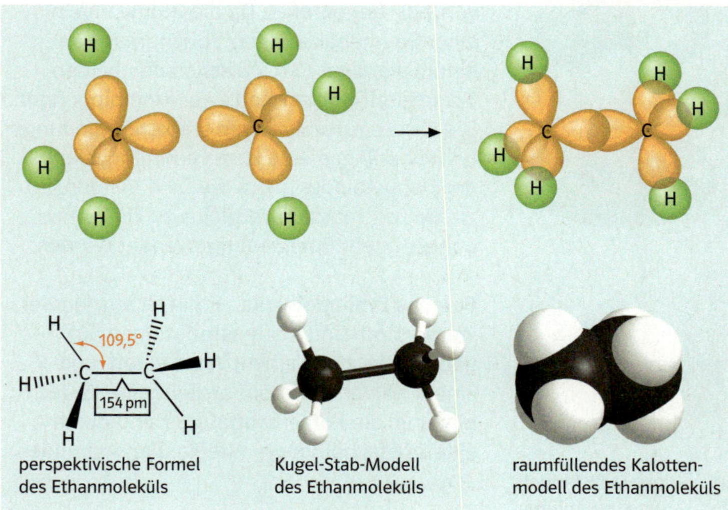

B5 Räumlicher Bau des Ethanmoleküls

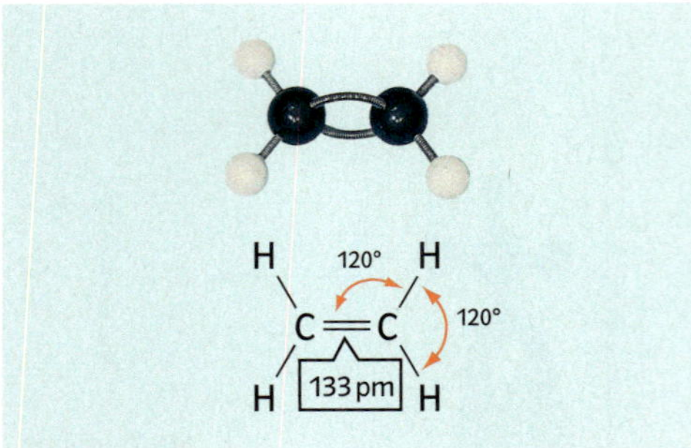

B7 Kugel-Stab-Modell und Strukturformel von Ethen

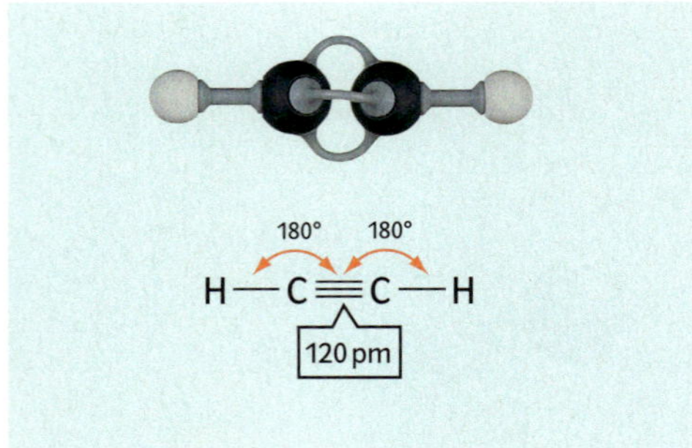

B8 Kugel-Stab-Modell und Strukturformel von Ethin

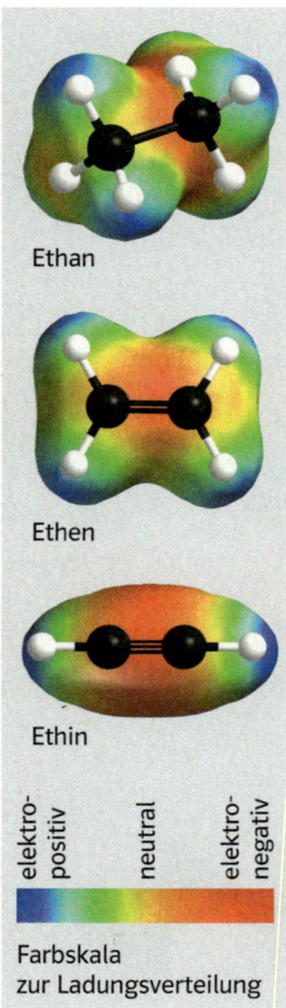

B6 Kugel-Stab-Modell und Ladungsverteilung

Aufbau des Ethenmoleküls. Die Summenformel des Alkens Ethen lautet C_2H_4. In einem Ethenmolekül sind also zwei Wasserstoffatome weniger gebunden als in einem Ethanmolekül. So stehen zwei weitere Elektronen für eine zweite Bindung zwischen den Kohlenstoffatomen zur Verfügung. Im Ethenmolekül sind die beiden Kohlenstoffatome durch eine Doppelbindung verbunden.

Sind zwei Kohlenstoffatome über eine Doppelbindung miteinander verbunden, besitzt jedes Kohlenstoffatom insgesamt drei Elektronenwolken, die sich gegenseitig abstoßen. Daher sind die Atome, die mit einem Kohlenstoffatom der Doppelbindung verbunden sind, in einem Bindungswinkel von 120 ° angeordnet. Da die Atome alle in einer Raumebene liegen, spricht man von einem *planaren Bau*. Zwischen den beiden Kohlenstoffatomen sind zwei Atombindungen. Die daraus resultierenden stärkeren Bindungskräfte bedingen eine kürzere Bindungslänge der Doppelbindung. Um die C═C-Bindungen zu spalten, muss im Vergleich zu Einfachbindungen mehr Energie aufgewendet werden.

Bau des Ethinmoleküls. Ethin ist aus je zwei Wasserstoff- und Kohlenstoffatomen aufgebaut. Zwischen einem Wasserstoff- und einem Kohlenstoffatom besteht eine Einfachbindung, die Kohlenstoffatome sind durch eine Dreifachbindung miteinander verbunden. Insgesamt sind im Molekül an jedem Kohlenstoffatom zwei Elektronenwolken vorhanden, denn die Dreifachbindung wird auch durch eine Wolke dargestellt, wobei sie drei Elektronenpaare umfasst. Die größtmögliche Abstoßung der Elektronenpaare führt zu einem Bindungswinkel von 180 °. Die vier Atome des Ethinmoleküls sind daher *linear* angeordnet [B8]. Die C≡C-Bindungslänge ist noch kürzer als bei den Alkenen. Zur Spaltung der Dreifachbindung ist noch mehr Energie nötig.

In der Reihe der Moleküle von Ethan, Ethen und Ethin nimmt die Anzahl der an der C—C-Bindung beteiligten Elektronen zu, sodass auch die Elektronendichte zwischen den Kohlenstoffatomen zunimmt [B6].

A3 Erstelle eine vierspaltige Tabelle, in die du die Strukturformeln der in B6 genannten Verbindungen, den räumlichen Bau, die Bindungslängen und die Bindungswinkel vergleichend einträgst.

A4 Überlege anhand von B4, ob es zwischen zwei Kohlenstoffatomen eine Vierfachbindung geben könnte.

1.2 Formelschreibweise

Name	Summenformel	Strukturformel	Kugel-Stab-Modell	Skelettformel
Methan	CH_4	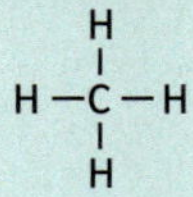		
Ethan	C_2H_6	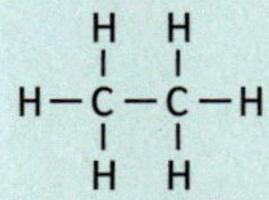		
Propan	C_3H_8	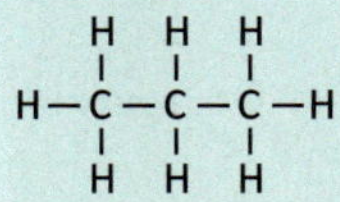		
Butan	C_4H_{10}	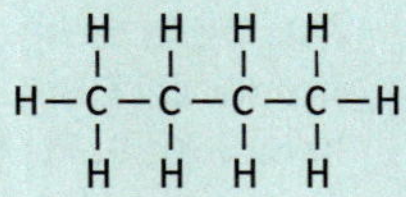	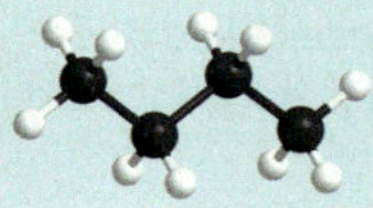	

B1 Die ersten Glieder der Alkanreihe

Reaktionsmechanismus
In welchen „Schritten" eine Reaktion abläuft, kann mithilfe des Reaktionsmechanismus beschrieben werden

Die ersten vier Glieder der Alkane heißen Methan, Ethan, Propan und Butan. Soll man eine Reaktionsgleichung, z. B. für die Verbrennung von Butan formulieren, verwendet man hauptsächlich die Summenformel. Betrachtet man dagegen den Reaktionsmechanismus der Reaktion eines Alkans (Kap. 1.10), kann man mit *Strukturformeln* den Vorgang klar aufzeigen. Zur Darstellung des räumlichen Baus eines Moleküls ist das Kugel-Stab-Modell hilfreich [B1].

Halbstrukturformeln. Statt der oft unübersichtlichen vollständigen Strukturformeln verwendet man auch vereinfachte Strukturformeln, die Halbstrukturformeln [B2].
In ihnen werden nach dem jeweiligen Bedarf Formelteile wie in Summenformeln zusammengefasst. Die Art der Atomverknüpfungen muss dabei eindeutig erkennbar bleiben. Mithilfe der Strukturformeln bzw. der einfacheren Halbstrukturformeln lassen sich auch Alkanmoleküle mit mehr als drei C-Atomen übersichtlich darstellen [B2].

$$CH_3-(CH_2-)_{12}CH_3$$

B2 Halbstrukturformel von Tetradecan

Skelettformel. Bekannte Beispiele für Kohlenwasserstoffverbindungen mit mehr als 10 C-Atomen sind die Moleküle von Paraffinen, welche in Kerzenwachs vorkommen. Damit auch diese Verbindungen rasch gezeichnet werden können, nutzen Chemiker die Skelettformel. Dabei entspricht jeder Strich einer C—C-Einfachbindung. Die Atomsymbole werden in dieser Schreibweise nicht dargestellt, das bedeutet, dass jedes Ende einer Skelettformel eines Alkans für einen $-CH_3$-Rest steht, während jeder Knick in der Kette eine $-CH_2$-Gruppe repräsentiert [B3].

B3 Skelettformel von Tetradecan

A1 Zeichne die Struktur- und die Skelettformel eines gesättigten Kohlenwasserstoffmoleküls mit 20 C-Atomen. Gib die Summenformel an.

1.3 Homologe Reihen

Alkylgruppe: $-C_nH_{2n+1}$
Methylgruppe: $-CH_3$
Ethylgruppe: $-CH_2-CH_3$
oder: $-C_2H_5$

B1 Alkylreste

Homologe Reihe der Alkane. Wie wir bereits gesehen haben, kann ausgehend vom Methanmolekül ein Ethanmolekül gebildet werden, wenn man formal ein Wasserstoffatom durch eine CH_3-Gruppe ersetzt. Diesen sogenannten Rest nennt man *Methylgruppe*. Allgemein wird der aus einem Alkanmolekül durch Abspaltung eines Wasserstoffatoms hervorgehende „Molekülrest" als **Alkylrest** [B1] bezeichnet. Entfernt man aus einem Ethanmolekül ein Wasserstoffatom, so erhält man einen Ethylrest.

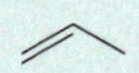

B2 Skelettformel von Propen

Vergleicht man die Kohlenwasserstoffmoleküle in B3, so sieht man, dass jedes Glied dieser Reihe eine CH_2-Gruppe mehr aufweist als das vorhergehende Molekül.

Anzahl der Kohlenstoffatome	Summenformel (C_nH_{2n+2})	Name	Halbstrukturformel
1	CH_4	Methan	CH_4
2	C_2H_6	Ethan	CH_3CH_3
3	C_3H_8	Propan	$CH_3CH_2CH_3$
4	C_4H_{10}	Butan	$CH_3(CH_2)_2CH_3$
5	C_5H_{12}	Pentan	$CH_3(CH_2)_3CH_3$
6	C_6H_{14}	Hexan	$CH_3(CH_2)_4CH_3$
7	C_7H_{16}	Heptan	$CH_3(CH_2)_5CH_3$
8	C_8H_{18}	Octan	$CH_3(CH_2)_6CH_3$
9	C_9H_{20}	Nonan	$CH_3(CH_2)_7CH_3$
10	$C_{10}H_{22}$	Decan	$CH_3(CH_2)_8CH_3$
11	$C_{11}H_{24}$	Undecan	$CH_3(CH_2)_9CH_3$
12	$C_{12}H_{26}$	Dodecan	$CH_3(CH_2)_{10}CH_3$
13	$C_{13}H_{28}$	Tridecan	$CH_3(CH_2)_{11}CH_3$
…	…	…	…
20	$C_{20}H_{42}$	Icosan	$CH_3(CH_2)_{18}CH_3$
21	$C_{21}H_{44}$	Henicosan	$CH_3(CH_2)_{19}CH_3$
…	…	…	…
30	$C_{30}H_{62}$	Triacontan	$CH_3(CH_2)_{28}CH_3$

B3 Homologe Reihe der Alkane

Propen	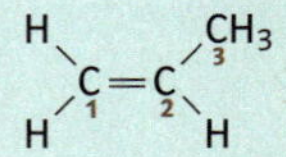
But-1-en	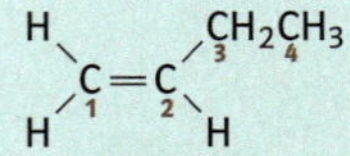
Pent-1-en	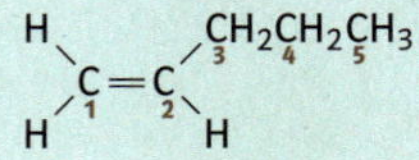

B4 Halbstrukturformeln von Alkenmolekülen

Eine solche Reihe organischer Moleküle, deren Mitglieder sich voneinander nur durch die Anzahl der CH_2-Gruppen unterscheiden, heißt **homologe Reihe** [B3]. Die allgemeine Summenformel der Alkane lautet C_nH_{2n+2}.

Homologe Reihe der Alkene und Alkine. Für die ungesättigten Verbindungen Alkene und Alkine können ebenfalls homologe Reihen aufgestellt werden. Zusätzlich muss man allerdings bei der Benennung die Lage der Doppel- bzw. Dreifachbindung im Molekül berücksichtigen. Dazu wird die Nummerierung der Kohlenstoffatome so gewählt, dass die Ziffer für die Lage der Mehrfachbindung möglichst klein ist [B4]. Die Ziffer heißt in der Fachsprache **Lokant** (Kap 1.4, B2).

A1 Benenne die folgenden Kohlenwasserstoffe
a) $C_2H_5-CH=CH-C_3H_7$,
b) $CH_3CH_2CH_2CH_2CH_3$.

A2 Erstelle für die ersten acht Mitglieder der Alkine eine homologe Reihe nach B3.

A3 Zeichne die Halbstrukturformel, die Strukturformel, die Skelettformel und die Summenformel von Hept-2-en. Beachte, dass in der Skelettformel eines Alkens auch Knicke vorkommen, die für eine CH-Gruppe stehen [B2].

A4 Notiere dir die allgemeinen Summenformeln für die homologe Reihe der Alkene und der Alkine.

1.4 Nomenklatur verzweigter Kohlenwasserstoffmoleküle

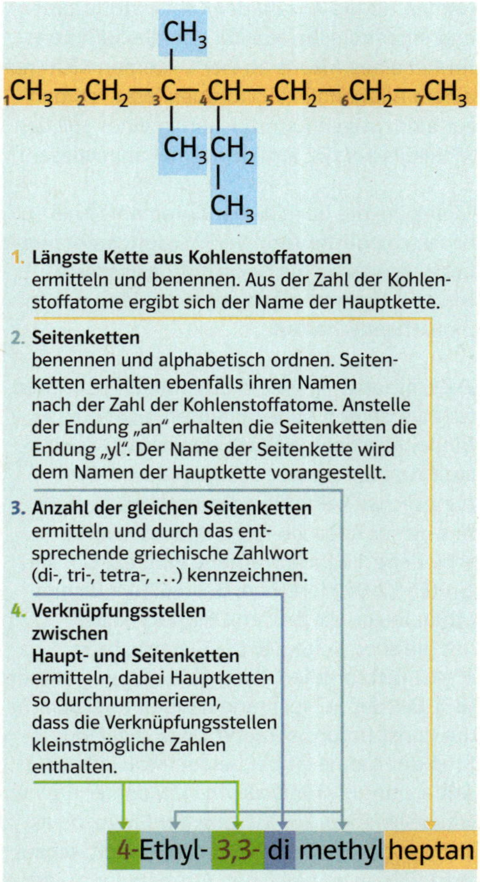

B1 Benennung eines Alkans. Die Länge der Hauptkette bestimmt den Grundnamen der Verbindung

Das zentrale Gremium zur Benennung von chemischen Verbindungen ist die **IUPAC** (**I**nternational **U**nion of **P**ure and **A**pplied **C**hemistry) [B3]. Ihre Vorgaben für die Benennung (Nomenklatur) von verzweigten Kohlenwasserstoffverbindungen sind zu befolgen [B1].

Benennung von verzweigten Alkenen. Befinden sich in einem Kohlenwasserstoffmolekül neben Einfach- auch Mehrfachbindungen, so hat die *Mehrfachbindung* die *höhere Priorität*. Dies bedeutet, dass die Nummerierung der Kohlenstoffatomkette so zu wählen ist, dass das C-Atom, von dem die Mehrfachbindung ausgeht, die kleinstmögliche Ziffer erhält [B2].

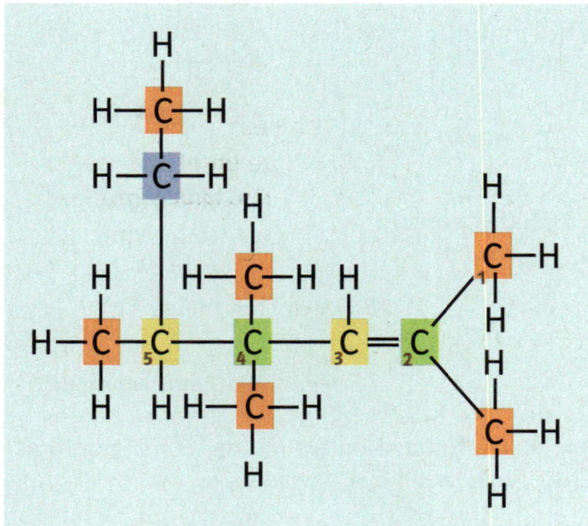

B2 Ein Molekül 2,4,4,5-Tetramethylhept-2-en

Unterschiedlich substituierte Kohlenstoffatome. Betrachtet man das Molekül in B2, so erkennt man, dass die einzelnen Kohlenstoffatome mit unterschiedlich vielen Bindungen mit weiteren C-Atomen verknüpft sind. Ist ein C-Atom nur über eine Bindung mit einem weiteren C-Atom verbunden, handelt es sich um ein **primäres C-Atom**, bei zwei Bindungen spricht man von einem **sekundären C-Atom**. Bei drei bzw. vier Bindungen zu anderen C-Atomen spricht man von **tertiären** bzw. **quartären C-Atomen**.

A1 Benenne den einfachsten verzweigten Kohlenwasserstoff nach den Regeln der IUPAC.

A2 **a)** Stelle die Halbstrukturformeln für die Moleküle der folgenden Verbindungen auf: 3,3-Dimethylpentan, 3-Methylhexan, 3-Ethylheptan, 3-Ethyl-2-methylhexan, 2,3,3-Trimethylhexan.
b) Welche der Moleküle und Verbindungen sind isomer zueinander?

A3 Benenne die folgenden Alkane:
a) $(C_2H_5)_2CH(C_3H_7)$,
b) $(C_2H_5)(CH_3)CH–CH(C_2H_5)–CH_2–CH(C_2H_5)(CH_3)$.

A4 Zeichne verschiedene Moleküle mit primären, sekundären, tertiären und quartären Kohlenstoffatomen. Markiere diese dementsprechend.

Priorität von lat. prior, der Vordere; Vorrecht, Vorrang

B3 Logo der IUPAC

1.5 Die Isomerie

Konstitution von lat. constitutio, Zusammensetzung, Anordnung

E* und *Z *E* für entgegen und *Z* für zusammen

Summenformel	*N*
C_4H_{10}	2
C_5H_{12}	3
C_6H_{14}	5
C_7H_{16}	9
C_8H_{18}	18
C_9H_{20}	35
$C_{10}H_{22}$	75

B1 Anzahl der Konstitutionsisomere in der Reihe der Alkane

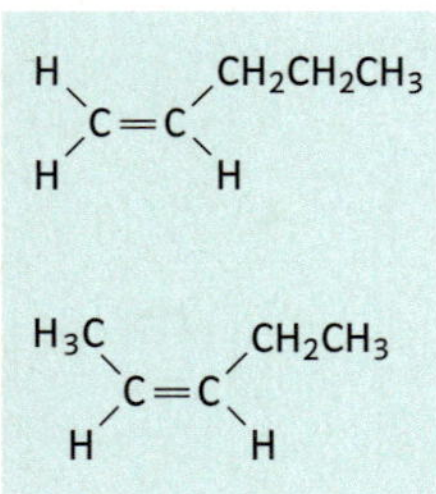

B2 Pent-1-en (oben) und Pent-2-en (unten) sind Konstitutionsisomere

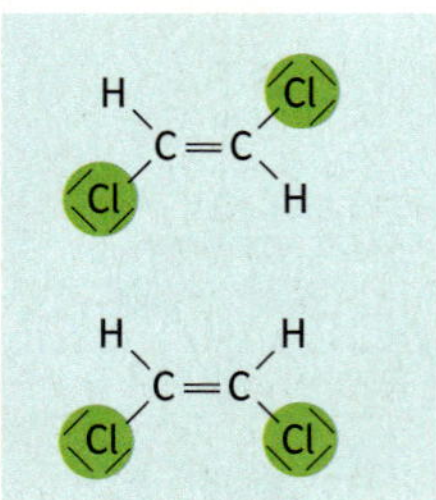

B3 (*E*)-Chlorethen (oben) und (*Z*)-Chlorethen (unten)

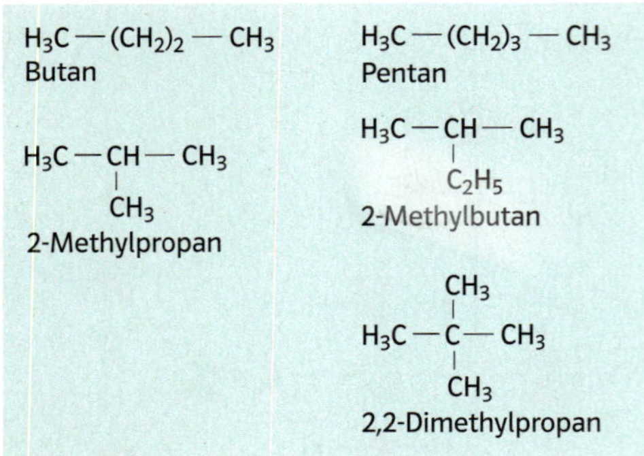

B4 Konstitutionsisomere mit der Summenformel C_4H_{10} (links) bzw. C_5H_{12} (rechts)

Konstitution. Eine bestimmte Anzahl an Kohlenstoff- und eine bestimmte Anzahl an Wasserstoffatomen können unterschiedlich miteinander verknüpft sein. Die Moleküle haben voneinander verschiedene *Konstitutionen*. Zeichnet man z. B. Strukturformeln zur Summenformel C_4H_{10}, so ergeben sich zwei Möglichkeiten [B1]. Diese beiden Verbindungen haben unterschiedliche Eigenschaften. Butan und 2-Methylpropan (Isobutan) sind Beispiele für **Konstitutionsisomere** bzw. Strukturisomere.

Verzweigte und unverzweigte Ketten. Zur deutlicheren Unterscheidung des Moleküls mit der unverzweigten Kette der Kohlenstoffatome von seinem Konstitutionsisomer wird häufig vor den Namen noch ein „n" gesetzt, also n-Butan (von normales Butan oder Normalbutan). Da die Zahl der Konstitutionsisomere mit zunehmender Zahl der Kohlenstoffatome stark ansteigt [B4], kommt man nicht mit dem Namen für die Anzahl der Kohlenstoffatome und einer Vorsilbe aus. Da sich die Summenformel eines Alkans ab vier C-Atomen nicht nur einem Alkanmolekül zuordnen lässt, ist man zur eindeutigen Kennzeichnung eines solchen Moleküls auf die Strukturformel angewiesen.

Moleküle, die bei gleicher Summenformel unterschiedliche Atomverknüpfungen haben, bezeichnet man als Konstitutionsisomere. Isomere Verbindungen unterscheiden sich in ihren Eigenschaften.

***E-Z*-Isomerie.** In einem Ethenmolekül können sich die beiden Molekülhälften nicht um die Bindungsachse zwischen den beiden Kohlenstoffatomen drehen, da um die C=C-Bindungsachse keine freie Drehbarkeit besteht. Aus dieser Tatsache folgt, dass es zwei verschiedene 1,2-Dichlorethene gibt, ein (*Z*)- und ein (*E*)-1,2-Dichlorethen. Beim (*Z*)-1,2-Dichlorethen liegen die beiden Chloratome auf der gleichen Seite der C—C-Achse, beim (*E*)-1,2-Dichlorethen stehen sie sich gegenüber [B3]. Bei der *E-Z*-Isomerie handelt es sich *nicht* um Konstitutionsisomerie, denn die Verknüpfung der Atome ist bei beiden Molekülen dieselbe, nur die *räumliche Anordnung der Atome* ist verschieden. Zur Klärung der Frage, ob es sich um das *E*- oder *Z*-Isomere handelt, schaut man sich an, mit welchen Atomen das an der Doppelbindung beteiligte C-Atom jeweils verbunden ist. Das **vorrangige Atom** (in B3 und B5 grün gekennzeichnet) des einen Kohlenstoffatoms wird dann mit dem vorrangigen Atom des anderen verglichen. Atome mit höheren Ordnungszahlen haben dabei Vorrang vor Atomen mit niedrigen Ordnungszahlen [B5].

A1 Zeichne und benenne alle Isomere von Hexan.

A2 Überlege, ob Cyclohexan und Hex-1-en isomere Verbindungen sind.

A3 Zeichne alle Isomere mit der Summenformel C_3H_5Cl.

A4 Zeichne die entsprechenden *E*- bzw. *Z*-Isomere zu den vier isomeren Molekülen in B5.

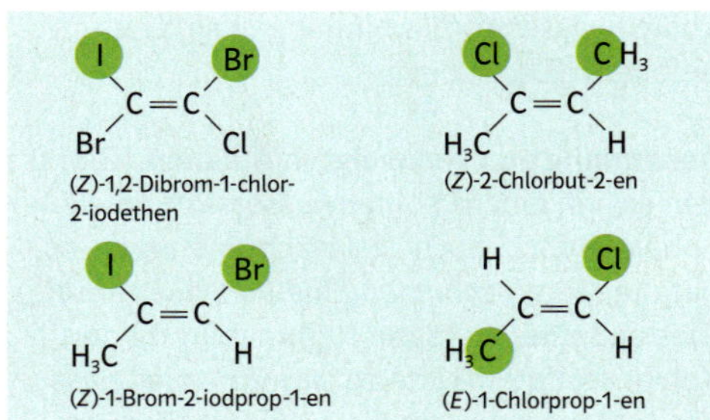

B5 Verschiedene *E-Z*-Isomere

1.6 Physikalische Eigenschaften der Alkane

Erdgas und Erdöl sind die Rohstoffquellen für die Alkane. Sie werden hauptsächlich als Energieträger und Ausgangsstoffe in der chemischen Industrie verwendet. Die Verwandtschaft der Glieder der homologen Reihe der Alkane zeigt sich in ihren Eigenschaften und Reaktionen, die sich auf Gemeinsamkeiten des Molekülaufbaus zurückführen lassen.

Schmelz- und Siedetemperaturen. Innerhalb der homologen Reihe der Alkane steigen die Siede- und ab Butan auch die Schmelztemperaturen an [B1]. Dies lässt auf steigende Anziehungskräfte zwischen den Molekülen mit zunehmender Länge der Kohlenwasserstoffketten schließen. Die C—H-Bindungen der Alkanmoleküle weisen wegen der geringen Elektronegativitätsunterschiede der Bindungspartner nur eine geringe Polarität auf; aufgrund der tetraedrischen Anordnung der Bindungspartner um die Kohlenstoffatome haben Alkanmoleküle keinen Dipolcharakter. Ursache der Anziehung zwischen den unpolaren Molekülen ist eine nicht immer symmetrische Verteilung der Elektronen. So entstehen für kurze Zeit Dipole, die auf die Elektronenhülle benachbarter Moleküle Anziehungs- bzw. Abstoßungskräfte ausüben und diese dadurch ebenfalls polarisieren. Dadurch werden *induzierte Dipole* gebildet, die daraus resultierenden Anziehungskräfte sind die *Van-der-Waals-Kräfte*.

Mit wachsender Kettenlänge der unverzweigten Alkanmoleküle und damit wachsender Oberfläche nehmen gegenseitige Berührungs- und Polarisierungsmöglichkeiten und damit die Anziehungskräfte zu [B2]; die Siede- und Schmelztemperaturen steigen deshalb. Abweichungen von dieser Regel bei den Schmelztemperaturen rühren daher, dass für die Schmelztemperatur auch die Anordnung der Moleküle im Molekülgitter verantwortlich ist. Bei den höheren Alkanen sind die Anziehungskräfte so groß, dass eine Energiezufuhr eher die Spaltung von Bindungen bewirkt als die Überwindung der Anziehungskräfte zwischen den Molekülen. Deshalb zersetzen sich Alkane ab etwa Icosan ($C_{20}H_{42}$) unterhalb der Siedetemperatur (bei Normdruck).

Name	Summenformel	Schmelztemperatur in °C	Siedetemperatur in °C	Dichte in g/cm³	Viskosität
Methan	CH_4	−182	−161	0,47*	nimmt zu
Ethan	C_2H_6	−183	−88	0,57*	
Propan	C_3H_8	−186	−42	0,59*	
Butan	C_4H_{10}	−135	−1	0,60*	
Pentan	C_5H_{12}	−129	36	0,63	
Hexan	C_6H_{14}	−94	68	0,66	
Heptan	C_7H_{16}	−90	98	0,68	
Octan	C_8H_{18}	−56	126	0,70	
Nonan	C_9H_{20}	−53	150	0,72	
Decan	$C_{10}H_{22}$	−30	174	0,73	
⋮	⋮				
Hexadecan	$C_{16}H_{34}$	18	287	0,77	
Heptadecan	$C_{17}H_{36}$	22	302	0,78	

* im flüssigen Zustand (nahe der Siedetemperatur)

B1 Eigenschaften der Alkane im Vergleich

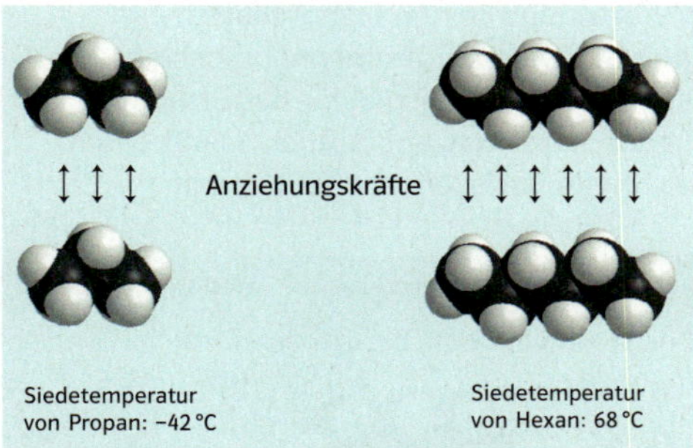

B2 Van-der-Waals-Kräfte bei Molekülen unterschiedlicher Kettenlänge

Die Anziehungskräfte zwischen den Alkanmolekülen nehmen mit wachsender Kettenlänge zu.

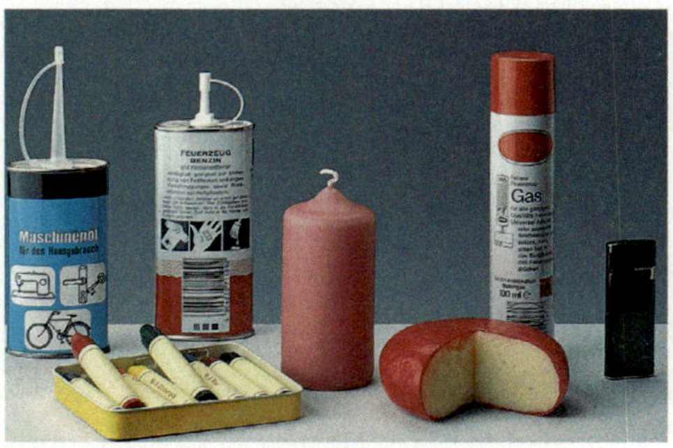

Methan ist Hauptbestandteil des Erdgases, Camping- und Feuerzeuggas bestehen überwiegend aus Propan und Butan. Flüssige Alkane sind in Benzinen, Diesel- und Heizöl enthalten. Feste Alkane bilden die Paraffine, diese findet man z. B. in Kerzen, Wachsmalstiften und in der Schutzhülle von Schnittkäse.

B3 Verwendung der Alkane im Alltag

Isomere Alkanmoleküle. Für die Summenformel C_5H_{12} lassen sich drei verschiedene konstitutionsisomere Moleküle zeichnen. Die drei Stoffe haben unterschiedliche Siedetemperaturen [B4].

Molekülmasse und Elektronenanzahl sind bei diesen drei Konstitutionsisomeren (Kap. 1.5) identisch, der einzige Unterschied ist die Anordnung (Struktur) der Atome und damit die Oberfläche der Moleküle. Während das unverzweigte Pentanmolekül eine größere Oberfläche hat, besitzt das 2,2-Dimethylpropanmolekül eher einen kugelförmigen Bau und daher eine kleinere Oberfläche. Deshalb nehmen die intermolekularen (zwischenmolekularen) Kräfte und die Siedetemperaturen vom Pentan zum 2,2-Dimethylbutan hin ab.

Man erkennt, dass zwischen der Struktur eines Moleküls und seinen Eigenschaften ein grundlegender Zusammenhang besteht. Dies ist ein weiteres Beispiel für das Struktur-Eigenschafts-Konzept (s. auch S. 138), einem wichtigen Basiskonzept der Chemie.

Name	Strukturformel	Kalottenmodell	Siedetemperatur in °C
Pentan	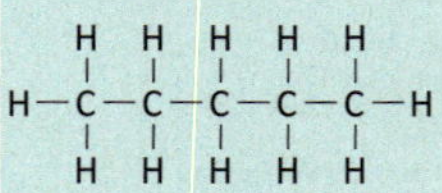	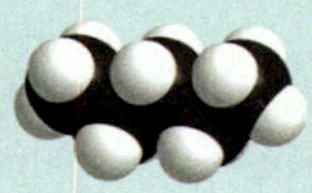	36
2-Methylbutan	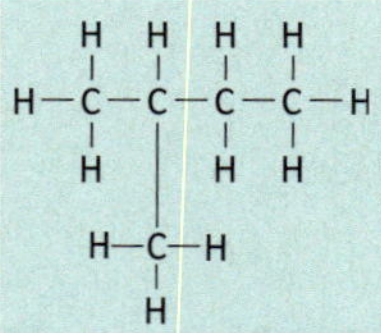		28
2,2-Dimethylpropan	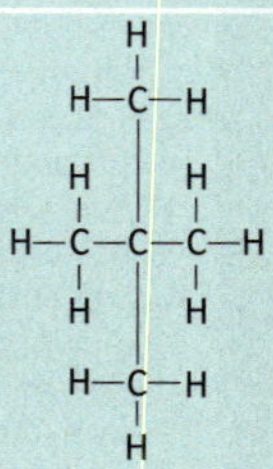		10

B4 Isomere Pentanmoleküle

Die Art der Teilchen, ihre Anordnung sowie ihre Wechselwirkungen bestimmen die Eigenschaften eines Stoffes.

Löslichkeit. Alle Alkane sind ineinander löslich, in Wasser lösen sie sich nur in Spuren. Ob zwei Stoffe ineinander löslich sind, hängt weitgehend von den Eigenschaften der Teilchen ab. Zwischen den unpolaren Alkanmolekülen herrschen Van-der-Waals-Kräfte; zwischen den polaren Wassermolekülen bestehen aber zusätzlich Wasserstoffbrücken.

Gibt man z. B. Heptan zu Wasser, so können die starken Wasserstoffbrücken zwischen Wassermolekülen nicht durch die viel schwächeren Anziehungskräfte zwischen Heptan- und Wassermolekülen ersetzt werden.

Gibt man Heptan zu Decan, so können die Anziehungskräfte, die die Heptan- und Decanmoleküle jeweils untereinander zusammenhalten, durch die Anziehungskräfte zwischen Heptan- und Decanmolekülen ersetzt werden. Die an den Beispielen gewonnenen Einsichten lassen sich verallgemeinern:

Je ähnlicher sich die Teilchen zweier Stoffe in Bezug auf die Polarität sind, desto besser lösen sich die Stoffe ineinander.

Viskosität. In Motoren oder Getrieben verhindern Öl oder Fett, dass sich die bewegenden Teile direkt berühren. Die Reibung ungeschmierter Metallteile führt zu ihrer Erwärmung (Folge ist z. B. der „Kolbenfresser") und raschen Abnutzung. Die Schmierfähigkeit eines Öls hängt von seiner Viskosität (Zähflüssigkeit) ab. Sie muss immer groß genug sein, dass ein ausreichender Schmierfilm an den Oberflächen bewegter Teile bestehen bleibt [B7]. Gemische von Kohlenwasserstoffen sind die Grundsubstanzen mineralischer Motorenöle.

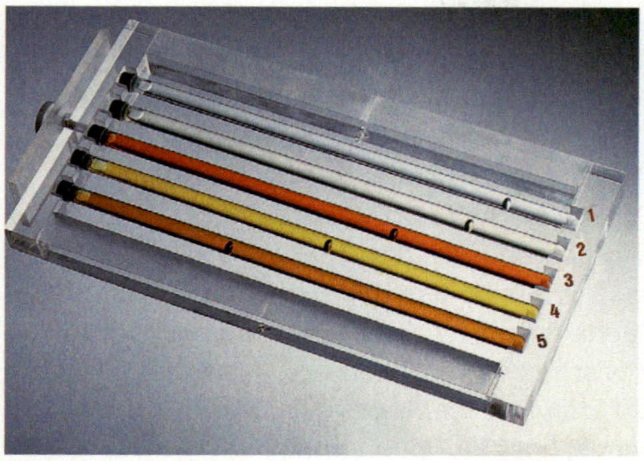

B5 Viskositätsvergleich von Benzin (1), Petroleum (2), Heizöl (3), Fahrradöl (4) und Motorenöl (5)

B6 Der Schmierfilm des Öls vermindert den Verschleiß

lipophil von griech. lipos, Fett und griech. philos, liebend

hydrophil von griech. hydor, Wasser und griech. philos, liebend

Viskosität der Begriff geht auf den zähen Saft der Beeren von Misteln (Viscum) zurück. Aus diesem wurde Vogelleim gewonnen. Grob gesagt bedeutet „viskos" also „zäh wie Vogelleim"

Kettenlänge und Viskosität. Im Kugelfall-Viskosimeter [B5] kann das Fließverhalten einer Flüssigkeit ermittelt werden: In jedem der fünf Rohre befindet sich ein flüssiges Alkan und eine Metallkugel. Im senkrecht gestellten Viskosimeter hat die Metallkugel im Alkan mit der größten Viskosität die geringste Sinkgeschwindigkeit. Hohe Viskosität bedeutet also Dickflüssigkeit, niedrige Dünnflüssigkeit. Beim Fließen gleiten Moleküle der Flüssigkeit aneinander vorbei, was umso schwieriger ist, je größer die zwischenmolekularen Kräfte sind. Zwischen längerkettigen Kohlenwasserstoffmolekülen herrschen größere Anziehungskräfte als zwischen kürzerkettigen. Daher haben flüssige Kohlenwasserstoffe, die aus erstgenannten Molekülen aufgebaut sind, eine größere Viskosität. Mit steigender Temperatur nimmt die Viskosität einer Flüssigkeit ab.

A1 Zeichne die Strukturformeln von Hexan, 2,2-Dimethylbutan und 3-Methylpentan und ordne begründet die Siedetemperaturen von 50 °C, 63 °C und 68 °C zu.

Exkurs Physikalische Eigenschaften der Alkene

Misst man Schmelz- und Siedetemperaturen der Alkene [B6], so kann – wie bei den Alkanen – mit wachsender Kettenlänge eine Zunahme der Werte festgestellt werden. Sie kann genauso mit der Anzahl der C-Atome wie bei den Alkanen erklärt werden.

Name des Alkens	Strukturformel	Siedetemperatur
Ethen	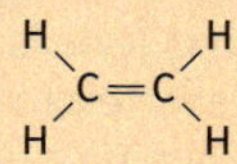	–104 °C
Propen	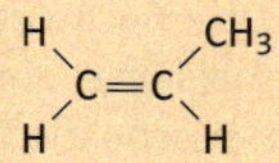	–48 °C
But-1-en	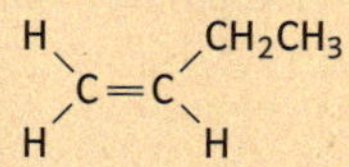	–6 °C
Pent-1-en	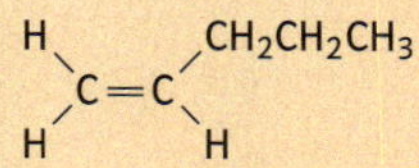	30 °C
Hex-1-en	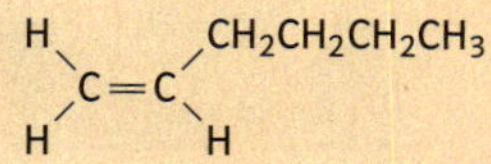	63 °C

A2 Welche der in Tabelle B8 aufgeführten Alkene sind bei Zimmertemperatur (20 °C) auch flüssig, welche nur gasförmig?

A3 Erkläre die Zunahme der Siedetemperaturen innerhalb der homologen Reihe der Alkene. Zwischen Alkenmolekülen wirken die Van-der-Waals-Kräfte.

1.7 Impulse Lernzirkel: Alkane

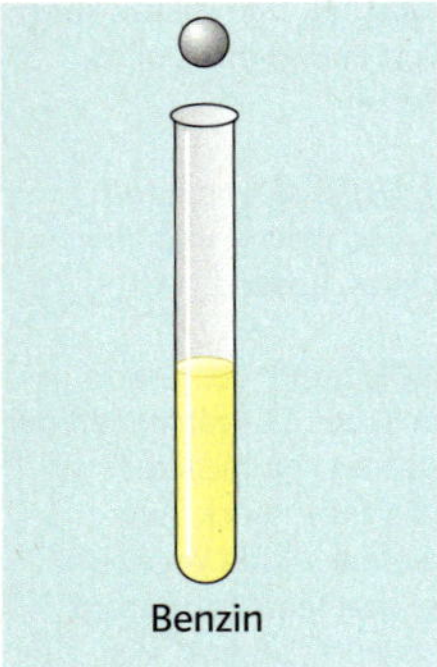

B1 Zur Ermittlung der Viskosität

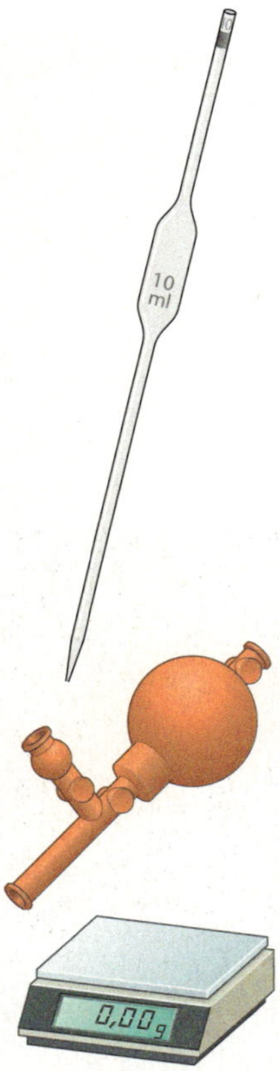

B2 Zur Ermittlung der Dichte

Station Grundlagen

Aufgaben:

a) Welche allgemeine Summenformel weisen die Alkane auf?

b) Wie viele Konstitutionsisomere gibt es zur Formel C_6H_{14}?

c) Formuliere die Struktur- oder Halbstrukturformeln für die Moleküle der folgenden Alkane: Octan, 3,3-Dimethylhexan; 2-Methylhexan; 3-Ethylhexan; 3-Ethyl-2-methylpentan; 2,3,4-Trimethylhexan. Welche der Moleküle und Verbindungen sind isomer zueinander?

d) In welchen Produkten des Alltags und der Technik kommen die folgenden Alkane vor: Methan, Propan, Butan, Heptan, Paraffin?

Station Entflammbarkeit

Geräte/Materialien/Chemikalien: Schutzbrille, 3 Porzellanschalen, feuerfeste Unterlage, Keramik-Drahtnetz, Holzspan, Feuerzeug, Heptan, Paraffinöl (niederer Siedetemperaturbereich), Paraffinöl (hoher Siedetemperaturbereich).

Durchführung: Gib *einige Tropfen* der drei Flüssigkeiten in jeweils eine Porzellanschale, die auf der feuerfesten Unterlage steht. Nähere die Flamme eines brennenden Holzspans der Oberfläche der Flüssigkeit. Streiche evtl. mehrmals über die Oberfläche der Flüssigkeit. Lösche die brennende Flüssigkeit durch Auflegen des Keramik-Drahtnetzes.

Aufgaben:

a) Beschreibe und deute die Beobachtungen.

b) Welcher Zusammenhang besteht zwischen der Entflammbarkeit eines Alkans und den Gefahren, die von dem Alkan ausgehen?

Station Löslichkeit

Geräte/Materialien/Chemikalien: 4 Reagenzgläser, passende Stopfen, Reagenzglasständer, Hexan, Heptan, Paraffinöl, dest. Wasser.

Durchführung:

a) Gib in je ein Reagenzglas einen Fingerbreit Heptan bzw. Paraffinöl. Füge das gleiche Volumen Wasser zu. Schüttle kräftig.

b) Wiederhole das Experiment, gib jetzt aber Hexan zu Heptan bzw. Paraffinöl.

Aufgaben:

a) Beschreibe und deute die Beobachtungen. Gehe dazu auch auf die Anziehungskräfte zwischen den Teilchen ein.

b) Erläutere die Begriffe: hydrophil, hydrophob, lipophil, lipophob.

Station Viskosität

Geräte/Materialien/Chemikalien: 3 Reagenzgläser, Reagenzglasständer, 3 kleine Stahlkugeln (z. B. Kugeln aus einem Fahrradtretlager), Magnet, Stoppuhr, Heptan, Decan, Paraffinöl.

Durchführung: Fülle je ein Reagenzglas etwa 10 cm hoch mit Decan, Heptan oder Paraffinöl. Die Füllhöhen müssen genau gleich sein. Lass dann aus Höhe der Reagenzglasöffnung eine Kugel in die jeweilige Flüssigkeit fallen [B1] und miss die Zeit, bis die Kugel den Boden des Reagenzglases erreicht hat. Tipp: Wenn du mit dem Magneten außen am Reagenzglas entlangfährst, kannst du so die Kugel wieder aus der Flüssigkeit holen.

Aufgaben:

a) Beschreibe und deute die Beobachtungen. Gehe dazu auch auf die Anziehungskräfte zwischen den Teilchen ein.

b) Gib Beispiele für Produkte aus dem Alltag an, bei denen die Viskosität eine Rolle spielt.

Station Dichte

Geräte/Materialien/Chemikalien: 3 Schnappdeckelgläschen, 3 Vollpipetten (10 ml), Pipettierhilfe, Waage, Paraffinöl (niederer Siedetemperaturbereich), Paraffinöl (hoher Siedetemperaturbereich).

Aufgaben:

a) Entwirf eine Versuchsanleitung zur Bestimmung der Dichten von Heptan und den Paraffinölen und bestimme die Dichten der Flüssigkeiten [B2].

b) Warum sollte ein kleiner Benzinbrand durch Abdecken und keinesfalls durch Bespritzen mit Wasser gelöscht werden?

1.8 Brennbarkeit der Kohlenwasserstoffe

Alkane reagieren häufig sogar nicht mit solchen Stoffen, die als sehr reaktionsfähig bekannt sind. Dazu zählen Salzsäure oder Natronlauge. Daher nannte man Alkane früher **Paraffine.** Dieser Name bedeutet sinngemäß „reaktionsträge". Eine wichtige Reaktion der Alkane ist ihre Verbrennung, das heißt die chemische Reaktion mit Sauerstoff. Als Reaktionsprodukte entstehen bei der vollständigen Verbrennung Wasser und Kohlenstoffdioxid.

Verbrennen Alkane an der Luft, so nehmen entlang der homologen Reihe die Leuchtkraft der Flamme und die Rußentwicklung zu [B1]. Das Leuchten der Flamme ist auf das Glühen winziger Rußpartikel zurückzuführen, die bei unvollständiger Verbrennung entstehen und erst am Flammensaum mit Luftsauerstoff zu Kohlenstoffdioxid reagieren. Da die Anzahl und der Anteil der Kohlenstoffatome in den Alkanmolekülen innerhalb der homologen Reihe zunimmt, findet bei gleichem Luftzustrom eine zunehmend unvollständige Verbrennung statt. Einige Rußpartikel gelangen zum Teil unverbrannt bis in kältere Randbereiche der Flamme, wo sie nicht mehr reagieren und als Ruß in Erscheinung treten.

Schweißbrenner. Ethin (Acetylen) kommt in Stahlflaschen in den Handel. Reines Ethin kann unter Druck explosionsartig zerfallen. Es muss deshalb unter besonderen Bedingungen aufbewahrt werden.
Ethin verbrennt an der Luft mit hell leuchtender und stark rußender Flamme. Verbrennt man Ethin in Schweiß- und Schneidbrennern [B2, B3] zusammen mit Sauerstoff, so erhält man eine nur wenig rußende, sehr helle und heiße Flamme, die Flammentemperatur kann bis zu 3000 °C betragen, sodass sogar Stoffe wie Stahl leicht geschmolzen werden können.

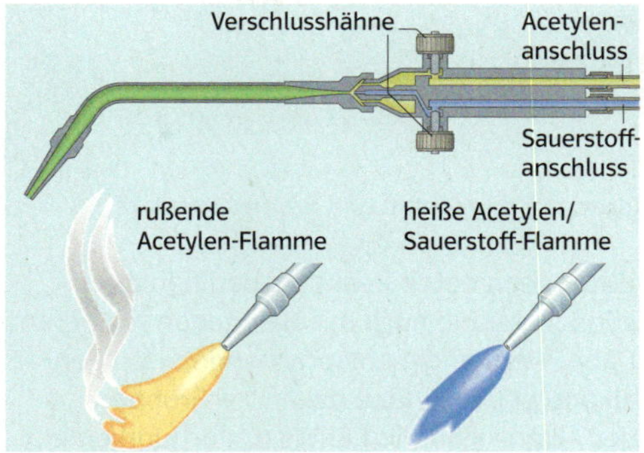

B2 Schweißen mit Acetylen; oben: Schnitt durch den Brenner

A1 Formuliere die Reaktionsgleichung für die vollständige Verbrennung von Octan.

A2 Erdgas ist brennbar. Führe dazu drei Beispiele aus dem Alltag auf.

paraffin von lat. parum affinis, wenig bereit

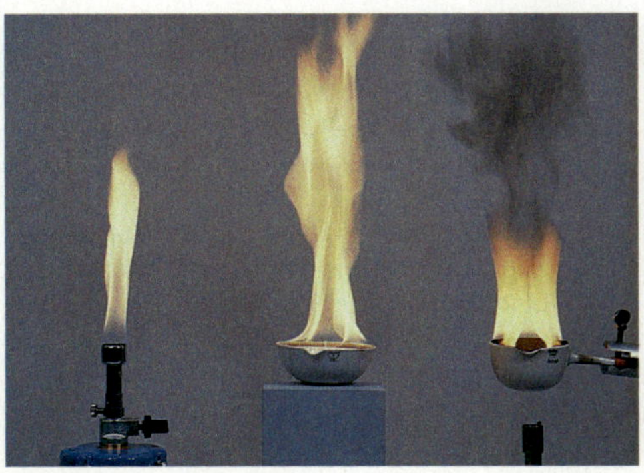

B1 Flammenvergleich (von links: Butan, Benzin, Paraffinöl)

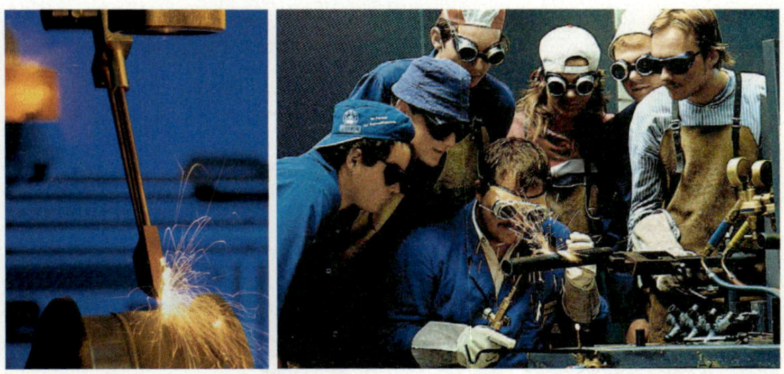

B3 Schweißen und Schneiden

1.9 Halogenierung von Alkanen

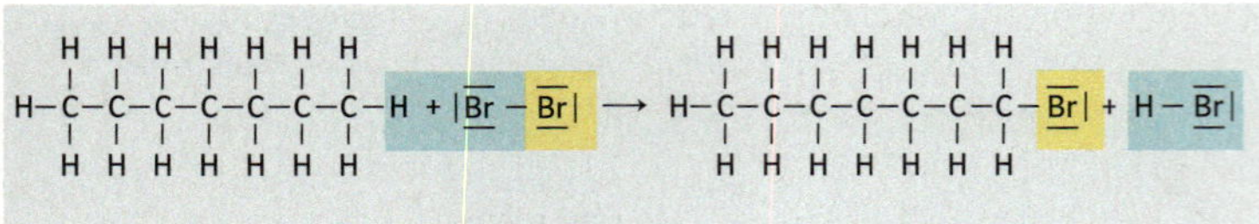

B1 Heptan und Brom reagieren zu Bromheptan und Bromwasserstoff

Substitution von
lat. substituere, ersetzen

FCKW Früher hat man die CFKW als FCKW bezeichnet. Mittlerweile haben sich die Nomenklaturregeln aber dahingehend geändert, dass die Halogenatome in alphabetischer Reihenfolge genannt werden

Unter geeigneten Reaktionsbedingungen können Alkane auch mit Halogenen reagieren. Dabei werden die entsprechenden **Halogenalkane** gebildet. Eine bekannte Gruppe der Alkane sind die CFKWs (Chlorfluorkohlenwasserstoffe), die als Mitverursacher des Ozonlochs gelten (Kap. 2.11).

Bromierung von Heptan. Gibt man Brom zu Heptan [B2, V1], so entsteht zunächst eine rotbraune Lösung. Diese ist im Dunkeln beständig, entfärbt sich im Licht jedoch langsam. Über der Flüssigkeit erfolgt an feuchter Luft Nebelbildung. Diese ist auf Bromwasserstoff zurückzuführen, der auch die Rotfärbung des feuchten Universalindikatorpapiers hervorruft. Im Reaktionsgefäß bleibt eine farblose Flüssigkeit zurück. Die **Beilsteinprobe** [V1b] verläuft mit dieser Flüssigkeit positiv. Es ist eine organische Halogenverbindung entstanden.

Substitution. Bei der Reaktion des Heptans mit Brom sind im Heptanmolekül ein oder mehrere Wasserstoffatome durch Bromatome ersetzt (substituiert) worden.

Eine Reaktion, bei der Atome (oder Atomgruppen) durch andere Atome (oder Atomgruppen) ersetzt werden, nennt man Substitution.

Die Lösung von Heptan und Brom (B2, links) entfärbt sich bei Belichtung rasch.

Die Bromwasserstoff-Nebel verursachen die Farbänderung des feuchten Indikatorpapiers (B2, rechts).

B2 Reaktion von Heptan mit Brom

Beim Ersatz mehrerer Wasserstoffatome nimmt die Zahl der Reaktionsprodukte stark zu. Die aus Alkanen und Halogenen gebildeten Reaktionsprodukte heißen Halogenalkane. Sie wurden früher in großen Mengen zur Entfettung, als Treibmittel in Spraydosen, als Kühl- und Feuerlöschmittel eingesetzt. Da einige die Ozonschicht schädigen, ist ihr Einsatz immer stärker eingeschränkt oder verboten worden.
Durch die Halogenierung können die reaktionsträgen Alkane in reaktionsfähige Ausgangsstoffe für viele organische Verbindungen überführt werden.

Die Benennung der Halogenalkanmoleküle erfolgt analog der Nomenklatur verzweigter Kohlenwasserstoffmoleküle (Kap. 1.4). Anstelle des Alkylrests wird der Halogensubstituent benannt [B1, B3].

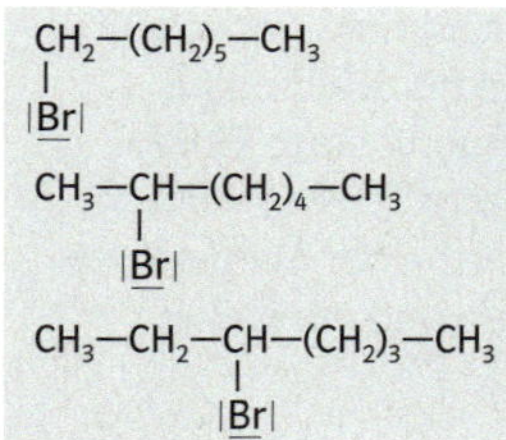

1-Bromheptan

2-Bromheptan

3-Bromheptan

B3 Einige Bromheptane

V1 **a)** Man gibt zu Heptan einige Tropfen Brom (Schutzbrille! Schutzhandschuhe! Abzug!) und stellt den Kolben mit einem Aktivkohlestopfen auf einen Tageslichtprojektor.
Dann hält man ein feuchtes Indikatorpapier über die Öffnung des Kolbens. (Abzug!)
b) Zur Entfernung von gelöstem Bromwasserstoff und Brom versetzt man einen Teil des Kolbeninhalts in einem Schütteltrichter mit verd. Natronlauge und schüttelt. Einige Tropfen der organischen Flüssigkeit gibt man auf einen ausgeglühten Kupferblechstreifen und hält diesen in die nicht leuchtende Flamme. (Abzug!) Grünfärbung der Flamme zeigt die Anwesenheit einer Halogenverbindung.

A1 Formuliere die Strukturformel von 1,1,2-Tribromheptan.

1.10 Die radikalische Substitution

Durch genaue Untersuchung von Substitutionsreaktionen konnten die Vorgänge aufgeklärt werden, wie die einzelnen Teilchen miteinander reagieren. Man spricht daher vom *Reaktionsmechanismus*. Dieser wird am Beispiel der Reaktion von Methan mit Chlor dargestellt.

1. Durch Zufuhr von Energie (thermische Energie oder Licht) werden in der **Startreaktion** Chlormoleküle in Chloratome gespalten. Teilchen, die wie die Chloratome ungepaarte Elektronen aufweisen, bezeichnet man als **Radikale**. Wegen dieser ungepaarten Elektronen können Radikale leicht Bindungen eingehen. Radikale sind sehr reaktionsfreudig.

2. In der auf die Startreaktion folgenden **Reaktionskette** bilden sich abwechselnd Methyl- und Chlorradikale (Chloratome).

3. Neben Reaktionen, die zur Bildung von Chlormethan- und Chlorwasserstoffmolekülen führen, finden auch **Abbruchreaktionen** statt, bei denen die für die Reaktionskette notwendigen Radikale miteinander reagieren.

Die gesamte Reaktion bezeichnet man wegen der daran beteiligten Radikale als **radikalische Substitution**. Die Substitutionsprodukte aus der Reaktion der Alkane mit den Halogenen sind Halogenalkane. Je nach Reaktionsbedingungen (Dauer, Konzentration der verschiedenen Bestandteile, Temperatur, Katalysator) werden unterschiedlich viele Wasserstoffatome eines Alkanmoleküls ersetzt.

Alkane reagieren mit Halogenen in einer radikalischen Substitution zu Halogenalkanen.

Radikale in Organismen. Jedes Lebewesen produziert bei der Zellatmung „freie Radikale“, die sich per Kettenreaktion im Körper ausbreiten. Radikale sind Atome oder Moleküle mit einem oder mehreren ungepaarten Elektronen. Radikale sind nützlich, indem sie Mikroorganismen abwehren und Fremdsubstanzen abbauen. Doch die meisten in den Industriestaaten lebenden Menschen haben zu viele Radikale in ihrem Körper. Die überschüssigen Radikale zerstören Zellbausteine, Membranen und Erbsubstanz. Der Körper ist im Allgemeinen in der Lage, Radikale abzufangen. Durch Umwelteinflüsse oder z. B. übermäßigen Alkoholkonsum kann jedoch der Stoffwechsel gestört sein. Radikale können dann eher angreifen. Die Aufnahme der Vitamine C und E schützt Körperzellen vor dem Angriff durch Radikale. Es muss allerdings auch darauf hingewiesen werden, dass vor allem bei fettlöslichen Vitaminen, wie beim Vitamin E, Überdosierungen möglich sind. Diese können durchaus auch negative Folgen haben.

A1 Formuliere und erläutere die Reaktionsschritte zur Bildung von Dibrommethan aus Methan und Brom.

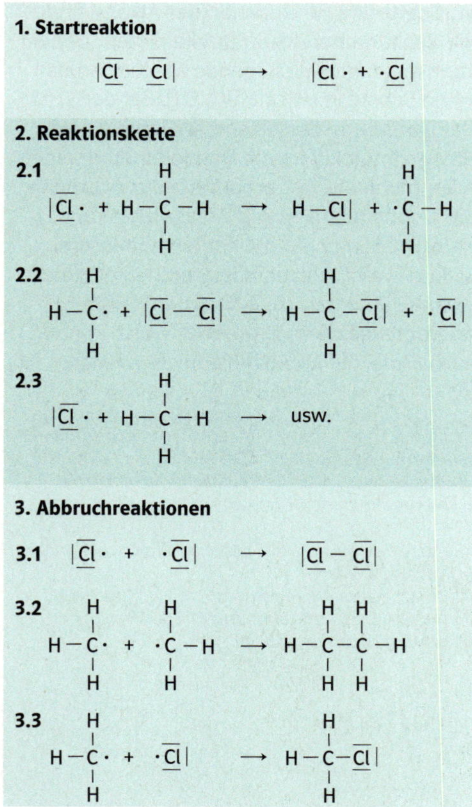

B1 Ablauf der radikalischen Substitution bei der Reaktion von Methan mit Chlor

Radikal von lat. radix, die Wurzel. Durch den in der Biologie verwendeten Begriff „freies Radikal“ soll die Reaktionsfähigkeit dieses Teilchens betont werden. „Frei“ bedeutet „noch bindungsfähig“

1.11 Die elektrophile Addition

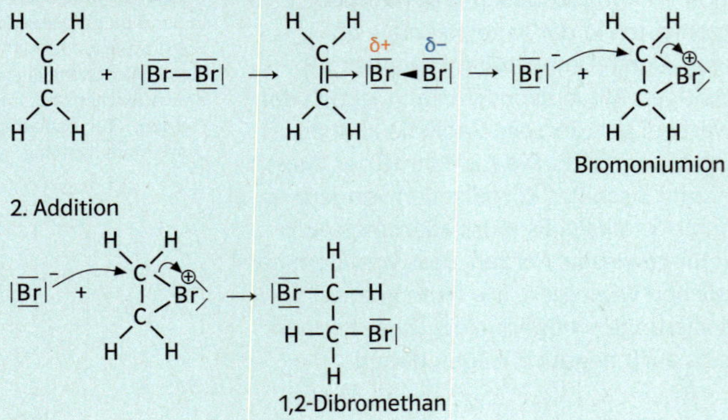

B1 Mechanismus der Reaktion von Ethen mit Bromwasser. Es entsteht 1,2-Dibromethan

Halogenierung von Alkenen. Ethen kann ebenfalls mit Halogenen, z. B. Brom reagieren. Im Gegensatz zur Reaktion der Alkane findet die Reaktion bereits im Dunkeln statt. Daher kann der zugrunde liegende Mechanismus keine Substitution sein [V1, B1]. Bei der Halogenierung der Alkene addiert sich ein Halogenmolekül an die Doppelbindung eines Alkenmoleküls. Dabei kommt es zur Öffnung der Doppelbindung und Anlagerung von Halogenatomen an die Kohlenstoffatome, sodass zwei Einfachbindungen neu gebildet werden. Eine derartige Reaktion heißt **Additionsreaktion**. In gleicher Weise können auch Moleküle an Alkine addiert werden.

Additionsreaktionen spielen in der Chemie eine wichtige Rolle. Der Reaktionsmechanismus wird anhand der Reaktion von Ethen mit Brom dargestellt [B1].

Ethen reagiert mit Brom. Trifft ein Brommolekül auf die Elektronenwolke der Doppelbindung des Ethenmoleküls, wird das Brommolekül polarisiert. Dies führt zur heterolytischen Bindungsspaltung des Brommoleküls und somit zur Bildung eines *Bromidions*. Gleichzeitig wird ein cyclisches Kation ausgebildet, das man **Bromoniumion** nennt.
In einem Folgeschritt reagiert das Bromidion mit dem Bromoniumion. Es entsteht dabei 1,2-Dibromethan. Die vom Bromidion ausgehende Bindungsbildung erfolgt aus Platzgründen auf der Rückseite des Bromoniumions.

Damit die Reaktion ablaufen kann, muss ein **elektronenanziehendes (elektrophiles) Teilchen** vorhanden sein – das positive Ende des polarisierten Brommoleküls. Der Mechanismus wird daher **elektrophile Addition** genannt.

Alkene reagieren mit Halogenen in einer elektrophilen Addition zu Halogenalkanen.

Die Entfärbung von Bromwasser [V1] dient als qualitativer Nachweis für ungesättigte Verbindungen (Bromwasserprobe).

Von einer **formalen Ladung** spricht man dann, wenn in einer Valenzstrichformel rein formal **einem** Atom des Atomverbundes (Molekül oder Molekülion) eine ganze Elementarladung zugeordnet wird, obwohl dies in der Realität so nicht zutrifft. Formale Ladungen sind in den Valenzstrichformeln eingekreist.

Wie ermittelt man formale Ladungen? Am Beispiel des Kohlenstoffmonooxidmoleküls soll die Vorgehensweise aufgezeigt werden:
Das bindende Elektronenpaar wird zur Hälfte den beiden Atomen zugerechnet. Anschließend wird die Anzahl der Elektronen abgezählt und mit der Anzahl der Elektronen, die das ungebundene Atom hätte, verglichen.

Kohlenstoffatom:
5 Elektronen, d. h. eines zu viel ⟶ eine negative formale Ladung.

$$^{\ominus}|C{\equiv}O|^{\oplus}$$

Sauerstoffatom:
5 Elektronen, d. h. eines zu wenig ⟶ eine positive formale Ladung.

B2 Formale Ladung

V1 In einen Erlenmeyerkolben (100 ml) gibt man 20 ml Wasser und vier Tropfen Brom (Abzug, Schutzbrille! Schutzhandschuhe!). Die Luft über der Flüssigkeit wird durch Propen ersetzt. Man verschließt dicht und schüttelt kräftig.

A1 Vergleiche die Gesamtreaktionsgleichungen für die Addition von Brom an Propen und für hypothetische Substitutionen. Welche Volumenänderungen wären jeweils zu erwarten unter der Annahme, dass sowohl Brom als auch die organischen Bromverbindungen flüssig vorliegen?

A2 Beschreibe den unterschiedlichen Verlauf der Bromierung von Ethan und Ethen.

1.12 Exkurs Weitere Additionsreaktionen und Dehydrierung

Alkene können mit sehr vielen weiteren Stoffen, wie z. B. Wasserstoff, Ammoniak und Wasser, Additionsreaktionen eingehen. Deshalb gehört Ethen zu den wichtigsten Ausgangsstoffen für die Herstellung organischer Verbindungen.

Hydrierung. Durch die Reaktion mit Wasserstoff kann aus einem ungesättigten Kohlenwasserstoff ein gesättigter Kohlenwasserstoff, ein Alkan, hergestellt werden. Bei dieser Reaktion, der *Hydrierung*, entsteht z. B. Ethan aus Ethen [B1].
Die Hydrierung spielt z. B. bei der Herstellung von Margarine aus fetten Ölen eine Rolle. Durch die Hydrierung entstehen dabei aus Ölen festere („härtere") streichfähige Fette.

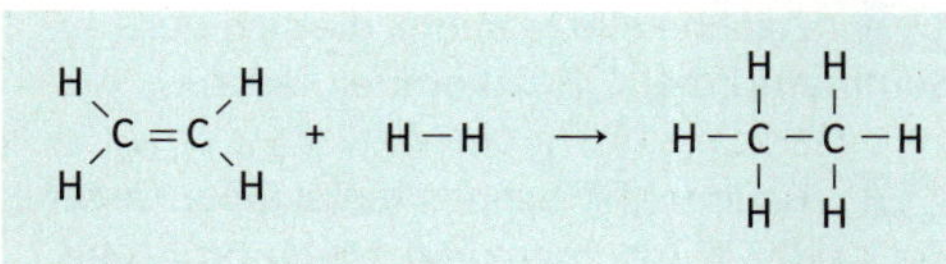

B1 Hydrierung von Ethen

Dehydrierung. Man kann umgekehrt aus Alkanmolekülen durch Abspaltung von Wasserstoffmolekülen Alkenmoleküle herstellen. Diese Reaktion ist eine *Dehydrierung* [B2]. In den Industrieländern wird Ethen v. a. durch Dehydrierung von Ethan hergestellt. Ethen ist der Ausgangsstoff für die Herstellung einer der weltweit meistgenutzten Kunststoffe, dem Polyethen.

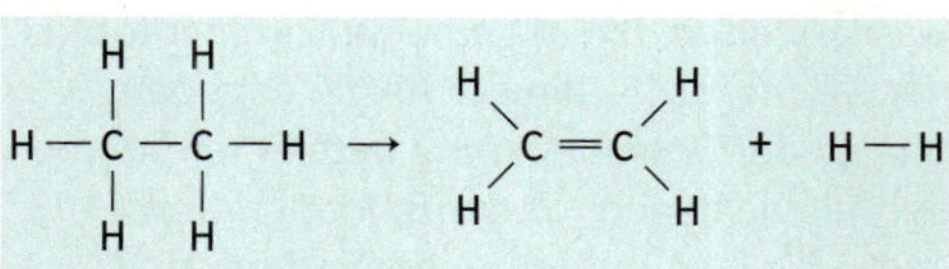

B2 Dehydrierung von Ethan

Die Dehydrierung ist ein Beispiel für eine Reaktion, bei der aus Molekülen kleine Moleküle abgespalten werden. Solche Reaktionen heißen **Eliminierungsreaktionen**.

Hydratisierung. Die Addition von Wasser an eine ungesättigte Verbindung nennt man *Hydratisierung* [B3]. Die Addition von Wasser an Ethen wird bei der großtechnischen Produktion von Ethanol angewandt.

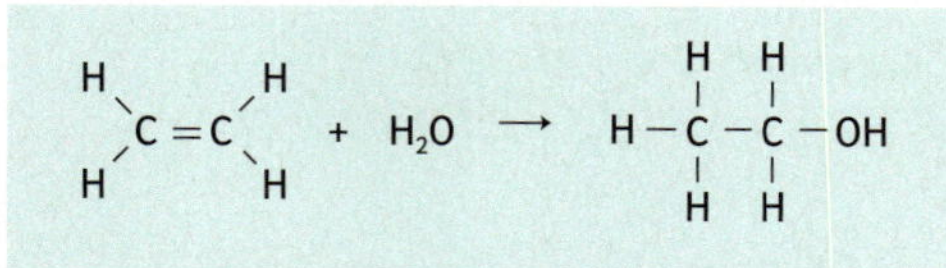

B3 Hydratisierung von Ethen

Additionsreaktionen bei Alkinen. Da die Alkine eine Dreifachbindung haben, müssen bei der Addition zwei Mol Elektrophil pro Mol Alkin addiert werden [B4].

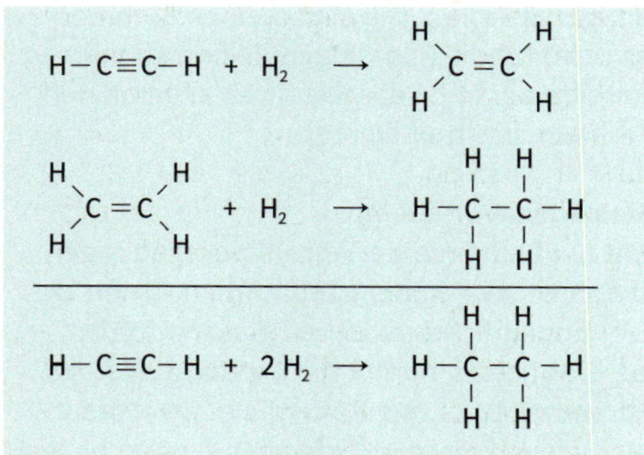

B4 Hydrierung von Acetylen

A1 Polypropen gehört wie Polyethen weltweit zu den meistgenutzten Kunststoffen. Überlege, wie Propen großtechnisch hergestellt werden könnte.

A2 Formuliere die Reaktionsgleichungen für folgende Reaktionen:
a) Hydrierung von But-1-en
b) Dehydrierung von Propan
c) Hydrierung von Propin

1.13 Durchblick Zusammenfassung und Übung

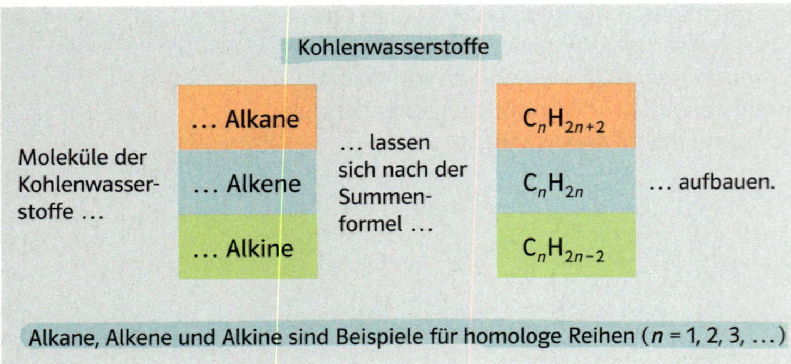

B1 Allgemeine Summenformeln

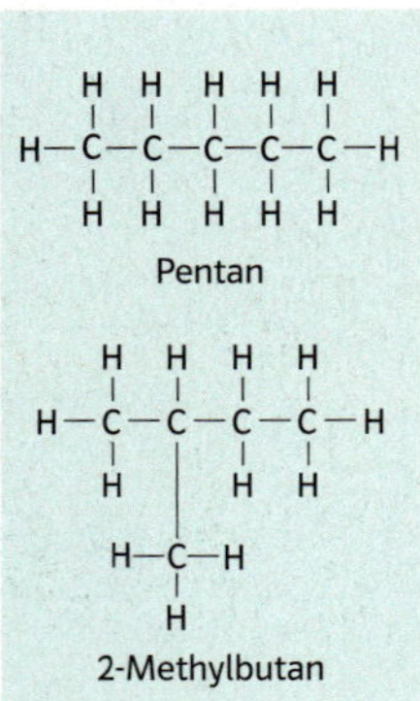

B2 Strukturformeln von Konstitutionsisomeren

Homologe Reihe

Alkane sind gesättigte Kohlenwasserstoffverbindungen, während Alkene und Alkine zu den ungesättigten Kohlenwasserstoffverbindungen gehören. Die allgemeinen Summenformeln für die homologen Reihen können mithilfe der in B1 dargestellten allgemeinen Formeln ermittelt werden.

Elektronenverteilung

Mit der Zunahme der Anzahl der Bindungen zwischen zwei Kohlenstoffatomen nimmt die Elektronendichte zwischen diesen Atomen zu. Gleichzeitig nimmt der Bindungsabstand ab und es muss mehr Energie aufgewendet werden, um diese Mehrfachbindungen zu spalten, als dies bei einer Einfachbindung nötig wäre.

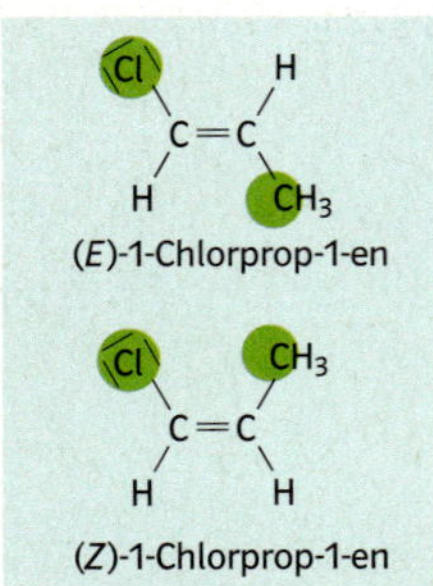

B3 Strukturformeln von *E*-*Z*-Isomeren

Isomerie	Beschreibung
Konstitutionsisomerie	Moleküle, die die gleiche Summenformel, aber unterschiedliche Atomverknüpfungen haben (siehe z. B. B2)
E-*Z*-Isomerie	*E*-*Z*-Isomerie kann bei Molekülen mit Doppelbindung vorliegen, wenn die Atome, die mit einem Kohlenstoffatom der Doppelbindung verbunden sind, unterschiedliche Ordnungszahlen aufweisen (siehe z. B. B3).

B4 Isomerie

Reaktionsverhalten

Der typische Reaktionsmechanismus der Alkane ist die radikalische Substitution, während bei den ungesättigten Verbindungen wegen ihrer Mehrfachbindung(en) bevorzugt die elektrophile Addition abläuft.

A1 Notiere die Strukturformeln der folgenden Kohlenwasserstoffmoleküle.
a) 5-Brom-2-methyl-2,3-hexadien
b) 3-Methylhexan
c) 3-Ethyl-3,4-dimethyldecan

A2 Erkläre die unterschiedlichen Siedetemperaturen von Butan (− 1 °C) und Methylpropan (− 12 °C).

A3 Zeichne alle Isomere, die sich der Summenformel C_6H_{10} zuordnen lassen.

A4 Baue mithilfe eines Molekülbaukastens die beiden *E*-*Z*-Isomere von 1-Bromprop-1-en und von But-2-en. Notiere anschließend jeweils die beiden Strukturformeln.

A5 Lege dir eine Tabelle zum Vergleich der radikalischen Substitution mit der elektrophilen Addition an. Gehe dabei auf Edukte, Produkte und Reaktionsbedingungen ein.

A6 Übertrage folgenden Lückentext in dein Heft und vervollständige ihn:

Alkene und Alkine zählen zu den … Kohlenwasserstoffen. Die allgemeine Summenformel der Alkene ist …, die der Alkine dagegen … Alle an der Doppelbindung beteiligten Atome der Alkene liegen …, der Bindungswinkel ist … Die Folgen der Doppelbindung sind keine freie … um die C—C- … Außerdem haben Alkene ober- und unterhalb der Molekülebene eine erhöhte … Der Bindungsabstand der Kohlenstoffatome in einem Alken muss … sein als der Bindungsabstand bei den Alkanen. Zudem muss bei den Alkenen … Energie aufgewendet werden, um die Bindung zu spalten als bei den Alkanen.

2 Kohlenwasserstoffe in Natur, Alltag und Technik

Kohlenwasserstoffe findet man in vielen Bereichen wieder, sei es als Energielieferanten oder als Grundstoffe für die chemische Industrie.

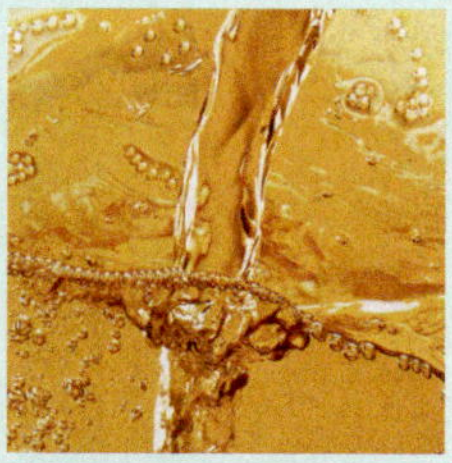

Die meisten Autos fahren mit Benzin oder Diesel. Mit Erdgas wird geheizt und gekocht. Erdöl und Erdgas decken noch immer den größten Teil des Energiebedarfs. Erdölprodukte sind aber auch die Basis für Kunststoffe.

In naher oder ferner Zukunft werden Erdöl und Erdgas verbraucht sein. Es wird intensiv nach Alternativen für diese Energieträger gesucht.

Was geschieht mit dem Element Kohlenstoff im Kohlenstoffkreislauf?

Die Lufthülle der Erde – die Atmosphäre –, die zwar bis in große Höhen reicht, im Verhältnis zum Erddurchmesser aber relativ dünn ist, ermöglicht das Leben auf der Erde. Vom Menschen diesbezüglich geschaffene Probleme sind der Treibhauseffekt und das Ozonloch. Welche Stoffe haben einen negativen Einfluss auf die Atmosphäre?

2.1 Erdöl, Erdgas und Kohle

fossil von lat. fossilis, ausgegraben. „Fossil" bedeutet: urzeitlich, als Versteinerung erhalten

Kohle umfasst Steinkohle, Braunkohle und Torf

Karbon von lat. carbo, Kohle; Erdzeitalter, das vor ca. 350 Mio. Jahren begann und vor ca. 284 Mio. Jahren endete

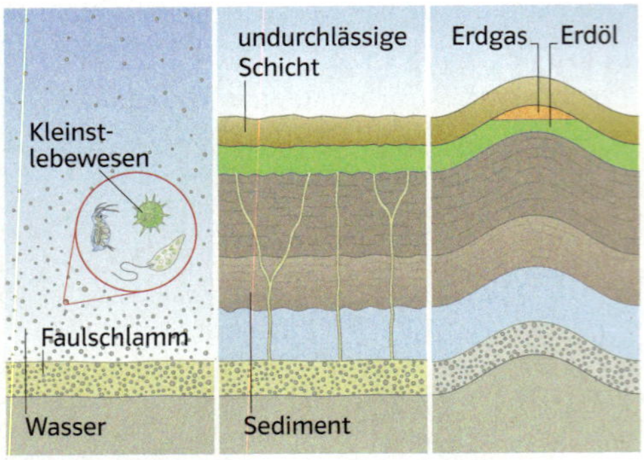

B1 Entstehung von Erdgas und Erdöl

Die **fossilen Brennstoffe** Erdöl, Erdgas und Kohle zählen zu den wichtigsten Energieträgern. Es handelt sich dabei um brennbare, organische Verbindungen, die alle der Erde entstammen, uns allerdings nur in begrenzter Menge zur Verfügung stehen.

Entstehung. Nach dem heutigen Kenntnisstand sind Erdöl und Erdgas aus den Kohlenhydraten, Eiweißstoffen und Fetten von winzigen Tieren und Pflanzen entstanden, die vor Jahrmillionen im Karbonzeitalter in riesiger Anzahl flache, küstennahe Gewässer besiedelten. Aus absterbenden Mikroorganismen und Sanden, Tonen und Kalken, die meist von Flüssen in die Gewässer verfrachtet wurden, bildete sich eine mächtige, sauerstoffarme Faulschlammschicht [B1]. Nach Überdeckung mit weiteren Sedimenten wandelten sich die organischen Bestandteile der Faulschlammschicht unter dem Einfluss von Druck, Wärme, Bakterien sowie mineralischen und organischen Katalysatoren in die Verbindungen des Erdgases und Erdöls um. Konnten vor allem größere Pflanzen wie Bäume und Farne aufgrund des fehlenden Sauerstoffs nicht verwesen, sondern waren am Grund von Sümpfen und Mooren größerer Wärme und größeren Drücken ausgesetzt, entstand Kohle. In diesem Zusammenhang konnte auch Erdgas gebildet werden. Die fossilen Energieträger geben ihre gespeicherte Energie bei der Verbrennung mit Sauerstoff wieder frei.

Lagerstätten und Förderung. Erdgas und Erdöl findet man in porösen Ablagerungsgesteinen, die von undurchlässigen Schichten abgeschlossen sind. In die Speichergesteine sind sie häufig erst aus ihren weit entfernten Entstehungsorten hineingewandert. Auf der Suche nach dem Erdgas und Erdöl werden Bohrungen bis zu den Lagerstätten vorgetrieben. Wird das Erdölspeichergestein angebohrt, kann das Erdöl durch den Druck des begleitenden Erdgases aus der Bohrmündung fließen. Genügt der Lagerstättendruck nicht oder lässt er im Laufe der Förderung nach, wird das Erdöl an die Erdoberfläche gepumpt.

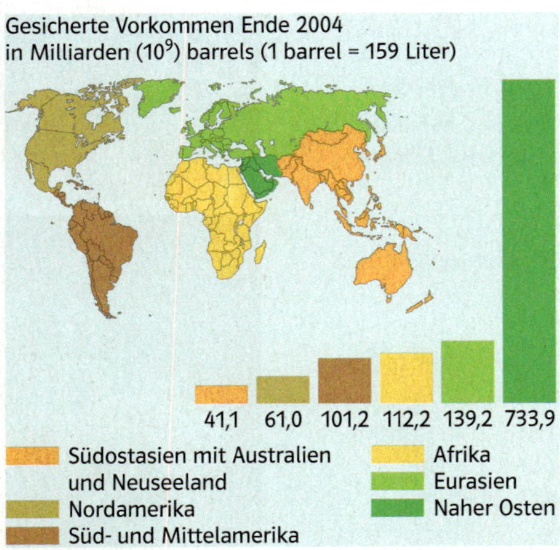

B2 Erdölreserven der Erde

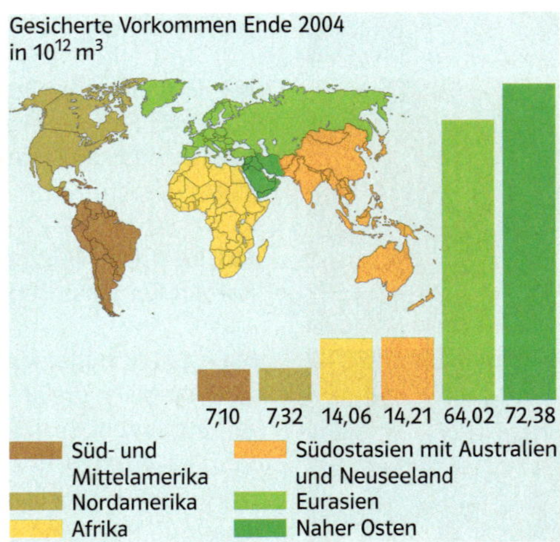

B3 Erdgasreserven der Erde

Transport. Die meisten Erdgas- und Erdölquellen liegen weit entfernt von den Verbraucherzentren. Das frisch geförderte Rohöl wird an Ort und Stelle in großen Tanks gespeichert und durch Rohrleitungen (Pipelines) zur nächsten Erdölraffinerie [B4] zur Weiterverarbeitung oder zum nächsten Hafen transportiert. Vor dem Transport muss das Rohöl entgast (von gelöstem Erdgas befreit), entwässert und wegen der Korrosionsgefahr auch entsalzt werden. Rohöl kann bis zu 0,2 % Wasser und 0,02 % Salze gelöst enthalten. Erdgas ist nur in Rohrleitungen wirtschaftlich transportfähig. Um über weite Entfernungen in Schiffen transportiert zu werden, muss Erdgas vom gasförmigen in den flüssigen Zustand versetzt werden. Dies geschieht, indem man Erdgas auf −162 °C abkühlt. Dadurch sinkt sein Volumen auf $\frac{1}{600}$ seines Ausgangsvolumens. In Spezialschiffen, deren Tanks besonders gut isoliert sind, wird das flüssige Erdgas zum Bestimmungshafen transportiert und dort in das Versorgungsnetz eingespeist. Enthält Erdgas Schwefelwasserstoff, muss dieser vor der Nutzung des Erdgases entfernt werden. In Tiefen von 180 m bis zu 3000 m wird das Gas in eigens ausgewählten Lagerstätten gespeichert.

Kohlevorkommen und Gewinnung. In Deutschland kann in Gebieten wie dem Ruhrpott (Nordrhein-Westfalen) oder im Saarland Kohle als Energielieferant gefördert werden. Dabei wird Braunkohle, welche im Tertiär (65 – 2 Mio. Jahre vor heute) entstanden ist und damit nicht sehr tief unter der Erdoberfläche liegt, im Tagebau abgebaut. In älteren geologischen Schichten hat sich bereits Steinkohle gebildet, welche nur unter Tage gefördert werden kann [B6]. Aufgrund des höheren Kohlenstoffgehalts besitzt Steinkohle gegenüber Braunkohle einen größeren Energieinhalt. Steinkohle findet hauptsächlich in der Stahlindustrie Verwendung. Braunkohle wird vorwiegend als Energielieferant eingesetzt. Die Veredelung, also die Umwandlung in höherwertige Briketts oder Koks, verliert zunehmend an Bedeutung.

Verfügbarkeit. Die Vorräte fossiler Energieträger sind begrenzt [B5] und werden so gut wie nicht nachgebildet. Genaue Voraussagen über das Ende der Förderung und des Einsatzes der fossilen Energieträger sind schwierig. Diese Voraussagen hängen von Faktoren ab wie zum Beispiel Förderung und Verbrauch, Entdeckung neuer Quellen, Erdgas- und Erdölpreisen und alternativem Energieeinsatz.

A1 Warum ist es schwierig, genau das jeweilige Jahr vorauszusagen, in dem das Erdöl bzw. das Erdgas verbraucht sein wird?

A2 Die Alaskapipeline ist in vielen Abschnitten auf Stelzen verlegt worden. Erkläre.

A3 Welche politischen Probleme können sich ergeben, wenn die größten Erdgas- und Erdölverbraucher ihr Erdgas und Erdöl importieren müssen?

A4 Die Menge an Kohleressourcen beträgt in Deutschland rund 77 Mrd. Tonnen. Gefördert werden können davon allerdings nur 41 Mrd. t. Überlege, welche Gründe hier eine Rolle spielen könnten.

A5 Wo lagern nach dem heutigen Kenntnisstand die größten Erdöl- und Erdgasreserven [B2, B3]?

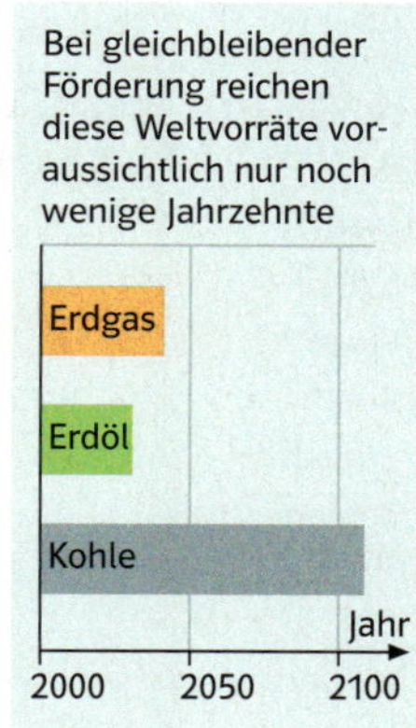

B5 Reichweiten einiger Energieträger

B6 Abbau von Steinkohle unter Tage

B4 Erdölraffinerie

2.2 Methan – Hauptbestandteil des Erdgases

Land	Deutschland		Niederlande	Frankreich
Fördergebiet	**Weser-Ems Löningen**	**Emsland Bentheim**	**Groningen**	**Lacq**
Methan	91,1	85,7	81,4	69,3
Ethan	5,1	1,2	2,7	3,1
Propan	2,1	0,4	0,4	1,1
Butan	0,8	0,2	0,2	0,6
Stickstoff	0,4	6,5	14,3	0,4
Kohlenstoffdioxid	0,1	5,6	0,9	9,6
Schwefelwasserstoff	–	–	Spuren	15,2

B1 Zusammensetzung einiger Naturgase (Erdgase), Volumenanteile in Prozent

Vorkommen von Methan. Das in Steinkohlelagerstätten eingeschlossene Grubengas enthält hauptsächlich Methan. Beim Faulen organischer Stoffe unter Luftabschluss in Sümpfen oder am Grunde stark verschmutzter Gewässer bildet sich Sumpfgas (Faulgas), ein Gemisch aus Methan und Kohlenstoffdioxid.

Heute wird die bakterielle Zersetzung organischer Stoffe zunehmend wirtschaftlich genutzt, indem man z. B. aus Gülle oder Klärschlamm Biogas gewinnt [B2]. Biogas besteht überwiegend aus Methan und Kohlenstoffdioxid, daneben enthält es noch Wasserstoff, Stickstoff und Schwefelwasserstoff. Wird Gülle nicht auf die Felder ausgebracht, kann dies dazu beitragen, dass die Umweltbelastung der Felder und Gewässer vermindert wird und wertvolle Rohstoffe geschont werden.
Pflanzenanbau zur Energiegewinnung lohnt sich nur bei hohen Energiepreisen, außerdem werden landwirtschaftliche Flächen der Nahrungsmittelproduktion entzogen.

Eigenschaften des Methans. Methan ist ein farb- und geruchloses Gas, dessen Dichte kleiner als die der Luft ist. Es ist brennbar. Mit Sauerstoff bildet es hochexplosive Gemische. Durch unbemerktes Ausströmen von Erdgas kommt es immer wieder zu folgenschweren Gasexplosionen. Auch die gefürchteten Grubengasexplosionen in Kohlebergwerken („Schlagende Wetter") sind auf Zündung des Methan-Luft-Gemisches zurückzuführen.

A1 Finde anhand von B1 heraus, welches der dort genannten Naturgase den höchsten Brennwert hat (ohne Zahlenwerte).

V1 Man führt in einen mit Methan gefüllten und mit der Öffnung nach unten eingespannten, dickwandigen Zylinder rasch eine brennende Kerze ein und zieht sie langsam wieder heraus. (Schutzbrille, -scheibe!)

Erdgas ist ein Stoffgemisch, dessen Hauptbestandteil Methan ist

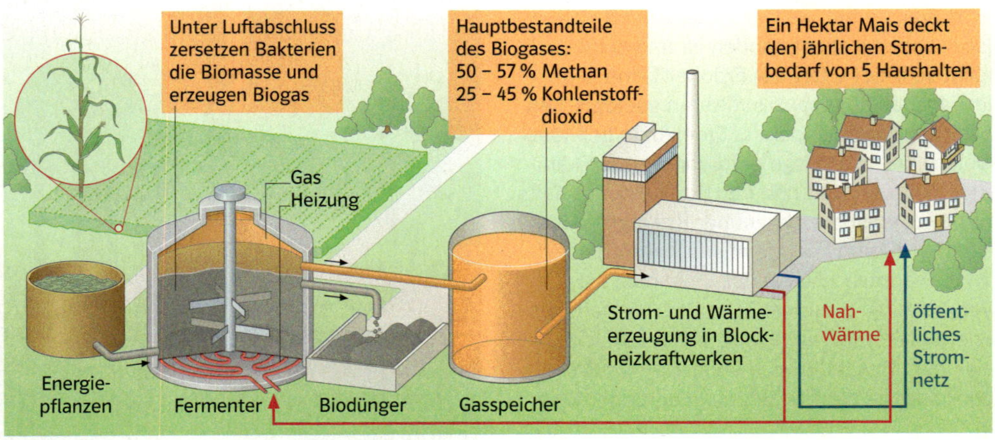

B2 Strom und Wärme aus einer Biogasanlage

2.3 Gewinnung von Kohlenwasserstoffen aus Erdöl

Das je nach seiner Herkunft hellbraune bis pechschwarze, mehr oder weniger dickflüssige Rohöl ist ein Gemisch von weit mehr als tausend verschiedenen Kohlenwasserstoffen. Neben diesen enthält es noch geringe Anteile an organischen Sauerstoff-, Stickstoff- und Schwefelverbindungen. Erst durch die Destillation und Aufarbeitung des Rohöls erhält man Produkte wie z. B. Benzin und Heizöl.

Fraktionierende Destillation. In einer Erdölraffinerie wird das Rohöl schnell in einem Röhrenofen auf 360 °C bis 400 °C erhitzt, wobei es zum größten Teil verdampft. Das Dampf-Flüssigkeits-Gemisch wird in den unteren Teil des Destillationsturmes geleitet. Dieser ist in seinem Innern durch zahlreiche Zwischenböden („Glockenböden") stockwerkartig unterteilt. Entsprechend der von unten nach oben abnehmenden Temperatur sammeln sich die Bestandteile des Rohöls mit den höheren Siedetemperaturen auf den unteren, die niedriger siedenden auf den oberen Böden. Zur besseren Trennung werden die aufsteigenden Dämpfe durch die über die Durchlässe gestülpten Glocken so umgeleitet, dass sie durch die Flüssigkeitsschichten auf den Böden strömen [B2].

In der Flüssigkeit gelöste noch niedriger siedende Bestandteile verdampfen, im Dampf enthaltene höher siedende Verbindungen kondensieren. Steigt das Niveau der Flüssigkeit über die Oberkante des Durchlassrohres, läuft sie in den nächsttieferen Boden zurück. So findet zwischen zwei Böden ständig eine Destillation statt. Durch diese Destillation erhält man nicht einzelne Reinstoffe, sondern Gemische von Stoffen mit ähnlichen Siedetemperaturen, die **Rohölfraktionen**.

V1 **a)** In einer Apparatur nach B1 wird Erdöl (aus Gesundheitsgründen: künstliches Rohöl) erhitzt. (Abzug!)
b) Die Fraktionen von den verschiedenen Böden werden auf Aussehen, Geruch, Viskosität und Entflammbarkeit untersucht.

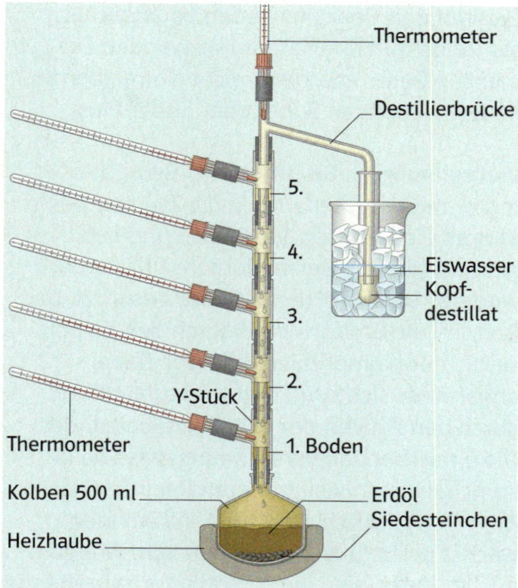

B1 Rohöldestillation im Schulversuch

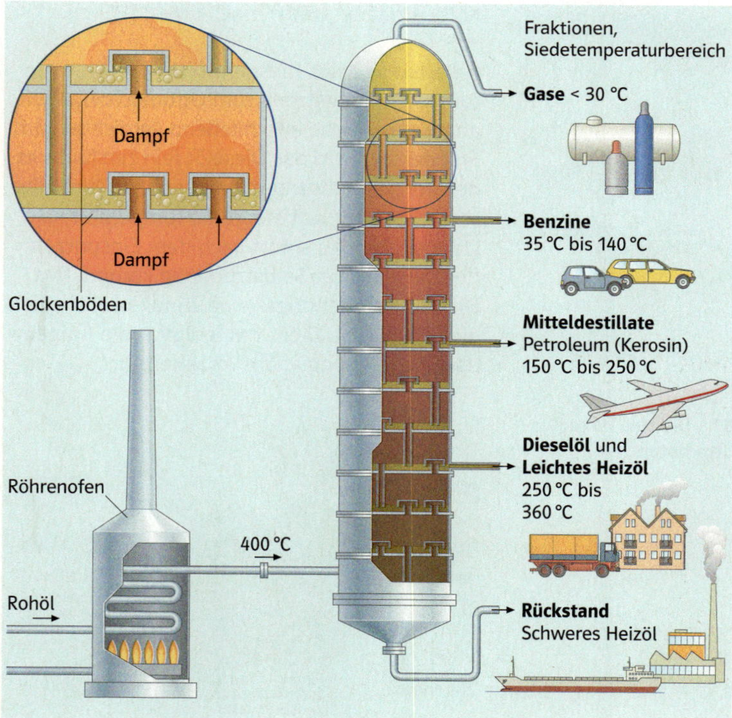

B2 Fraktionierende Destillation bei Atmosphärendruck

2.4 Kraftfahrzeugbenzin – Verbrennung und Katalysator

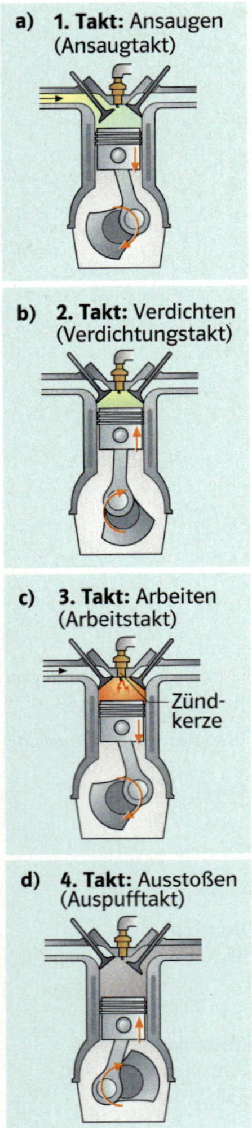

B1 Die vier Takte des Ottomotors

Dieselöl und Benzine werden hauptsächlich als Treibstoffe für Motoren verwendet. Für manche Benzinmotoren reicht Normalbenzin, andere benötigen Super oder Super-Plus.

Verbrennung im Benzinmotor. Beim Ottomotor mit Vergaser wird in die Zylinder des Motors ein Gemisch aus Benzin und Luft gesaugt [B1 (a)]. Bei moderneren Motoren wird das Benzin in den Zylinder gespritzt. Das Benzin-Luft-Gemisch wird durch den Kolben verdichtet (komprimiert) [B1 (b)]. Dabei erwärmt es sich stark und wird schließlich durch den Funken der Zündkerze entzündet. Die entstehenden Verbrennungsgase beanspruchen einen viel größeren Raum als das Ausgangsgemisch. Der Druck im Zylinder wächst deshalb an, der Kolben wird weggedrückt. Durch eine gleichmäßig fortschreitende Verbrennung steigt der Druck zwar rasch, aber nicht schlagartig an; dadurch bewegt sich der Kolben relativ „weich" nach unten [B1 (c)].

Arbeitsweise des Dieselmotors. Im Dieselmotor wird im Gegensatz zum Ottomotor nur Luft angesaut, welche anschließend verdichtet wird. Erst danach wird das Dieselöl fein zerstäubt in den Verbrennungsraum eingespritzt. Durch das Verdichten der Luft steigt die Temperatur so stark an, dass es sofort nach dem Einspritzen des Dieselöls zur Selbstzündung kommt. Der Dieselmotor benötigt keine Zündkerze, sondern eine Glühkerze. Diese hat lediglich die Aufgabe den Verbrennungsraum vorzuheizen.

Die klopfende Verbrennung. Das im Motorzylinder des Ottomotors verdichtete Benzin-Luft-Gemisch wird durch den Funken der Zündkerze gezündet. Die Flammfront breitet sich in den Zylinder aus, verdichtet und erwärmt das noch unverbrannte Benzin-Luft-Gemisch [B2]. Dies kann zur Zündung von Gemischbestandteilen führen, bevor diese von der Flammfront erreicht werden, die von der Zündkerze ausgeht. Durch solche unewünschten Sekundärzündungen steigt der Druck im Zylinder plötzlich an. Die harten Druckstöße erzeugen Klopfgeräusche, verringern die Leistung des Motors und erhöhen den Verschleiß.

Klopffestigkeit und Octanzahl. Die Klopffestigkeit von Benzin ist von seiner Zusammensetzung abhängig. In den Motorbenzinen können mehr als 150 verschiedene Kohlenwasserstoffe nachgewiesen werden. Alkangemische aus kettenförmigen, unverzweigten Molekülen sind klopffreudig, da sie sich schon bei niedrigen Temperaturen entzünden. Alkane sind umso klopffester, je mehr Verzweigungen ihre Moleküle aufweisen.
Um die **Klopffestigkeit** von Benzinen vergleichen zu können, benutzt man das besonders klopffeste 2,2,4-Trimethylpentan (Isooctan) [B3] als Maß für die Klopffestigkeit. Es besitzt die **Octanzahl** 100, das klopffreudige Heptan die Octanzahl 0. Verhält sich ein Kraftstoff in einem Prüfmotor wie ein Gemisch aus 20 % n-Heptan und 80 % Isooctan, so hat er die Octanzahl 80.

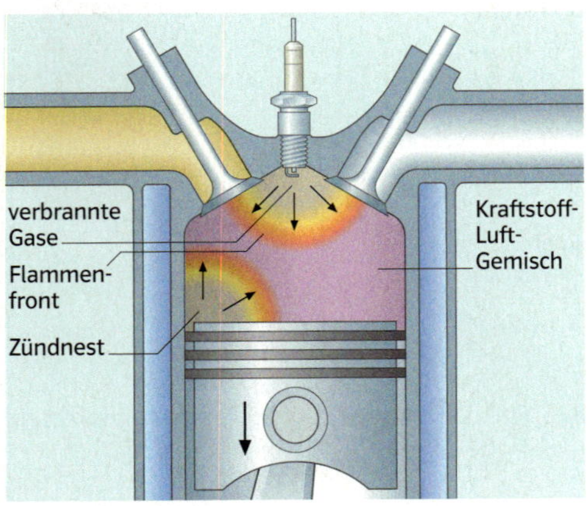

B2 Klopfende Verbrennung

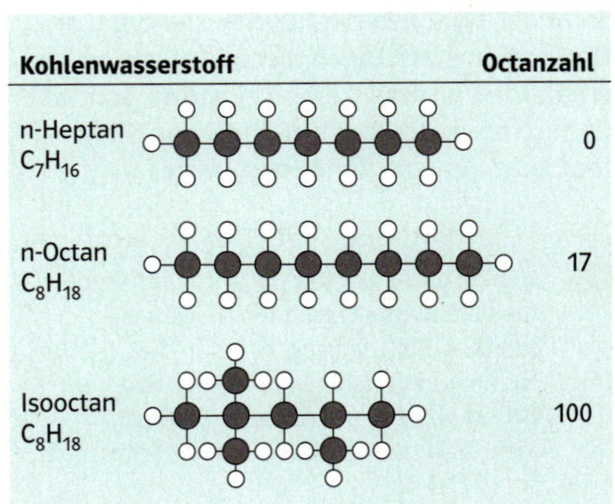

B3 Octanzahl und Kettenlänge bzw. Verzweigung

Schadstoffe bei der Verbrennung. Beim Verbrennen des Benzins entstehen nicht nur Kohlenstoffdioxid und Wasser. So bildet sich durch die unvollständige Verbrennung auch Kohlenstoffmonooxid. Ein geringer Teil des Benzins verbrennt überhaupt nicht, sondern wird zu neuen Kohlenwasserstoffen umgewandelt. Außerdem reagiert bei den hohen Temperaturen im Zylinder ein Teil des Stickstoffs der eingesaugten Luft zu Stickstoffoxiden. Diese Nebenprodukte sind giftig, und die Stickstoffoxide werden auch für Waldschäden mitverantwortlich gemacht. Es ist deshalb erforderlich, den Anteil dieser Schadstoffe in den Autoabgasen so gering wie möglich zu halten.

Wirkungsweise des Autoabgaskatalysators. Mit dem Einsatz eines geregelten Katalysators ist es möglich, den Schadstoffanteil der Abgase eines Benzinmotors zu verringern. Ein Abgaskatalysator besteht aus einem Keramikwabenkörper, durch den zahlreiche dünne Kanäle mit nahezu quadratischem Querschnitt verlaufen. Auf der rauhen Aluminiumoxidschicht der Kanäle sind Platin, Rhodium und zu einem geringen Teil Palladium aufgebracht. Für einen Katalysator werden etwa 2 g bis 3 g der Metalle benötigt.

Die vom Motor kommenden Abgase strömen durch die Kanäle des Keramikwabenkörpers und kommen mit dem Edelmetall, dem eigentlichen Katalysator, in Berührung. An der Oberfläche laufen Reaktionen der Schadstoffe zu Kohlenstoffdioxid, Wasser und Stickstoff ab. Für eine möglichst hohe Schadstoffminderung sorgt die Lambda-Sonde. Sie ist vor dem Katalysatorblock als Messfühler eingelassen und misst den Anteil des Restsauerstoffs im Abgas. Über eine Regelungsautomatik ist diese Sonde mit der Gemischaufbereitung von Benzin und Luft (Einspritzanlage) verbunden, sodass ein optimal zusammengesetztes Gemisch im Zylinder verbrennt. Die Schadstoffe in den Abgasen des Motors werden durch den geregelten Katalysator um ca. 90 % vermindert.

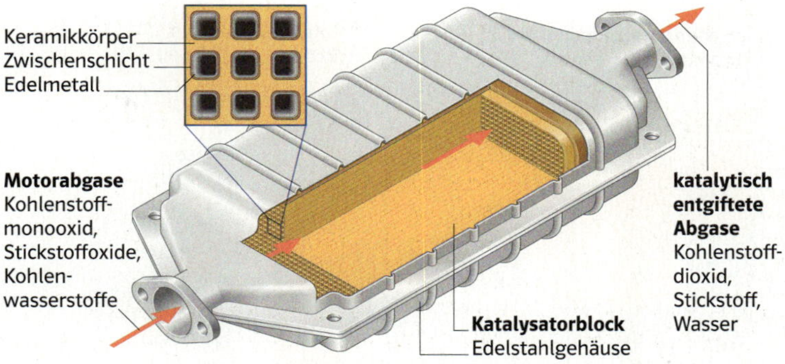

B5 Schemabild eines Abgaskatalysators mit vergrößerter Darstellung des platinbeschichteten Keramikkörpers

Rußfilter. Busse und Lastkraftwagen fahren meist mit Dieselmotoren, aber auch der Anteil der Pkws mit Dieselmotoren nimmt zu. Bei der Verbrennung von Dieselkraftstoff entstehen Rußpartikel, die im Verdacht stehen, krebserzeugend zu wirken. Um Rußpartikel aus dem Abgas zu entfernen, benötigt man einen Filter. In den feinen Kanälen des Filters aus Siliciumcarbid werden die Rußpartikel zurückgehalten. Sie werden zu Kohlenstoffdioxid verbrannt. Siliciumcarbid ist eine harte Keramik, die auch hohe Temperaturen aushält.

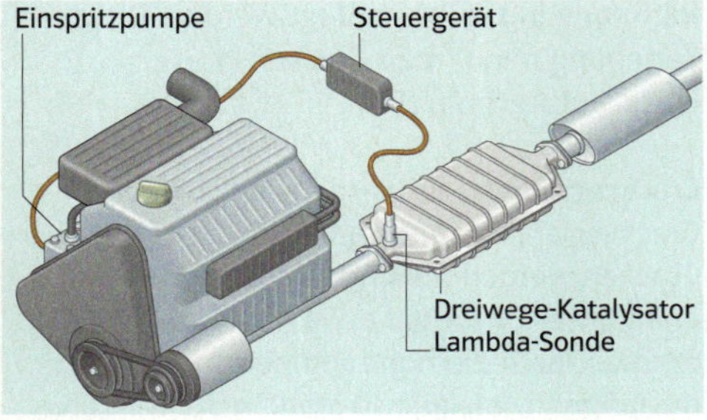

B4 Katalysator und Lambda-Sonde

A1 Ergänze in deinem Heft die folgenden Reaktionsgleichungen für die drei Reaktionen (drei „Wege"), die im Katalysator ablaufen können:

a) $C_2H_6 + O_2 \longrightarrow$

b) $CO + NO \longrightarrow$

c) $2\,CO + O_2 \longrightarrow$

A2 Erkundige dich nach den Octanzahlen für verschiedene Benzinsorten.

B6 Rußfilter

2.5 Kraftfahrzeugbenzin – Veredelung

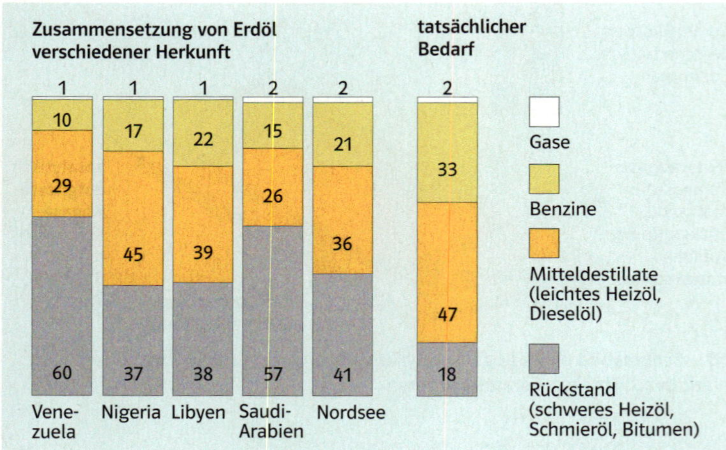

B1 Bedarf an Erdölbestandteilen und deren Vorkommen (in Prozent)

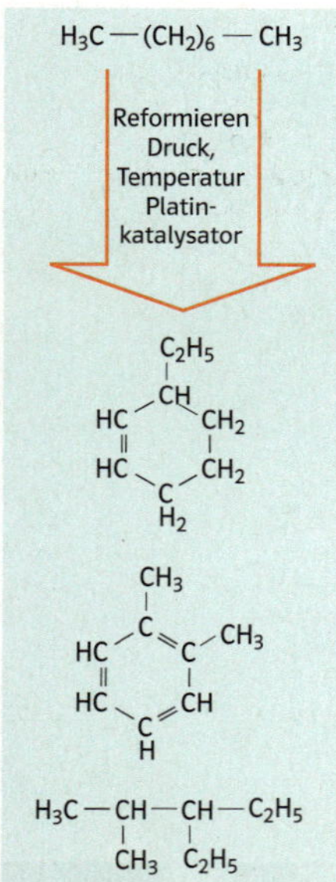

B2 Reformieren schematisch: Unverzweigte Kohlenwasserstoffmoleküle werden in verzweigte und ringförmige umgewandelt

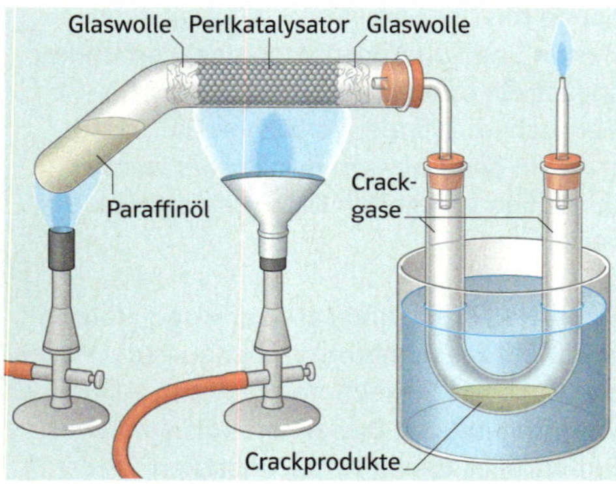

B3 Cracken von Paraffinöl unter Verwendung eines Katalysators

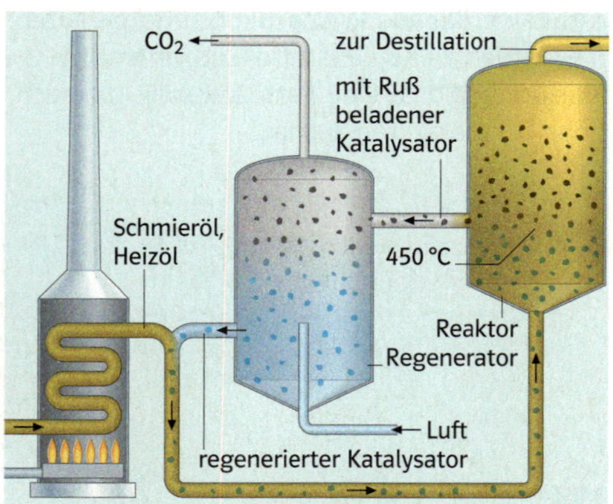

B4 Crackanlage in der Technik

Die bei der Erdöldestillation gewonnenen Benzinfraktionen haben zu niedrige Octanzahlen bzw. zu hohe Siedetemperaturen. Mithilfe welcher Verfahren kann man dies ändern?

Erhöhung der Klopffestigkeit. Zur Erhöhung der Klopffestigkeit leitet man Benzin bei etwa 500 °C und unter Druck über Platinkatalysatoren. Dabei werden kettenförmige und unverzweigte Kohlenwasserstoffmoleküle in verzweigte und ringförmige umgewandelt. Auf diese Umwandlung von Molekülen, das **Reformieren** [B2], ist es zurückzuführen, dass Benzin einen hohen Anteil an Benzol [B6] und insbesondere Benzolabkömmlingen enthält. Benzol ist krebserzeugend, auch viele im Benzin enthaltene Kohlenwasserstoffe sind zumindestens gesundheitsschädlich.

Beim Reformieren werden Kohlenwasserstoffe mit stark verzweigten und ringförmigen Molekülen gewonnen. Dies erhöht die Klopffestigkeit.

Benzin durch Cracken. Der Anteil an Benzin, Dieselkraftstoff und leichtem Heizöl ist im Erdöl wesentlich niedriger als der Anteil am tatsächlichen Bedarf [B1]. In den Raffinerien werden daher die hoch siedenden Fraktionen zu Benzin und Dieselkraftstoff bzw. leichtem Heizöl weiterverarbeitet.
Die Verbindungen des Benzins und Dieselöls bestehen aus kleineren und kürzeren Kohlenwasserstoffmolekülen als die des schweren Heizöls und Rückstandes der fraktionierenden Destillation. Zur Herstellung von Benzin müssen deshalb die langen Moleküle des schweren Heizöls und Rückstandes aus der Raffinerie in kürzere zerlegt werden. Diese Zerlegung nennt man **Cracken** (von engl. to crack, aufbrechen) [B5].

Crackverfahren. Es werden verschiedene Crackverfahren angewandt. Beim thermischen Cracken werden die hoch siedenden Fraktionen unter Druck auf etwa 450 °C bis 500 °C erhitzt. Durch die hohe Temperatur geraten die langen Moleküle so stark in Schwingung, dass einzelne C — C-Bindungen aufbrechen.

Beim katalytischen Cracken, das bei etwa 450 °C in Gegenwart eines Katalysators erfolgt, werden ein wesentlich höheres Umwandlungsergebnis und eine bessere Qualität erreicht. Neben Benzin werden beim Cracken, besonders beim katalytischen Cracken, gasförmige, gesättigte und ungesättigte Kohlenwasserstoffe und auch Ruß gewonnen, der sich auf dem Katalysator niederschlägt. Die Trennung des Kohlenwasserstoffgemisches erfolgt durch Destillation.

Der Katalysator wird heute meist in Form eines feinen Pulvers eingesetzt. Dieses Pulver kann wie eine Flüssigkeit fließen und transportiert werden. Der nach der Crackreaktion mit Kohlenstoff beladene Katalysator wird kontinuierlich regeneriert, indem der Ruß abgebrannt wird [B4].

Beim Cracken werden langkettige Kohlenwasserstoffmoleküle in kleinere Moleküle zerlegt. Dies erniedrigt die Siedetemperatur.

Gasrückführung. Bei der Füllung von Tanks z. B. von Tankstellen oder Kraftfahrzeugen verdunsten Kohlenwasserstoffe (etwa 1,4 g pro 1 l Benzin) und damit auch Benzol. Mithilfe von Einrichtungen zur Gasrückführung an Tankstellen [B7] und von Aktivkohlefiltern lassen sich diese Emissionen um mehr als 90 % vermindern.

V1 Man erhitzt in einer Apparatur nach B3 zunächst den Katalysator und bringt dann das Paraffinöl zum Sieden.
a) Die entweichenden Dämpfe werden durch eine Kühlfalle geleitet und nach Durchführung der Knallgasprobe über einer Glasrohrspitze entzündet. (Schutzbrille, -scheibe!)
b) In der gekühlten Vorlage sammelt sich eine Flüssigkeit. Prüfe Entflammbarkeit, Viskosität und Geruch.
Vergleiche mit Benzin und Paraffinöl.

A1 Warum sollte man sich zur Fettentfernung die Hände nicht mit Kraftfahrzeugbenzin waschen?

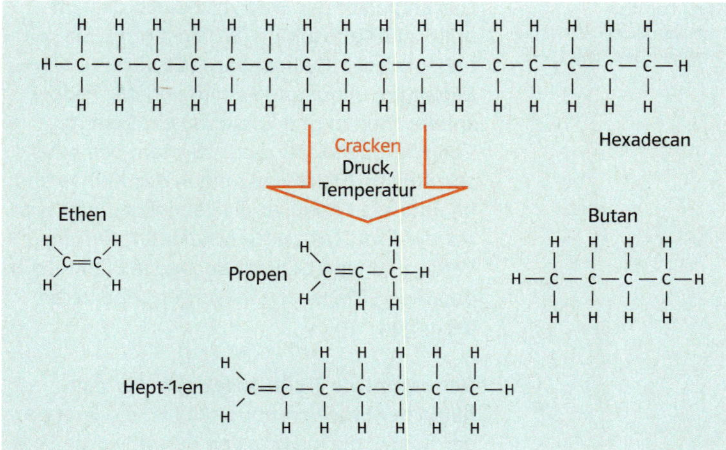

B5 Cracken schematisch. Lange Moleküle werden unter dem Einfluss von Druck und Temperatur in kleinere gespalten

Ottokraftstoff enthält: Benzin, Benzolgehalt (0,1 – 1 %)

Hinweise auf besondere Gefahren:
Kann Krebs erzeugen. Reizt die Haut. Auch gesundheitsschädlich: Gefahr ernster Gesundheitsschäden bei längerer Exposition durch Einatmen, Berührung mit der Haut und durch Verschlucken. Kann beim Verschlucken Lungenschäden verursachen. Giftig für Wasserorganismen, kann in Gewässern längerfristig schädliche Wirkung haben.

Sicherheitsratschläge:
Exposition vermeiden. Darf nicht in die Hände von Kindern gelangen. Dampf nicht einatmen. Berührung mit der Haut vermeiden. Nicht in die Kanalisation gelangen lassen. Bei Verschlucken kein Erbrechen herbeiführen. Sofort ärztlichen Rat einholen. Von Zündquellen fernhalten – Nicht rauchen. Bei Unfall oder Unwohlsein sofort Arzt hinzuziehen. Freisetzung in die Umwelt vermeiden.

B6 Gefahrenhinweise an einer Tanksäule

Perlkatalysatoren in Perlenform gepresste keramische Stoffe mit großer innerer Oberfläche, welche vor allem für Gasreaktionen eingesetzt werden

Beim Betanken des Kraftfahrzeugs werden die durch den Kraftstoff verdrängten Benzindämpfe aus dem Fahrzeugtank in den unterirdischen Tank der Tankstelle geleitet (Gaspendelverfahren). Bei der Befüllung des Tankstellentanks werden die Benzindämpfe in den Fahrzeugtank des Tanklastwagens geführt.

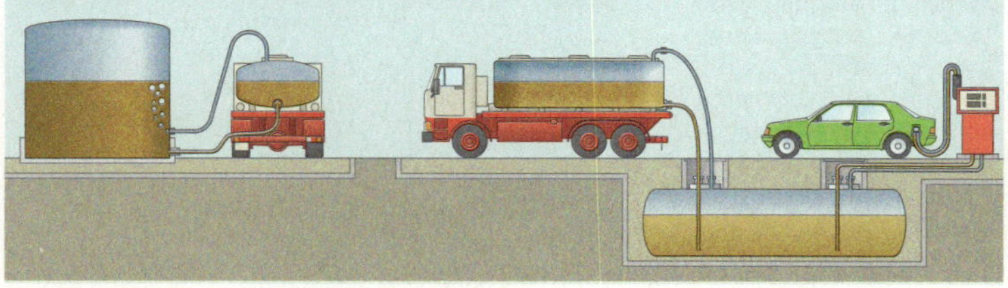

B7 Gasrückführung an der Tankstelle

2.6 Erdatmosphäre und Treibhauseffekt

Watt Das Watt (Einheitenzeichen W) ist die Einheit der Leistung.

$1\,W = \frac{1\,J}{1\,s}$

Das Klima auf der Erde wird durch die Lufthülle, die **Atmosphäre** [B1] bestimmt. Sie bildet mit der **Hydrosphäre** (Gewässer), der **Biosphäre** (Flora und Fauna) und der **Pedosphäre** (Böden und Gesteine) ein System. Veränderungen, die dieses System beeinflussen, führen zu Schwankungen des Klimas und beeinflussen dadurch die Lebensbedingungen auf der Erde. Man unterscheidet *natürliche* Veränderungen und *anthropogene* Effekte, d.h. durch den Menschen hervorgerufene Veränderungen.

Der natürliche Treibhauseffekt. Für das Klima der Erde verantwortlich ist die Energie der Sonne, die in Form von Strahlung die Erde erreicht und vom Erdboden und der Atmosphäre absorbiert wird. Die aufgenommene Energie strahlt die Erde wieder in den Weltraum ab. Dabei ist die ausgestrahlte Energie gleich der eingestrahlten Energie,

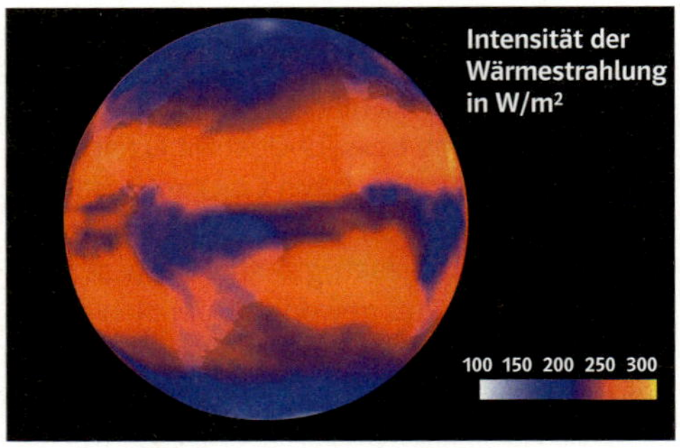

B2 Satellitenaufnahmen zeigen: Die Erde strahlt Wärme ab

sonst würde die Erde ständig wärmer. Die Strahlung, die die Erdoberfläche aufnimmt, wird von ihr in Form von Wärmestrahlung wieder abgegeben [B2]. Die Abgabe in den Weltraum wird allerdings durch einige Luftbestandteile verzögert. Die Gase Wasserdampf, Kohlenstoffdioxid, Methan und Ozon sind zwar in der Atmosphäre nur zu einem geringen Anteil vorhanden (Spurengase), sie absorbieren jedoch einen beträchtlichen Teil der von der Erde abgegebenen Wärmestrahlung. Die Atmosphäre ist also wärmer, als sie ohne diese Stoffe wäre. Diese Gase wirken wie das Glasdach eines Treibhauses, das die vom Boden und den Pflanzen abgegebene Wärmestrahlung zurückhält. Man nennt daher die zusätzliche Erwärmung der Atmosphäre den *Treibhauseffekt*. Die danach benannten Treibhausgase sind in unterschiedlichem Maße an dieser Erwärmung beteiligt [B4].

Ohne den natürlichen Treibhauseffekt läge die mittlere Temperatur auf der Erdoberfläche bei ca. −18 °C und nicht bei der heute herrschenden mittleren Temperatur von ca. +15 °C. Der durch den Treibhauseffekt hervorgerufene Temperaturunterschied in der Atmosphäre beträgt also ca. 33 °C.

Stratosphäre. 12 bis 50 km. Die Ozonschicht gehört zur Stratosphäre. Hier wird ein großer Teil der von der Sonne kommenden Strahlung durch Reaktionen von Sauerstoff und Ozon verbraucht. Da die Reaktionen exotherm verlaufen, ist die Temperatur höher als in der Troposphäre. Die Stratosphäre enthält kaum Wasserdampf und ist fast wolkenfrei.
Troposphäre. Bis etwa 12 km. Diese Schicht enthält fast 80 % der gesamten Luftmasse, weil der Luftdruck nach außen geringer wird. Die Temperatur sinkt mit zunehmender Höhe. Wegen der wärmeren Luft in der Stratosphäre findet kaum ein Luftaustausch zwischen den Schichten statt. Die Grenze bildet die Tropopause, deren Höhe zwischen 8 km an den Polen und 18 km am Äquator reicht.

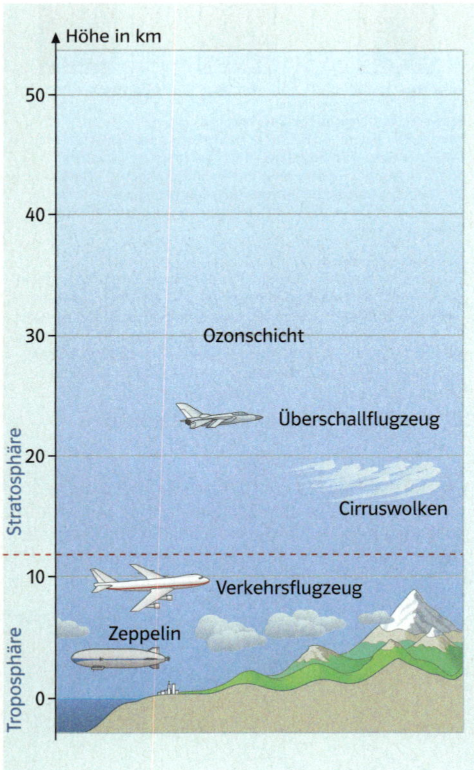

B1 Der Aufbau der unteren Atmosphäre

A1 Hat ein Kohlenstoffdioxid- oder ein Methanmolekül eine höhere Wirksamkeit bezüglich des Treibhauseffekts? Begründe. Setze dazu die betreffenden Zahlen der beiden letzten Spalten [B4] zueinander in Relation.

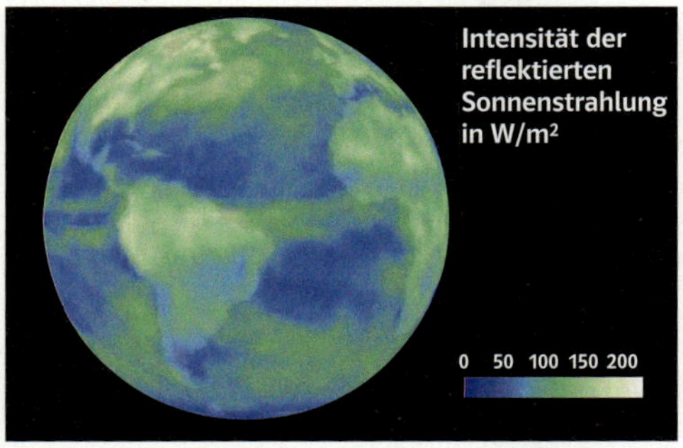

B3 Satellitenaufnahmen zeigen: Sonnenlicht wird reflektiert

Spurengas	Chemische Formel	Volumenanteil an der Atmosphäre	Beitrag zum Treibhauseffekt
Wasser(dampf)	H_2O	2 bis 3%	62,1%
Kohlenstoffdioxid	CO_2	0,038 %	21,7 %
Methan	CH_4	0,0017%	2,4%
Distickstoffoxid	N_2O	0,0003%	4,2%
Ozon	O_3	0,00003%	7,2%
Sonstige		< 0,001%	2,4%

B4 Spurengase in der Atmosphäre und ihr Beitrag zum Treibhauseffekt

Die eingestrahlte Sonnenenergie wird zu ca. 70% absorbiert, 30% wird unmittelbar in den Weltraum reflektiert [B3, B5]. Etwa zur Hälfte tragen Wolken und Schwebeteilchen in der Luft zur Reflexion bei, weiterhin Wüsten sowie Eis- und Wasserflächen. Man nennt diese Reflexion **Albedo**.

Die eingestrahlte Sonnenenergie wird zum größten Teil von der Erdoberfläche absorbiert. Als Wärmestrahlung wird sie wieder an die Atmosphäre und den Weltraum abgegeben. Die Treibhausgase erhöhen die Temperatur der Atmosphäre, auch diese gibt die aufgenommene Energie wieder an den Weltraum ab. Insgesamt gilt:
Einstrahlungsenergie = Abstrahlungsenergie.

Der anthropogene Treibhauseffekt. Gase, die sich auf den Treibhauseffekt auswirken, werden auch durch menschliche Aktivitäten erzeugt. So entstehen z.B. beim Verbrennen von Kohlenstoffverbindungen neben Kohlenstoffdioxid und Wasser auch Stickstoffoxide und andere Gase, die Einfluss auf den Strahlungshaushalt der Erde haben. Seit der Industrialisierung im 19. Jahrhundert hat die Konzentration der Treibhausgase ständig zugenommen. So stieg der Anteil an Kohlenstoffdioxid in der Atmosphäre von 0,028% auf heute 0,038% an, der Methangehalt verdoppelte sich in etwa von 0,0008% auf 0,0017%. Die mittlere Konzentration des Spurengases Ozon, dessen Bildung u.a. durch Stickstoffoxide gefördert wird, hat sich in der Troposphäre in Europa in den vergangenen 100 Jahren verdreifacht und wächst derzeit auf der Nordhalbkugel jährlich um etwa 1%. Verantwortlich für die *Zunahme der Konzentrationen der Treibhausgase* sind zu *50% die Energieerzeugung* durch die Verbrennung von Kohle, Erdöl und Erdgas. *20% trägt die Industrie, 30% die Landwirtschaft* bei. So erzeugen der Nassreisanbau und die Rinderhaltung das Treibhausgas Methan (ein ausgewachsenes Rind kann bis zu 400 l Methan pro Tag abgeben), auch die Stickstoffdüngung und die Rodung der Tropenwälder haben Einfluss auf den Treibhauseffekt.

Emission von lat. emittere, ausschicken, aussenden. Abgabe von schädigenden Stoffen, Strahlen und Geräuschen an die Umwelt

Albedo von lat. albus, weiß

Absorption von lat. absorbere, verschlingen, hinunterschlucken

A2 Erläutere den Einfluss der Treibhausgase auf den Energiehaushalt der Atmosphäre.

A3 Nenne Ursachen für die Reflexion der Sonneneinstrahlung.

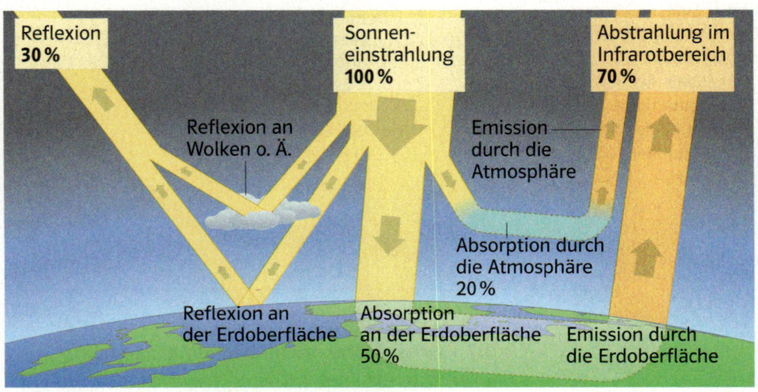

B5 Strahlungs- und Energiebilanz der Erde

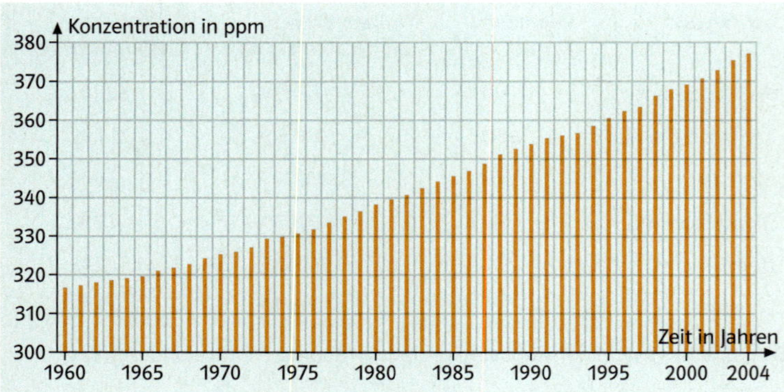

B6 Entwicklung der Kohlenstoffdioxidkonzentration auf der Nordhalbkugel (Mauna Loa, Hawaii)

ppm, parts per million Einheit für Anteile

$1\,ppm = \frac{1}{1\,000\,000}$

vgl. auch

$1\,\% = \frac{1}{100}$

$1\,‰ = \frac{1}{1000}$

(Die Einheit ppm wird von DIN-Normen nicht empfohlen.)

Treibhauseffekt und Kohlenstoffdioxid. Vor allem der steigende Kohlenstoffdioxidanteil verhindert zunehmend die Wärmeabstrahlung der Erde. In den natürlichen Kreisläufen wird vom Boden und den Ozeanen etwa so viel Kohlenstoffdioxid gebunden wie in die Atmosphäre abgegeben wird. Der Austausch des Kohlenstoffdioxids zwischen Atmosphäre und Biosphäre bzw. dem Oberflächenwasser der Ozeane erfolgt relativ schnell. Er ist verantwortlich für die jährlichen Schwankungen des CO_2-Gehalts in der Atmosphäre. Durch Brandrodung von Waldflächen und ihre anschließende landwirtschaftliche Nutzung greift der Mensch in diesen biosphärischen Kreislauf ein, der Kohlenstoffdioxidanteil in der Atmosphäre wird erhöht [B6].

Bezugstemperatur Die globale Mitteltemperatur wird häufig durch ihre Abweichung von einer Bezugstemperatur dargestellt. Als Bezugstemperatur dient oft die globale Mitteltemperatur der Zeitspanne 1961–1990

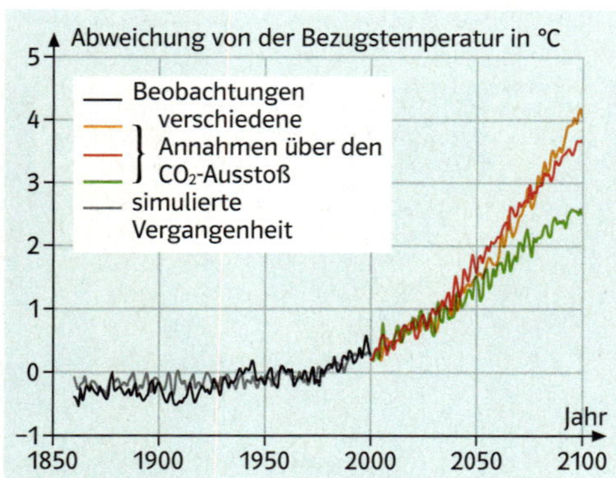

B7 Entwicklung der globalen Mitteltemperatur. Prognosen bei unterschiedlichen Konzentrationen der atmosphärischen Spurengase

Der Austausch des in Sedimenten (Kalk), Tiefenwasser der Ozeane sowie Kohle, Erdöl und Erdgas gespeicherten Kohlenstoffs erfordert dagegen lange Zeiträume. Auch in diesen Kreislauf greift der Mensch ein, indem er z. B. die gespeicherten Kohlenstoffverbindungen als Brenn- und Treibstoffe nutzt. Durch diese Aktivitäten ist die Emission von Kohlenstoffdioxid etwa 60-mal so groß wie beim natürlichen Austausch.

Kohlenstoffdioxidgehalt und Erwärmung. Klimaforscher fanden heraus, dass der größte Teil der in den letzten 50 Jahren beobachteten Erwärmung vom Menschen verursacht wurde. Ohne Maßnahmen zur Reduzierung der Kohlenstoffdioxidemission könnte bereits Mitte des Jahrhunderts eine Verdoppelung des CO_2-Volumenanteils gegenüber dem vorindustriellen Wert von 0,028 % erreicht werden. Bei einem Anwachsen des CO_2-Anteils der Atmosphäre auf 0,080 %, der unter diesen Umständen etwa 2100 erreicht sein könnte, wäre ein Anstieg der globalen Mitteltemperatur um 4 °C gegenüber der Bezugstemperatur wahrscheinlich [B7].

A4 Seit Beginn der Messungen des CO_2-Volumenanteils am Mauna Loa in Hawaii stiegen die Werte jährlich um 1,3 bis 1,6 ml/m³, 2003 betrug die Steigerung bereits 2,54 ml/m³. Berechne, wann bei einer jährlichen Steigerung von 1,5 ml/m³ die „magische" Grenze einer CO_2-Konzentration von 400 ml/m³ (0,04 % CO_2-Anteil der Luft) überschritten sein wird.

A5 Von 1987 bis 2005 sollten in Deutschland 300 Millionen Tonnen Kohlenstoffdioxid eingespart werden. Berechne, wie viele Tonnen Braunkohle mit einem Massenanteil an Kohlenstoff von 65 % nicht hätten verbrannt werden dürfen, um dieses Ziel zu erreichen.

A6 Erläutere, was man unter der globalen Mitteltemperatur versteht.

A7 Ermittle die nach B8 zu erwartende Änderung der Jahresmitteltemperatur für Spanien in der Zeitspanne von 1960 bis 2040.

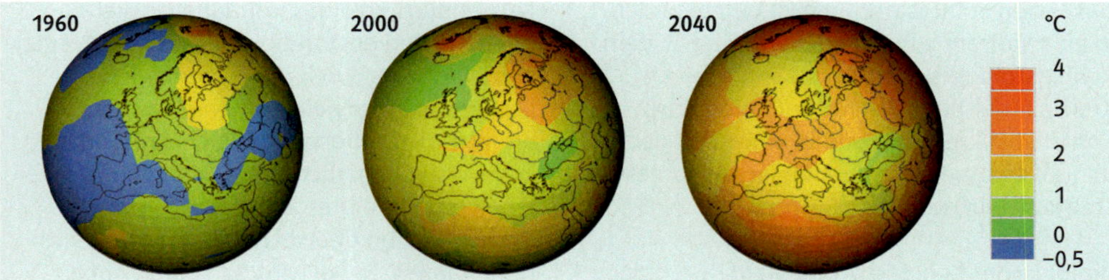

B8 Entwicklung der Temperatur der Erde seit 1960 in Modellrechnungen (wahrscheinliches Szenario)

Szenario in der Klimaforschung Plausible Voraussetzungen über zukünftige Entwicklungen z. B. im Hinblick auf den Ausstoß von Treibhausgasen.
Die Farb-Temperatur-Skala in B8 gibt an, um wie viel Grad Celsius die Temperatur von der Bezugstemperatur abgewichen ist, abweicht bzw. abweichen wird

Die globale Mitteltemperatur wird aus vielen Temperaturmessungen in allen Teilen der Welt berechnet. In Klimastationen misst man die Temperatur in einer Höhe von 2 m über dem Boden. In den Ozeanen werden Meeresoberflächentemperaturen bestimmt. Die erhaltenen Werte mittelt man über große Flächen und Zeiträume, die Datensätze von Land und Ozean werden zusammengefasst. Eine Zunahme der globalen Mitteltemperatur bedeutet demnach nicht, dass die Temperatur überall auf der Welt um diesen Wert steigt, es kann vielmehr an einigen Orten wärmer, an anderen dagegen kälter werden.

Auswirkungen auf das Erdklima. Der Anstieg der globalen Mitteltemperatur durch den anthropogenen Treibhauseffekt kann sich in unterschiedlicher Weise auswirken. Mit Klimamodellen berechnet man mögliche Veränderungen [B8]. Die Modelle zeigen, dass durch eine Erhöhung der Temperatur der Atmosphäre die Luftdruckgegensätze größer werden. Man erwartet daher häufigere und *stärkere Stürme*. In den Ozeanen können Veränderungen der Temperaturverhältnisse den *Verlauf der Meeresströmungen beeinflussen*. So sagen einige Modelle voraus, dass eine Erwärmung der Atmosphäre über dem Nordatlantik zu einem *Abschmelzen des Eises in der Arktis* führt. Wenn dann der Salzgehalt des Meerwassers vor Grönland sinkt, würden die Dichteverhältnisse im Nordatlantik verändert. Dies könnte zum *Erliegen des Golfstroms* führen. Da er das Klima in Europa wesentlich mitgestaltet, würden einschneidende Klimaveränderungen die Folge sein. Ferner würde die Vergrößerung des Meerwasservolumens durch Erwärmung und Schmelzen des in Grönland gebundenen Eises den *Meeresspiegel ansteigen* lassen, und tiefer gelegene Küstenregionen würden versinken. Man vermutet, dass ca. im Jahr 2100 die Arktis im Spätsommer eisfrei ist, wenn die Konzentration der Treibhausgase weiter ansteigt.
Die Erwärmung der Nordhalbkugel fiele wegen der größeren Landmassen größer aus als die der Südhalbkugel. Daher nimmt man an, dass in den Monsungebieten Asiens und in den mittleren Breiten der Nordhalbkugel die Niederschläge zunehmen. Zudem könnten sich die Gegensätze zwischen Feucht- und Trockengebieten verstärken, was wiederum zu *Dürren* und *Unwettern* führen kann.

In den vergangenen 150 Jahren beobachtet man ein immer schnelleres Ansteigen der globalen Mitteltemperatur [B7]. Dies ist nach Aussagen von Klimaforschern nicht mehr nur auf natürliche Klimaschwankungen zurückzuführen. Wenn es zu einer Klimakatastrophe kommt, sind die Menschen mit ihrem Ausstoß klimaschädlicher Gase mitverantwortlich.

A8 Der zunehmende Gehalt an Treibhausgasen in der Atmosphäre führt zur Verstärkung des Treibhauseffektes. Welche Gefahren sind damit verbunden?

A9 Recherchiere die Zielsetzungen der europäischen Staaten zur Eindämmung des Kohlenstoffdioxidausstoßes.

A10 Recherchiere im Internet, z. B. auf den Seiten des DKRZ (Deutsches Klimarechenzentrum) Aussagen über die Klimaentwicklung der nächsten Jahrzehnte.

2.7 Exkurs Der Kohlenstoffkreislauf

Produzent von lat. producere, hervorbringen

Konsument von lat. consumere, verbrauchen

Destruent von lat. destruere, zersetzen

Assimilation von lat. assimilatio, das Ähnlichmachen, die Angleichung

Dissimilation von lat. dissimilatio, das Unähnlichmachen

Kerogen Vorstufe bei der Bildung von Kohlenwasserstoffen in der Erdkruste

Das Leben auf unserer Erde ist eingebunden in eine Vielzahl von Kreisläufen, wie z. B. dem Kohlenstoffkreislauf. Dieser kann in einen Kreislauf der belebten Natur (**biologischer Kohlenstoffkreislauf**) und in einen Kreislauf der unbelebten Natur (**geologischer Kohlenstoffkreislauf**) unterteilt werden.

Biologischer Kohlenstoffkreislauf. Grundlage für alle Lebewesen ist der *Kohlenstoff*. Grüne Pflanzen als **Produzenten** bauen mithilfe der Sonnenenergie ständig neue energiereiche Kohlenstoffverbindungen aus Kohlenstoffdioxid auf. Dieser Vorgang wird *Fotosynthese* genannt. Dabei entsteht in folgender Reaktion Traubenzucker (Glucose):

$$6\ CO_2 + 6\ H_2O \longrightarrow C_6H_{12}O_6 + 6\ O_2$$

Bei dieser Reaktion handelt es sich um die vereinfachte Darstellung der **Assimilation.** Aus dem energiereichen Traubenzucker werden weitere Produkte aufgebaut. Zum einen decken diese den *Energiebedarf* der Tiere und der Pflanzen selbst und zum anderen liefern sie die Baustoffe für die Lebewesen. Die **Konsumenten** nutzen die Produkte der Produzenten also z. B. zur Energiegewinnung. Zusammenfassend kann man für diese Prozesse die Umkehrung der Reaktionsgleichung der Fotosynthese formulieren. Der Ablauf wird **Dissimilation** genannt:

$$C_6H_{12}O_6 + 6\ O_2 \longrightarrow 6\ CO_2 + 6\ H_2O$$

B1 Korallenriff

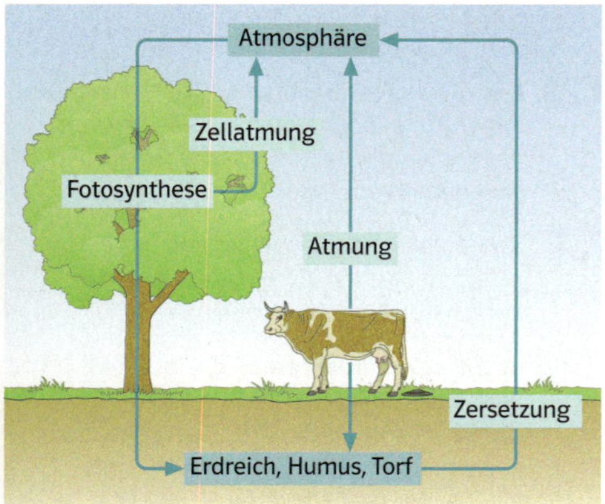

B2 Der biologische Kohlenstoffkreislauf

Letztendlich wird das in Traubenzucker gebundene Kohlenstoffdioxid wieder freigesetzt, ein Teil bereits durch die *Zellatmung* der Lebewesen. Hier gelangt Kohlenstoffdioxid direkt in die Atmosphäre. Nach dem Tod der Lebewesen beginnen Bakterien und Kleinstlebewesen mit ihrer Arbeit. Sie *zersetzen* die sterblichen Überreste der Tiere und auch der Pflanzen. Dabei wird durch den Abbau der Kohlenstoffverbindungen durch die **Destruenten** weiteres Kohlenstoffdioxid frei. Dieses steht nun den Pflanzen wieder zur Verfügung. Der biologische Kreislauf des Elements Kohlenstoff ist geschlossen [B1].

Beim geologischen Kohlenstoffkreislauf [B2] ist die häufigste Form des organisch gebundenen Kohlenstoffs in der Erdkruste das **Kerogen.** Es wird durch Einwirkung von Sauerstoff langsam zersetzt. Dabei wird Kohlenstoffdioxid freigegeben. Daneben findet sich das Element Kohlenstoff auch als Baustein in Carbonat- und in wenigen Silicatmineralien. Im Zuge der Verwitterung der Carbonatgesteine [B3, 1] kommt es durch das Kohlenstoffdioxid, welches im Regenwasser enthalten ist, zur Bildung löslicher *Hydrogencarbonate*. Es ergibt sich folgende Reaktionsgleichung:

$$CaCO_3 + CO_2 + H_2O \longrightarrow Ca^{2+} + 2\ HCO_3^-$$

Auch bei der Verwitterung von Silicaten (Siliciumverbindungen) [B3, 2], aus denen die meisten Gesteine hauptsächlich bestehen, wird Kohlenstoff aus dem Kohlenstoffdioxid in Hydrogencarbonationen gebunden.

$$CaSiO_3 + CO_2 + H_2O \longrightarrow Ca^{2+} + 2\ HCO_3^- + SiO_2$$

Bei der Veränderung von Calciumsilicat entsteht zusätzlich festes Siliciumdioxid (SiO_2). Ein geringer Teil des Hydrogencarbonats wird wieder als Carbonat ausgefällt. Der weitaus größere Teil gelangt über die Flüsse ins Meer. Dort wird es von den Lebewesen des Planktons und den Korallen dazu verwendet, Schalen und Außenskelette aufzubauen. Dabei wird Kohlenstoffdioxid freigesetzt [B3, 3].

$$Ca^{2+} + 2\ HCO_3^- \longrightarrow CaCO_3 + CO_2 + H_2O$$

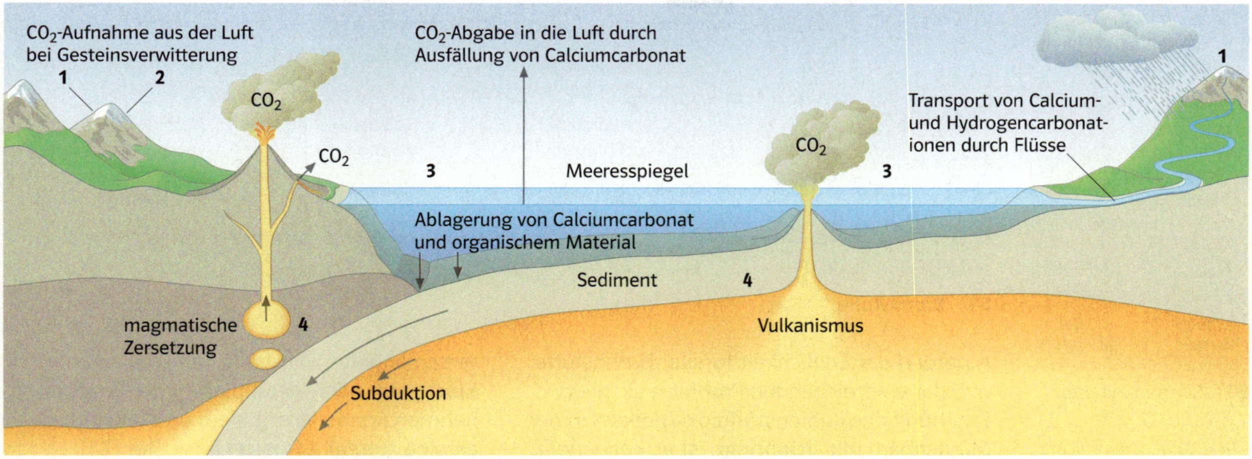

B3 Der geologische Kohlenstoffkreislauf. **1** Verwitterung von Carbonatgestein, **2** Verwitterung von Silicatgestein, **3** Carbonatausfällung im Meer, **4** magmatische Zersetzung von Carbonaten

Abgestorbene Organismen bilden am Meeresboden durch Einbettung neue Carbonatsedimente. Durch Verschiebungen können sie tief in die Erdkruste gelangen, wo sie hohen Temperaturen ausgesetzt sind. Damit können Reaktionen mit dem umgebenden Gestein aus Silicat stattfinden. Es entstehen neue Silicate und Kohlenstoffdioxid.

$$CaCO_3 + SiO_2 \longrightarrow CaSiO_3 + CO_2$$

Das Gas steigt in Spalten der Erdkruste, oft zusammen mit Magma, nach oben und entweicht entweder in gewaltigen Mengen bei *Vulkanausbrüchen* oder es tritt in der Umgebung von Vulkanen aus, auch wenn diese längst erloschen sind [B3, 4]. Es tritt auch häufig in Mineralwasser gelöst an die Erdoberfläche. Besonders dort ist ein Austritt zu erwarten, wo zwei Platten der Erdkruste zusammenstoßen und sich gegeneinander verschieben.

Der globale Kohlenstoffkreislauf. Der geologische und der biologische Kohlenstoffkreislauf stehen miteinander in Verbindung. Die Wege des Kohlenstoffs lassen sich in einem Gesamtkreislauf darstellen [B4]. Die auf den verschiedenen Wegen ausgetauschten Kohlenstoffmengen sind durch die Pfeilstärken angedeutet.

A1 Zeichne einen Kohlenstoffkreislauf, der nur Carbonate berücksichtigt. Veranschauliche damit die Verwitterung von Carbonatgestein und die Bildung von Carbonatsedimenten.

A2 Gib die Reaktionsgleichung für die Verwitterung des Dolomits [$CaMg(CO_3)_2$] an.

A3 Überlege dir, in welchen Aggregatzuständen die unter A2 beteiligten Stoffe auftreten.

A4 Welche Auswirkungen auf den Kohlenstoffdioxidgehalt der Atmosphäre könnte die globale Erwärmung haben?

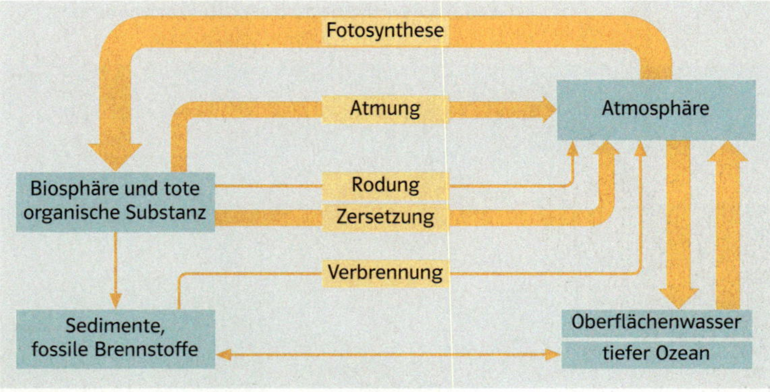

B4 Wege des Kohlenstoffs im Kohlenstoffkreislauf

2.8 Alternative Stoff- und Energiequellen

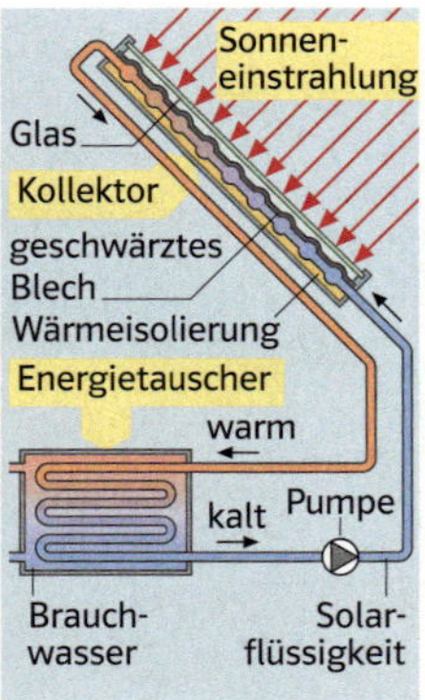

B1 Sonnenkollektor

	Fossile Brennstoffe	Alternativen zu fossilen Brennstoffen		
		Regenerative Kohlenwasserstoffe	**Sonstige nachwachsende Rohstoffe**	**Sonstige alternative Stoffquellen**
Beispiele	Kohle Erdöl Erdgas	Pflanzenöl Biodiesel Biogas Bioethanol	Holzhackschnitzel Holzpellets	Mithilfe von Solar-Wasserstoffanlagen hergestellter Wasserstoff
Entstehungszeitraum	Millionen von Jahren	Kann in einem Menschenleben nachwachsen und/oder hergestellt werden		

B3 Brennstoffe

Solarflüssigkeit Die Solarflüssigkeit muss einerseits im Winter frostsicher sein, andererseits wegen der hohen Kollektortemperaturen im Sommer verdampfungssicher. Meist wird als Solarflüssigkeit ein Gemisch aus Wasser und 1,2-Propandiol verwendet

Energietauscher Die Solarflüssigkeit durchfließt den Kollektor und nimmt dabei die thermische Energie der Sonne auf. Im Energietauscher wird die absorbierte thermische Energie an das Brauchwasser abgegeben

Aufgrund der Endlichkeit fossiler Brennstoffe und der weitreichenden Problematik, die die Erhöhung des Kohlenstoffdioxidgehalts in der Atmosphäre mit sich bringt, ist es notwendig, nach alternativen Möglichkeiten der Energiegewinnung zu suchen. Als Alternative zu fossilen Brennstoffen kommen **regenerative (erneuerbare) Energiequellen** [B4] und **nachwachsende Rohstoffe (Biomasse)** [B3] in Betracht.

Erneuerbare Energiequellen – thermische und elektrische Energie „aus Sonne". Bei einer heute geschätzen „Brenndauer" der Sonne von 5 Milliarden Jahren ist die Nutzung der in der Sonne stattfindenden Kernfusionen unbegrenzt möglich. Ein winziger Bruchteil der dabei freigesetzten Energie kann auf der Erde mithilfe von **Sonnenkollektoren** [B1] und **Fotovoltaikanlagen** [B2] genutzt werden. Mittlerweile sieht man vielerorts auf Dächern von Wohnhäusern derartige Anlagen. *Sonnenkollektoren* unterstützen die *Warmwasserversorgung* des Haushalts. Die schwarzen Kunststoff- oder Metallplatten der Kollektoren nehmen Sonnenenergie auf und leiten diese an eine spezielle Flüssigkeit weiter [B1]. Eine Pumpe bewegt die erwärmte Flüssigkeit durch Rohrleitungen zum Energietauscher.

Der Einsatz von Fotovoltaikanlagen kann sowohl in Privathaushalten als auch in Form von großen Anlagen erfolgen. In **Solarzellen** wird Sonnenenergie in elektrische Energie umgewandelt. Da in der Regel bei Sonnenschein mehr Strom erzeugt als verbraucht wird, ist „überflüssiger Strom" vorhanden, der anderweitig zur Verfügung gestellt werden kann. Es erfolgt daher eine Einspeisung ins Stromnetz. Der Hauseigentümer erhält dafür eine Vergütung. Großtechnisch findet die Solarzelle Anwendung in der Solar-Wasserstoff-Technologie [B7]. Reiht man viele Solarmodule aneinander, so steht genügend elektrische Energie zur Verfügung, um mittels Elektrolyse aus Wasser die elementaren Stoffe

B2 Nutzung der Sonnenenergie mithilfe einer Fotovoltaikanlage

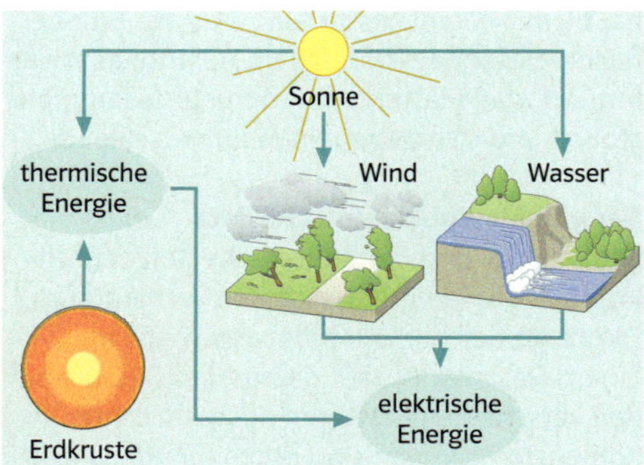

B4 Nutzung regenerativer Energiequellen

B5 Nutzung der Sonnenenergie mithilfe einer Fotovoltaikanlage (Arnstein, Franken)

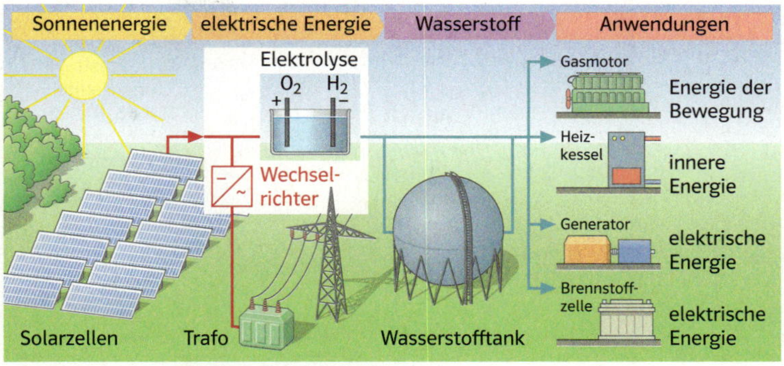

B7 Schema einer Solar-Wasserstoffanlage

Wasserstoff und Sauerstoff zu erzeugen. Eine derartige Anlage befindet sich in Arnstein [B5]. Die elektrische Energie wird so in Form von chemischer Energie, nämlich in Wasserstoff, gespeichert. Dieser kann vielfältig eingesetzt werden, z. B. findet er Verwendung in *Verbrennungsmotoren* und in *Brennstoffzellen*.

Vom Netz unabhängig werden zum Beispiel auch *Parkscheinautomaten* mit Sonnenenergie betrieben. Manche *Telefonzellen* und *Fahrzeuge* sind ebenfalls mit Solarzellen ausgestattet. Die Raumfahrt macht sich die Sonnenenergie schon längst zu Nutze. *Sonnensegel* liefern die Energie für den Betrieb der Satelliten [B6]. Allerdings bringt diese alternative Energiequelle ebenfalls Probleme mit sich, da es generell schwierig ist, elektrische Energie zu speichern, und nachts steht ja keine Sonnenenergie zur Verfügung.

	Sonnenkollektor	**Fotovoltaikanlage**
Bauteile	Glas, geschwärztes Blech, spezielle Flüssigkeit, Energietauscher	Die Solarzelle ist am wichtigsten
Energieformen	Sonnenenergie ⟶ thermische Energie	Sonnenenergie ⟶ elektrische Energie
Was geschieht mit der erzeugten nutzbaren Energie?	Warmwasserversorgung des Haushalts	Betrieb von elektrischen Geräten; bei Überschuss Einspeisung ins Netz; in Solar-Wasserstoffanlagen Elektrolyse von Wasser, die Energie kann dann in Form von chemischer Energie (Wasserstoff) gespeichert und bei Bedarf in einer Brennstoffzelle in elektrische Energie umgewandelt werden

B8 Sonnenkollektor und Fotovoltaikanlage

A1 Nenne Gesichtspunkte, die bei der Entscheidung zwischen einem Sonnenkollektor oder einer Fotovoltaikanlage eine Rolle spielen.

B6 Beispiele für Anwendung von Sonnenenergie

Experten befürchten, dass sich der Weltenergiebedarf in den nächsten 50 Jahren verdreifachen könnte [B11 und B12].

Zukunftsperspektiven regenerativer Energieträger. Wasser- und Windenergie, Geothermie, sowie solarthermische Kraftwerke und die Fotovoltaik verbrauchen keine unersetzlichen Rohstoffe und sind weitgehend klimaneutral. Werden sie den immensen Energiebedarf der Zukunft decken können?

Ein weiterer Ausbau der Wasserkraft in Europa ist kaum mehr möglich und große Staudammprojekte beanspruchen landwirtschaftliche und ökologisch wertvolle Flächen. Das Potential für *Windkraftwerke* hingegen ist noch lange nicht ausgeschöpft, aber die Zahl sinnvoller Standorte ist begrenzt. Zudem ist das Windangebot oft schwankend.

Nur die direkte Nutzung der Sonnenenergie scheint in großem Stil ausbaufähig. *Solarkraftwerke* arbeiten jedoch nur bei starkem Sonnenschein rentabel. In Nordafrika, dem Nahen Osten und anderen Gebieten auf der Erde gibt es riesige unbewohnte Flächen, auf die die Sonne zuverlässig und lange scheint. Allerdings sind diese Gebiete oft auch ökologisch sensibel. Damit Kraftwerke nachts elektrische Energie liefern können, muss ein Teil der am Tag gewonnenen Energie zwischengespeichert werden. Dafür sind die sog. thermischen Speicher mit geschmolzenen Salzen in Erprobung, die tagsüber aufgeheizt werden. Über einen Energietauscher sorgen sie nachts weiter für Dampferzeugung. Übrigens werden Sonnenstrahlung und *Geothermie* nicht teurer, sie stehen im Überfluss zur Verfügung!

B9 zeigt Kraftwerkstypen im Vergleich. Die Energieumwandlungskosten solarer Kraftwerke sind derzeit noch nicht konkurrenzfähig. Allerdings wird durch erhöhte Nachfrage und zunehmende Verknappung der Preis fossiler Brennstoffe steigen. Die Kosten für Solarstrom dagegen werden durch Massenproduktion der Solarzellen sinken. Heute liegt der globale Anteil erneuerbarer Energie bei 15 %, in hundert Jahren könnte er über 80 % sein [B12].

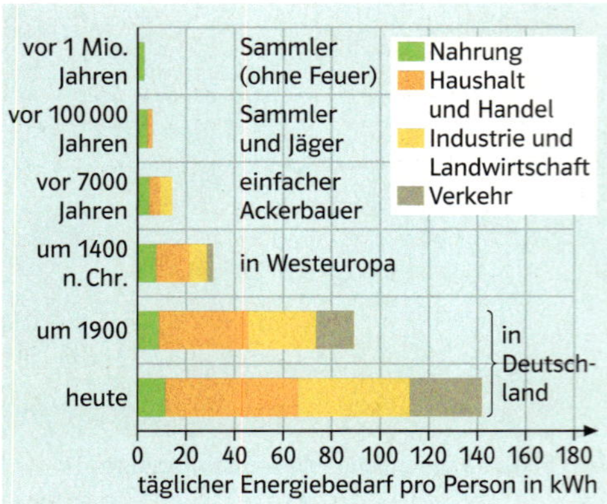

B11 Energiebedarf früher und heute

Kraftwerkstyp	typ. el. Leistung (MW)	Wirkungsgrad	zeitl. Verfügbarkeit	Investitionskosten (€/kW)	Stromkosten (€/kWh)
Kohle	1000	40 %	80 %	1000	0,03
Gas	200	54 %	80 %	800	0,03
Kernreaktor	1300	33 %	80 %	2000	0,05
Wasser	1000	97 %	50 %	3000	0,10
Wind	1	45 %	25 %	1000	0,07
Fotovoltaik	0,1	13 %	15 %	4000	0,20
Biomasse	50	15 %	80 %	1500	0,05
Geothermie	50	30 %	60 %	500	0,03

B9 Kraftwerkstypen im Vergleich

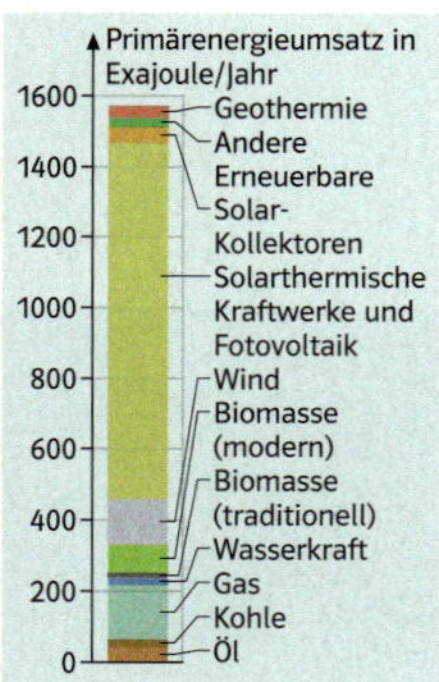

B10 „Energiemix" in der Zukunft (2100)?

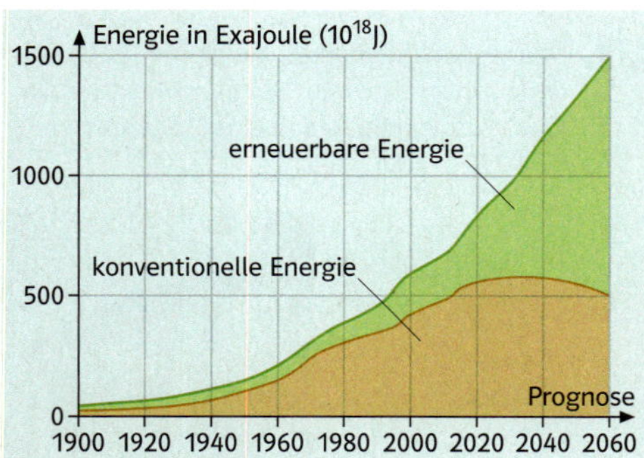

B12 Prognose des Weltenergiebedarfs

A2 Erstelle mithilfe von B12 ein Diagramm, in dem nur der Verlauf der erneuerbaren Energie von 1960 bis 2060 dargestellt ist.

Energie „aus nachwachsenden Rohstoffen". Grundsätzlich kann Biomasse erst vergast oder verflüssigt und dann verbrannt oder direkt verbrannt werden. Bei der Verbrennung wird das Kohlenstoffdioxid, welches zuvor bei der Fotosynthese aufgenommen wurde, wieder frei.

Biogas entsteht durch die Vergärung organischen Materials unter Luftabschluss. Verwendung finden dabei Haushaltsabfälle oder Substrate aus der Landwirtschaft. Durch Bakterien werden diese Stoffe in einer Biogasanlage umgesetzt, wobei als Abfallprodukt Methan entsteht (Kap. 2.2). Dies kann dann energetisch genutzt werden. Weitere Produkte des Stoffumsatzes werden als Mineralstoffdünger eingesetzt.

Pflanzenöle werden nach Anbau und Ernte kalt gepresst und gefiltert. Pflanzenöle, wie zum Beispiel Rapsöl, werden direkt zur Strom- und Wärmeerzeugung eingesetzt oder nach Weiterverarbeitung als Biodiesel verwendet.

Holz, Holzhackschnitzel und Holzpellets. Schnitzel und Pellets können im günstigsten Fall aus Abfällen von Sägewerken hergestellt werden. Es erfolgt eine direkte Verbrennung zur Gewinnung von nutzbarer Energie. Werden mehr Bäume abgeholzt als aufgeforstet, so ist der Kohlenstoffdioxidkreislauf auch nicht mehr ausgeglichen, da mehr Kohlenstoffdioxid in die Atmosphäre gelangt, als bei der Fotosynthese aufgenommen wurde. Eine gute Möglichkeit, das Kohlenstoffdioxid längerfristig der Atmosphäre zu entziehen, wäre, das Holz nicht zu verbrennen, sondern als Baumaterial für vielerlei Zwecke zu verwenden.

Kritische Betrachtung. Leider kann die Energie „aus nachwachsenden Rohstoffen" nicht generell positiv bewertet werden. Beispielsweise werden Regenwälder abgeholzt bzw. verbrannt, um Monokulturen an „Energiepflanzen" aufzuforsten. Ein Anbau von Monokulturen kann nicht ohne Pestizide erfolgen. Das Abholzen und der Einsatz der Pestizide hat weitreichende Folgen: Der „Kohlenstoffdioxidspeicher Regenwald" wird verkleinert, durch die Pestizide werden Gewässer verschmutzt, dadurch leidet die dort lebende Bevölkerung an neuen Krankheiten. Zudem ist es höchst fraglich, Energiepflanzen für den Export anzubauen, obwohl der einheimischen Bevölkerung nicht genügend Land zur Verfügung steht, um sich selbst mit Agrarprodukten zu versorgen.

Weitere Einsatzmöglichkeiten der nachwachsenden Rohstoffe bestehen im Bauwesen, in der Pharmazie oder in der Textilindustrie. Die Verwendung von Erdöl als Ausgangsstoff für die Produktion verschiedener Chemikalien und Verbrauchsgüter hat erst im letzten Jahrhundert zugenommen. Bis zum Anfang des 19. Jahrhunderts wurden Stoffe pflanzlichen oder tierischen Ursprungs als Ausgangsstoffe eingesetzt. Eine der neuesten Entwicklungen ist die vollständig biologisch abbaubare Folie. Diese lässt sich problemlos im Biomüll entsorgen. Ein bestimmter Zucker, Isosorbit, kann aus Maisstärke gewonnen werden. Aus Isosorbit lassen sich Plastikflaschen und Folienverpackungen herstellen.

A3 Beschreibe den Kohlenstoffdioxidkreislauf bei der Nutzung nachwachsender Rohstoffe. Vergleiche mit der Verwendung von Erdöl als Rohstoff.

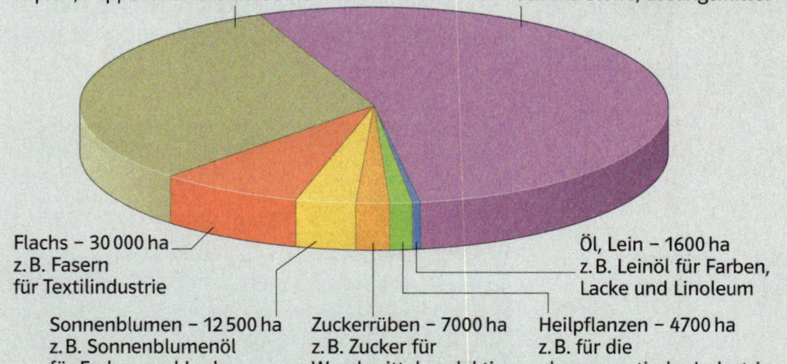

B13 Anbauflächen nachwachsender Rohstoffe in Deutschland und ihre Verwendung

Pestizide von lat. pestis, Seuche und lat. caedere, töten. Bezeichnung für chemische Substanzen, die lästige oder schädliche Lebewesen – also Pflanzen und Tiere – töten, vertreiben oder in Keimung, Wachstum oder Vermehrung hemmen

Nachwachsende Rohstoffe sind land- und forstwirtschaftlich erzeugte Produkte, die nicht der Nahrungsmittelindustrie zugeführt werden

2.9 Exkurs Alternative Energiequellen im Vergleich

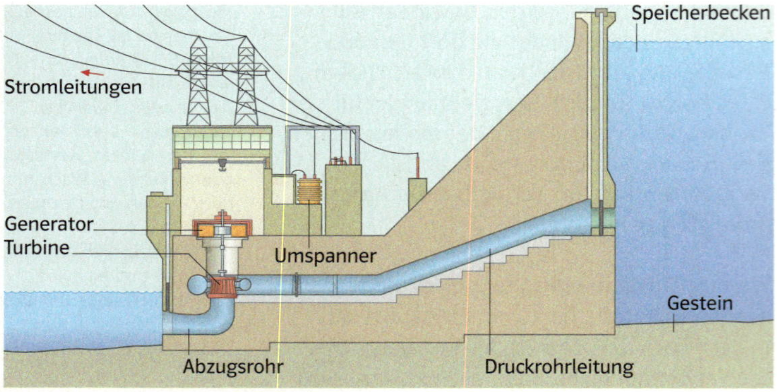

B1 Bauprinzip eines Wasserkraftwerks

Elektrische Energie „aus Wasser". Wasserkraftwerke nützen den natürlichen Wasserkreislauf aus. Sie werden in vier Kategorien unterteilt: **Laufwasserkraftwerke**, die das Gefälle an Flüssen nutzen. **Speicherkraftwerke** nutzen Wasser hoch gelegener natürlicher Seen oder Talsperren. In **Gezeitenkraftwerken** wird die Wasserbewegung von Ebbe und Flut genutzt, in **Wellenkraftwerken** die Wellenbewegung allgemein.
Bei der Nutzung der Ressource Wasser wird die kinetische Energie des Wassers in Rotationsenergie der **Turbine** übersetzt [B1]. Letztere wird dann über einen **Generator** in elektrische Energie umgewandelt.
Der Bedarf an elektrischer Energie ist ungleichmäßig. Liegt ein Überschuss vor, kann er in **Pumpspeicherwerken** durch Hochpumpen von Wasser wieder zur Erzeugung potentieller Energie verwendet werden. Zu Spitzenzeiten kann diese dann wieder in kinetische und letztendlich elektrische Energie umgewandelt werden.

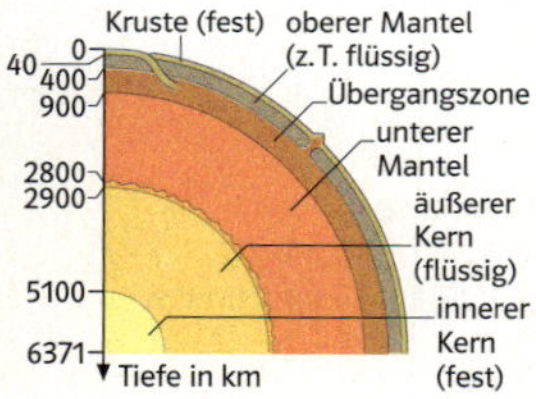

B2 Das Innere der Erde

B3 Geothermiekraftwerk

Elektrische Energie „aus Wind". Diese Form der Energiegewinnung ist sehr einfach.
Der Wind treibt die großen Rotorblätter der Windkraftanlagen an, durch die wiederum der Generator betrieben wird.

Thermische und elektrische Energie „aus der Erdkruste". Schon unsere Vorfahren (Kelten, Germanen und Römer), erholten sich im warmen Wasser von Thermalquellen. Warum nicht die Wärme aus der Erde zur Energiegewinnung nutzen?

Tatsächlich sind 99 % der Erdkugel heißer als 1000 °C, der Erdkern [B2] ist sogar 6000 °C heiß! Unter unseren Füßen schlummert eine gewaltige Energiemenge: Zu einem Drittel stammt sie aus der Zeit der Planetenbildung vor etwa 4,5 Milliarden Jahren, zwei Drittel entstehen beim radioaktiven Zerfall natürlicher Stoffe in den Gesteinen von Erdmantel und Erdkruste – also aus der Energie von Atomkernen.

Die **Geothermie** kann sowohl in privaten Haushalten als auch in Kraftwerken genutzt werden. Moderne Geothermiekraftwerke [B3] nutzen heißes Wasser aus tiefen Erdschichten direkt oder pressen kaltes Wasser in zerklüftetes heißes Tiefengestein, wo es sich erhitzt und zurück an die Oberfläche gepumpt wird. Das Funktionsprinzip beider Möglichkeiten ist das des Energietauschers. Das nach oben gepumpte Wasser kann direkt im Haus eingesetzt oder im Kraftwerk zur Stromgewinnung verwendet werden.

Allerdings ist das Gestein üblicherweise erst ab 3000 m Tiefe über 100 °C heiß. So tiefe Bohrlöcher sind sehr teuer, sodass elektrische Energie aus einem Geothermiekraftwerk zurzeit zwei- bis dreimal so viel kostet wie die aus einem Öl- oder Gaskraftwerk.

A1 Recherchiere, welche Probleme bei der Nutzung der genannten alternativen Energiequellen auftreten können.

Energiequellen und Art der Nutzung		**Standortvoraussetzungen**	**Vorteile**	**Nachteile**
Laufwasserkraftwerke Wasser nutzen das strömende Wasser des Flusses	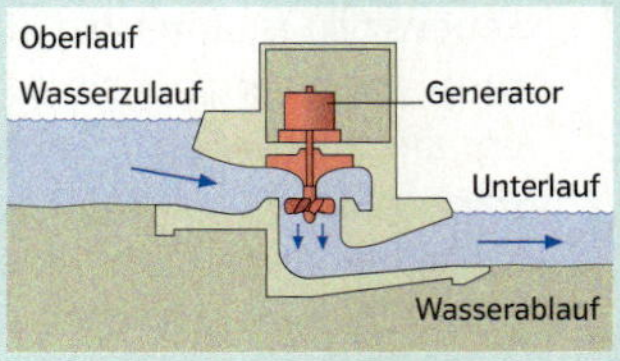	genügend Gefälle, ausreichende Wassermenge	niedrige Fallhöhe des Wassers ist ausreichend	Probleme durch schwankende Wasserhöhen sind möglich
Speicherkraftwerke (Wasser) nutzen die Energie von aufgestautem Wasser z. B. bei Talsperren	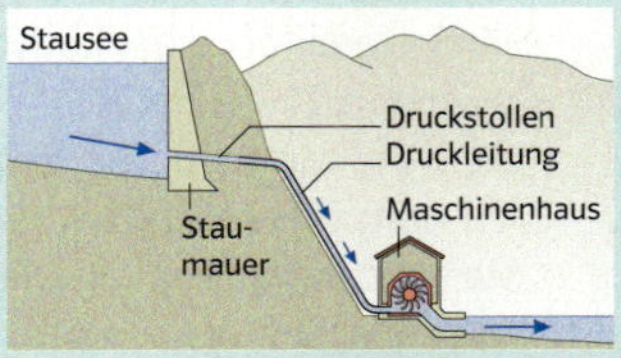	geeignete Geländeformen: Höhenunterschiede	kurzfristige Abgabe großer Energiemengen für Spitzenbedarf ist möglich	der Bau ist ein großer Eingriff in die Landschaft, möglicher Wassermangel bei Trockenzeiten
Gezeitenkraftwerke (Wasser) in engen Meeresbuchten nutzen die Wasserströmung beim Steigen und Fallen des Wassers (Ebbe und Flut)	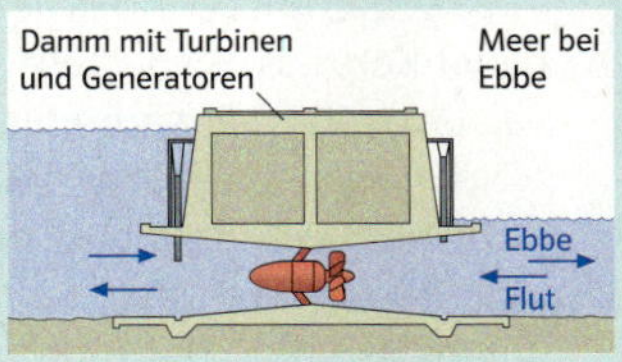	hoher Tidenhub, geeignete Buchten oder Flussmündungen	Großanlagen möglich	Energie nur zeitweise verfügbar, technisch aufwendig, hoher Verschleiß durch Salzwasser
Sonnenkollektoren (Sonne): die Sonnenenergie erhitzt Wasser und Kollektoren, z. B. für Warmwasser zum Duschen	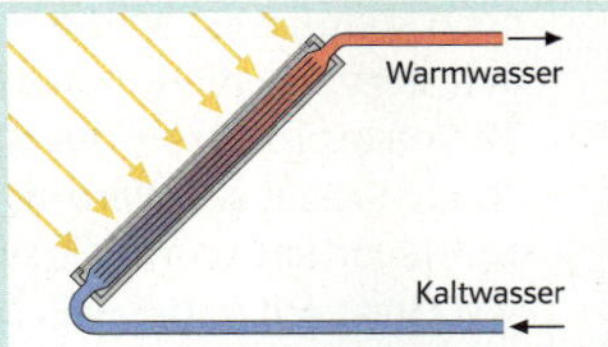	hohe Sonnenscheindauer, in den Tropen und Subtropen besonders gut geeignet	unerschöpflich, wichtig in Gebieten, die nicht an die Stromversorgung angeschlossen sind	Energie nicht immer verfügbar, Stromerzeugung technisch sehr aufwendig, großer Flächenbedarf bei Großanlagen
Solarzellen (Sonne): direkte Umwandlung von Licht in elektrische Energie („Fotovoltaik")	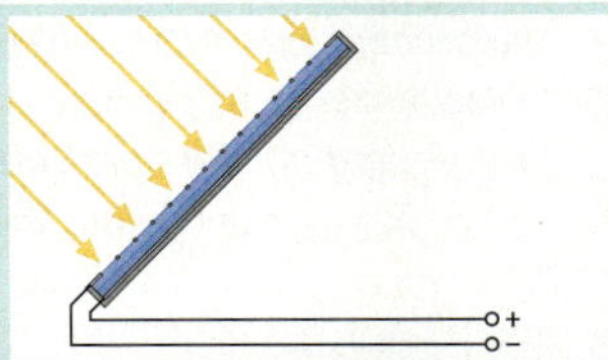			
Windenergie: Windrad (Rotor) treibt einen Generator zur Stromerzeugung an	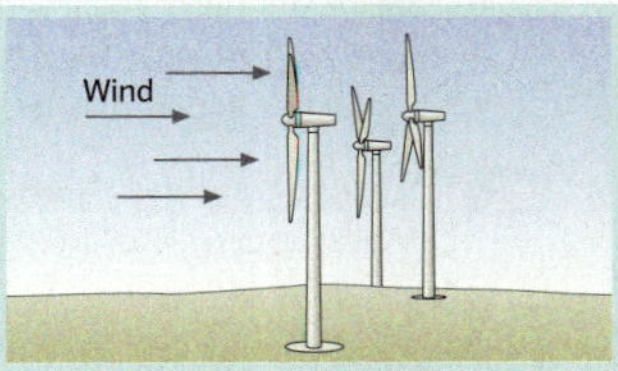	gleichmäßig starke Winde (Küsten, Ebenen, Berggipfel)	unerschöpflich, wichtig in Gebieten, die nicht an die Stromversorgung angeschlossen sind	nicht immer verfügbar, geringe Leistung, große Windanlagen beeinträchtigen das Landschaftsbild („Verspargelung")
Geothermiekraftwerke: Nutzung der thermischen Energie im Erdinneren (Heißdampf, Heißwasser) für Heizung oder Stromerzeugung	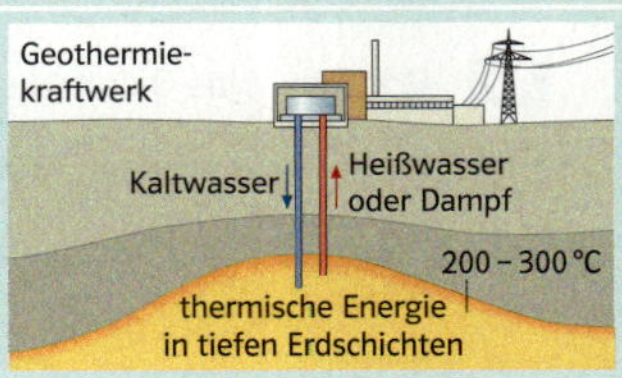	Vulkangebiete, Schwächezonen der Erdkruste (z. B. Norditalien, Kalifornien)	gleichmäßige Energieabgabe	günstige Standorte schwer vorhersagbar bzw. ermittelbar

2.10 Impulse Das Ende des Ölzeitalters?

B1 Erdölförderanlage

Billiges Öl ist passé
„Wir nähern uns unerbittlich dem Fördermaximum" – ein Gespräch mit dem Geowissenschaftler Professor Friedrich-Wilhelm Wellmer, dem Präsidenten der Bundesanstalt für Geowissenschaften und Rohstoffe in Hannover.

Die Zeit: Herr Wellmer, Benzin und Diesel sind sündhaft teuer. Geht uns das Öl aus?
Friedrich-Wilhelm Wellmer: Kurzfristig natürlich nicht. Zwar sind die Ölvorräte in der Erdkruste begrenzt. Irgendwann wird nichts mehr da sein. Aber von diesem Zeitpunkt sind wir noch weit entfernt.
Zeit: Noch 43 Jahre, wenn Ihre Statistik stimmt.
Wellmer: Vorsicht! 43 Jahre beträgt zwar die so genannte statistische Reichweite des Erdöls, da haben Sie Recht. Das ist aber nur eine Momentaufnahme. Tatsächlich besagt die magische Reichweitenziffer nur eins: Bei gegenwärtigem Verbrauch reichen die heute bekannten Ölreserven rein rechnerisch noch 43 Jahre. In Wirklichkeit aber wachsen die Ölreserven, weil der technische Fortschritt die Ausbeutung von Vorkommen ermöglicht, die früher unerreichbar waren. Zum Beispiel können wir heute Erdöl aus 2000 Meter unter dem Meeresspiegel fördern.
Zeit: Erleben wir denn nicht schon, dass die weltweite Ölförderung mit der Nachfrage nicht mehr Schritt halten kann?
Wellmer: Richtig. Aber es ist nicht der Mangel an Ölreserven, der die Preise hat steigen lassen, sondern der Mangel an Förderanlagen. Dieser Mangel und die steigende Ölnachfrage, vor allem aus China, haben den Markt aus dem Gleichgewicht gebracht. Es hakt also an der Technik, nicht an vermeintlich leer gepumpten Lagerstätten.
Zeit: Wirklich? Die größten Ölfelder der Erde geben schon seit Jahren immer weniger her. Gleichzeitig werden immer weniger neue große Vorkommen entdeckt. Ist das nicht eher bedrohlich?
Wellmer: Jeder Rohstoff und jedes Rohstofflager durchläuft einen typischen Lebenszyklus: Zunächst steigt die Förderung, dann verharrt sie auf einem Plateau, um anschließend zu sinken. Dieses Abflachen der Förderung beobachten wir tatsächlich schon bei vielen Ölfeldern – in den USA, in der Nordsee und zunehmend auch anderswo. Deshalb sagen wir, dass das Fördermaximum bei konventionellem Erdöl zwischen 2015 und 2020 erreicht sein wird.
Zeit: Die Multis beruhigen die Verbraucher mit dem Hinweis auf angeblich riesige Mengen vor allem kanadischer Ölsande.
Wellmer: Die Vorräte davon sind tatsächlich riesig. Sämtliche Ölmultis verfügen auch über Konzessionen, diese Vorkommen auszubeuten. Obendrein haben sie keinerlei Explorationsrisiko, das Öl ist da. Und trotzdem wird es bisher nicht in großem Maßstab gewonnen, weil die Gewinnung teuer ist. Wenn der Ölpreis hoch bleibt oder noch steigt, werden die Multis mit Sicherheit dort investieren. Das heißt aber auch: 30 Dollar pro Fass – das ist passé.
Zeit: Müssen sich Verbraucher und Politiker auf dauerhaft teures Öl einstellen?
Wellmer: Auf jeden Fall. Die Zeit des billigen Öls ist vorbei.
Ausschnitt aus einem Interview der Wochenzeitschrift Die Zeit, Nr. 36, 26.8.2004; Die Fragen stellte Fritz Vorholz.

A1 Stelle aus dem Interview Faktoren zusammen, die darüber entscheiden, wie lange die Erdölvorräte reichen.

A2 Aus welchen Abschnitten besteht der „Lebenszyklus" eines Rohstofflagers?

A3 Recherchiere die drei Länder, die die größten Erdölverbraucher sind.

A4 Erkunde, was Ölsande sind.

A5 Recherchiere, was Erdöl heute kostet.

2.11 Halogenkohlenwasserstoffe

Ersetzt man in Kohlenwasserstoffverbindungen ein oder mehrere Wasserstoffatome durch die Halogenatome *Fluor, Chlor, Brom* oder *Iod*, erhält man die **Halogenkohlenwasserstoffe.** Zu den CFKWs (Kap. 1.9) zählen zum Beispiel Dichlormethan, DDT, Lindan oder PVC. Diese Stoffe sind auch wegen ihres schädigenden Einflusses auf die Umwelt bekannt geworden.

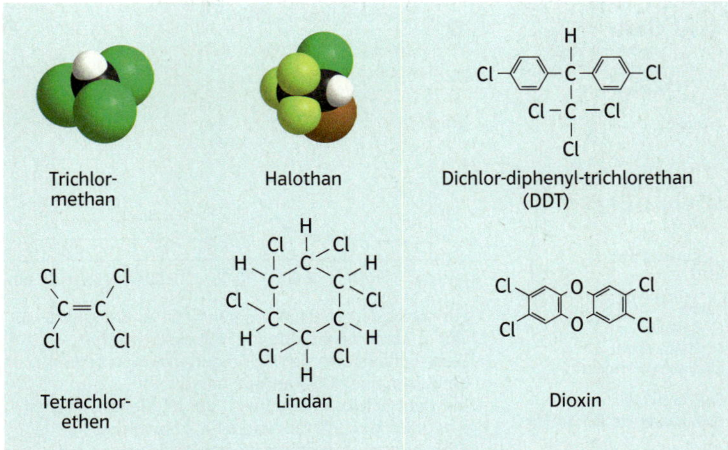

B1 Strukturformeln und Molekülmodelle verschiedener organischer halogenierter Verbindungen

Eigenschaften. Halogenkohlenwasserstoffe sind *lipophil.* Der Ersatz eines Wasserstoffatoms in Alkanmolekülen durch ein Halogenatom führt zu einer höheren Siedetemperatur und größeren Dichte der neuen Verbindung. Je mehr Wasserstoffatome durch Halogenatome ersetzt sind, desto schlechter ist die Brennbarkeit des Halogenalkans. Sie sind *reaktionsträge.*

Ökonomische und ökologische Bedeutung. Die Entwicklung der Narkosemittel ist ein Beispiel für die Verwendung von organischen halogenierten Verbindungen. Zunächst wurde für die Betäubung eines Patienten **Diethylether** eingesetzt. Da aber Ether-Luft-Gemische explosiv sind, wurde Ether durch das Halogenalkan **Chloroform (Trichlormethan)** ersetzt. Allerdings erlitten Personal und Patienten durch die Verwendung von Chloroform gesundheitliche Schäden. So wurde **Halothan (1-Brom-1-chlor-2,2,2-trifluorethan)** eingesetzt, welches allerdings auch Nebenwirkungen zeigte. Heute verwendet man mit **Enfluran (2-Chlor-1-difluormethoxy-1,1,2-trifluorethan),** welches gut verträglich ist und besser als seine Vorgänger wirkt.

Durch den Einsatz des hochwirksamen **Insektizids DDT (Dichlor-diphenyl-trichlorethan)** konnte die Anophelesmücke [B2], die Überträgerin der Malaria, zurückgedrängt werden. Allerdings ist DDT sehr beständig und fettlöslich. DDT reicherte sich daher in der Nahrungskette an. Sogar in der Muttermilch von Eskimofrauen wurden Rückstände gefunden, obwohl diese nie direkt mit dem Insektizid in Kontakt kamen. Es bedarf daher vor dem Einsatz solcher Stoffe einer genauen Abwägung zwischen Lebenretten auf der einen Seite und Lebengefährden auf der anderen. In Deutschland darf DDT weder verwendet noch hergestellt werden. In der chemischen Reinigung dient das nicht brennbare, flüssige **Tetrachlorethen („Per")** als *Lösungsmittel* für Fette und Öle. Zur Herstellung von Kunststoffschäumen, für *Kühlaggregate* und in *Spraydosen* verwendete man lange Zeit gasförmige Chlorfluorethane (Freone). Diese Stoffe sind ungiftig und ebenfalls nicht brennbar.

Das *Treibhauspotential* der CFKWs ist 3500- bis 7500-mal so groß wie das von Kohlenstoffdioxid. Durch ihr langes Verweilen in der Troposphäre gelangen sie schließlich auch in die Stratosphäre. Dort nehmen sie negativen Einfluss auf das Ozon der Ozonschicht.

Per von lat., durch

Perchlorierte Kohlenwasserstoffe sind „durchchlorierte" Kohlenwasserstoffe, sprich: Alle Wasserstoffatome im Molekül wurden durch Chloratome ersetzt

Insektizid Stoff, der zur Abtötung von Insektenschädlingen und deren Entwicklungsstadien dient

A1 **a)** Informiere dich über PVC, PCB, Lindan oder Dioxin. **b)** Wie lautet der systematische Name von Lindan?

A2 Zeichne die Strukturformel von Chloroform, Halothan und Enfluran. Tipp: Die Methoxygruppe sieht folgendermaßen aus: $-\overline{\underline{O}}-CH_3$

A3 Mache eine begründete Aussage über die Polarität des DDT-Moleküls. Erläutere die gute Fettlöslichkeit von DDT.

B2 Anophelesmücke

2.12 Halogenalkane und Ozon

Name: **Ozon**
von griech. ozein, nach etwas riechen

Formel:
O_3
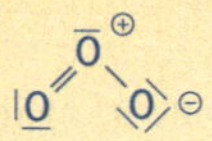

Schmelztemperatur:
-192 °C

Siedetemperatur:
-110 °C

Farbe:
O_3(g) blau
O_3(l) blauviolett
O_3(s) schwarzviolett

O_3(l) und O_3(s) explodieren *bei Berührung*

Geruch: *charakteristisch*

Giftigkeit: *T (giftig)*

Toxische Wirkung:
Reizung von Augen und Schleimhäuten; Husten, Kopfschmerzen, Schädigung der Lungenfunktion

Löslichkeit:
schlecht löslich in Wasser

Oxidationswirkung:
eines der stärksten Oxidationsmittel

B1 Ozon-Steckbrief

Fotooxidantien
Verbindungen, die unter dem Einfluss von Licht reagieren und dabei andere Verbindungen oxidieren

a) $NO_2 \xrightarrow{\text{UV-Strahlung}} NO + O$

b) $O + O_2 \longrightarrow O_3$

Abbau von Ozon in der Nacht:

c) $O_3 + NO \longrightarrow O_2 + NO_2$

B2 Bodennahes Ozon

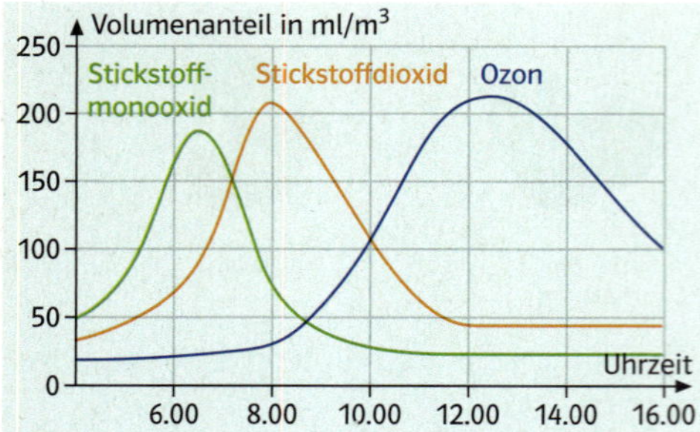

Ein hohes Verkehrsaufkommen führt zu Emissionen von Kohlenwasserstoffen und Stickstoffoxiden. Diese Schadstoffe sind an Folgereaktionen beteiligt, bei denen auch OH-Radikale entstehen.
Mit dem Berufsverkehr steigt der NO-Gehalt, erreicht ein Maximum und fällt wieder ab, obwohl das Verkehrsaufkommen noch hoch ist. Es erfolgt eine Reaktion des NO zu NO_2. Kurze Zeit später reicht die Intensität der Sonnenstrahlung aus, die NO_2-Moleküle zu spalten, es entstehen NO-Moleküle und O-Atome, die mit O_2-Molekülen zu Ozon (O_3) reagieren. Die NO-Moleküle reagieren wieder zu NO_2-Molekülen und die Vorgänge wiederholen sich. In einer Reaktionskette entsteht ständig Ozon.

B3 Ozon durch Emissionen des Verkehrs

Ozonmoleküle [B1] bestehen aus drei Sauerstoffatomen. Ozon ist sehr instabil und ein starkes Oxidationsmittel. O_3-Moleküle können auch leicht in O_2-Moleküle und O-Atome zerfallen. Ozon ist in der Troposphäre und der Stratosphäre (Kap. 2.6, B1) der Erde in unterschiedlichen Konzentrationen zu finden. Die Ozonschicht (Bereich der Stratosphäre) schützt uns weitgehend vor der schädlichen UV-Strahlung der Sonne [B6].

Bildung von Ozon am Boden. Ozon entsteht in den Dunstglocken der Industrie- und Ballungsgebiete. Stickstoffdioxid aus den Auspuffgasen reagiert unter der Einwirkung der Sonnenstrahlung mit Sauerstoff u.a. zu Ozon [B2, 3]. Aus Ozon- und Wassermolekülen entstehen OH-Radikale, Teilchen, die ungepaarte Elektronen besitzen und daher besonders reaktionsfreudig sind. Ozon, OH-Radikale und andere **Fotooxidantien** oxidieren organische Verbindungen in der Atmosphäre.

Unter den Folgeprodukten können weitere Schadstoffe sein. Immer, wenn besonders intensive Sonnenstrahlung und hohe Abgas-

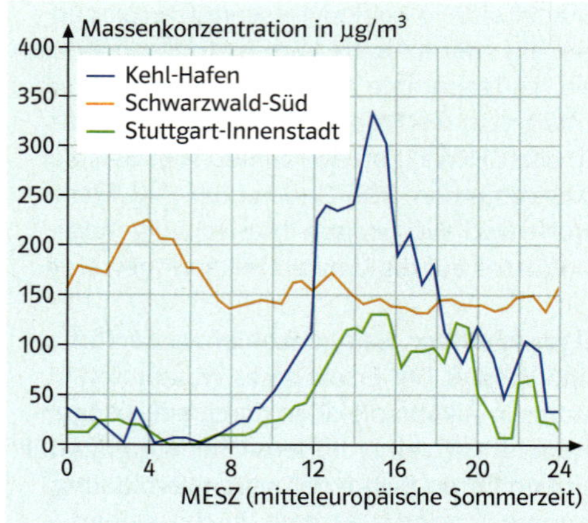

B4 Ozonmesswerte in städtischen und ländlichen Gebieten. Beispiel für einen Tagesgang

konzentrationen bei bestimmten Wetterlagen zusammentreffen, entstehen besonders viele schädliche Verbindungen. Man spricht dann vom **Sommersmog** oder **Los-Angeles-Smog**. Ab einer Ozonkonzentration von 240 µg/m³ werden Maßnahmen zum Schutz der Bevölkerung, wie z.B. Fahrverbote, ergriffen. Schadstoffe und Ozon werden durch den Wind weiträumig verteilt. In der Nacht wird Ozon unter Mitwirkung von Schadstoffen wie z.B. Stickstoffdioxid (NO_2), abgebaut. In Reinluftgebieten erfolgt dieser Ozon-Abbau langsamer, da weniger katalytisch wirkende Stickstoffoxide vorhanden sind. Daher können in ländlichen Gebieten über längere Zeit erhöhte Ozonwerte gemessen werden [B4].

Auswirkungen des bodennahen Ozons. Ozon kann Auswirkungen auf die Gesundheit haben. Besonders gefährdet sind die Atemwege und die Lunge. Erhöhte Ozonkonzentrationen führen vermehrt zu Asthmaanfällen und mindern die Leistungsfähigkeit. Ozon schädigt Pflanzen, gilt als Mitverursacher für Waldschäden und hat Einfluss auf den Treibhauseffekt.

A1 Stelle die Vorgänge zusammen, die zum Entstehen des Sommersmogs führen.

A2 Beschreibe die Kurvenverläufe in B3 und deute sie.

Die Ozonschicht. In der Stratosphäre spalten die von der Sonne kommenden energiereichen UV-C-Strahlen [B9] die Sauerstoffmoleküle [B7]. Die entstehenden Sauerstoffatome reagieren mit weiteren Sauerstoffmolekülen zu Ozon. Die bei dieser Reaktion benötigte Strahlungsenergie fehlt in den tieferen Luftschichten, sie wurde absorbiert. Auch für die Rückreaktion, den Zerfall der Ozonmoleküle zu Sauerstoffmolekülen, wird Energie aus dem Strahlungsangebot der Sonne benötigt, der UV-B-Strahlung. Zwischen beiden Reaktionen stellt sich ein Zustand ein, in dem Ozonmoleküle sowohl gebildet als auch zerstört werden. Der Bereich der Stratosphäre (Kap. 2.6, B1), in dem diese Reaktionen ablaufen, heißt **Ozonschicht**. Sie ist ein wichtiger UV-Filter, der Leben auf dem Planeten Erde erst möglich macht.

Gefährdung der Ozonschicht. Ozonmoleküle sind sehr reaktiv und könnten daher gut mit anderen, in der Atmosphäre vorhandenen Teilchen reagieren, jedoch können nicht alle Moleküle aus der Troposphäre in den Bereich der Stratosphäre gelangen. Dies verhindert die zwischen beiden liegende *Tropopause*. Nur Stoffe mit langen Verweilzeiten in der Troposphäre und solche aus Vulkaneruptionen und Flugzeugabgasen gelangen in den Bereich der Ozonschicht. Aufgrund ihrer Reaktionsträgheit reichern sich CFKWs über Jahre hinweg in der Troposphäre an und gelangen allmählich in die Stratosphäre, wo sie mit den Ozonmolekülen reagieren können. Sie tragen so zur Zerstörung der Ozonschicht bei.

Das Ozonloch. Die Ozonschicht wird über der Antarktis (Südhalbkugel) bereits seit 1958 genau vermessen [B5]. Man beobachtete, dass die Ozonkonzentration nicht im gesamten Jahr gleich bleibt. Nach einem Maximum im antarktischen Sommer erreicht die Ozonkonzentration ein Minimum im Frühling. Seit 1979 beobachtet man jedoch eine zunehmende Verringerung der Ozonkonzentration im Frühjahr. Die Entstehung dieses **Ozonlochs** wird durch Stoffe wie $CFCl_3$ begünstigt. Ihre Moleküle werden in zwei Radikale, $Cl\cdot$ und $CFCl_2\cdot$, gespalten [B8]. Diese reagieren mit Ozonmolekülen. Im Südpolarwinter werden die Chlorverbindungen über der Antarktis gespeichert. Im dortigen Frühjahr bilden sich wieder Chloratome in großen Mengen, welche für einen lawinenartigen Abbau des Ozons sorgen. Das Frühjahrs-Ozonloch ist entstanden.

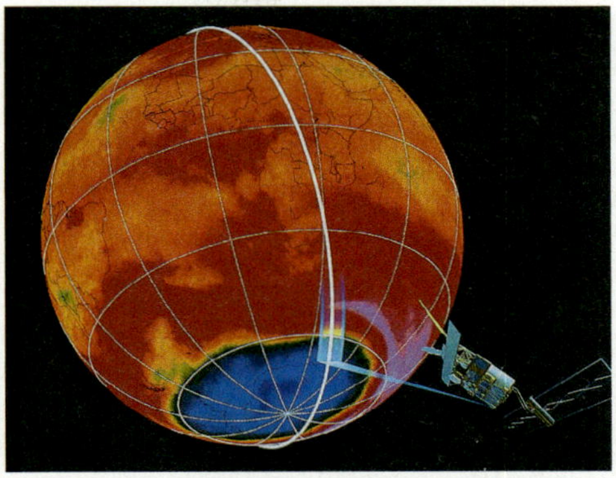

B5 Messung des Ozongehalts der Atmosphäre mit Satelliten

UV-C

$O_2 \longrightarrow O + O$

$O_2 + O \longrightarrow O_3$

UV-B

$O_3 \longrightarrow O_2 + O$

$O_3 + O \longrightarrow 2\,O_2$

B7 Der Ozonkreislauf

UV-C

$CFCl_3 \longrightarrow CFCl_2\cdot + Cl\cdot$

$Cl\cdot + O_3 \longrightarrow ClO\cdot + O_2$

$2\,ClO\cdot \longrightarrow Cl_2O_2$

$Cl_2O_2 \longrightarrow 2\,Cl\cdot + O_2$

$Cl\cdot + O_3 \longrightarrow \ldots$

B8 Reaktionen beim Ozonabbau

A3 Warum sind selbst bei einem sofortigen Verbot des Einsatzes von Halogenkohlenwasserstoffen frühestens in 20 Jahren positive Auswirkungen zu erwarten?

A4 Obwohl die CFKWs nur in sehr geringen Konzentrationen in der Stratosphäre vorliegen, schädigen sie die Ozonschicht doch beträchtlich. Gib eine Erklärung.

200	280	320	380 nm
UV-C	UV-B	UV-A	sichtbares Licht

Wellenlänge nimmt zu →

← Energie nimmt zu

B9 UV-Strahlung

3. März 2004. In Australien geht jetzt der Sommer zu Ende. Wenn es in Europa Frühling wird, kommt in „Down under" der Herbst. In diesem Sommer hat die Regierung eine neue Kampagne zur Bekämpfung der Volkskrankheit Nr. 1, des Hautkrebses, gestartet: „Slip, Slap, Slop". Dies bedeutet: Den Kopf bedecken, lange Hosen und lange Ärmel tragen und sich eincremen.

Australische Eltern werden seit Langem aufgefordert, ihre Kinder im Sommer nur noch 10 bis 15 Minuten am Tag ins Freie zu lassen. Wer ohne Kopfbedeckung in die Schule kommt, muss die Pausen im Klassenzimmer verbringen. Ursache dieser für Europäer noch unvorstellbaren Maßnahmen ist das „Ozonloch" – die dünner gewordene Ozonschicht, die uns vor UV-Strahlen der Sonne schützt …

B6 Eine Meldung aus Australien

2.13 Vom Ethen zum Polyethen

Name	Polyethen (PE)	Polyvinylchlorid (PVC)	Polytetrafluorethen (PTFE)	Polystyrol (PS)	Polypropen (PP)	Polyacrylnitril (PAN)	Polymethylmethacrylat (PMMA)
Monomer	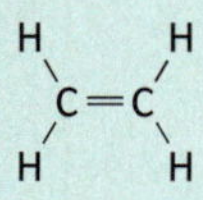 Ethen	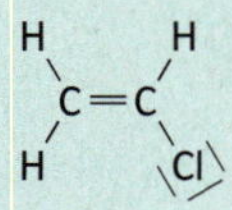 Vinylchlorid	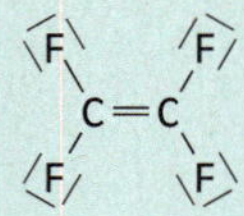 Tetrafluorethen	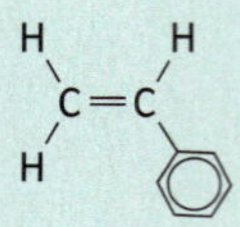 Styrol	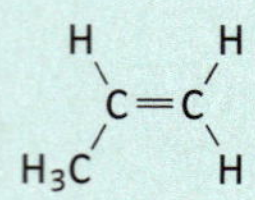 Propen	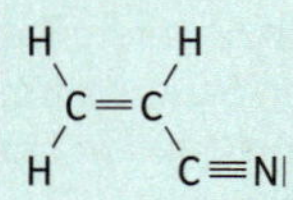 Acrylnitril	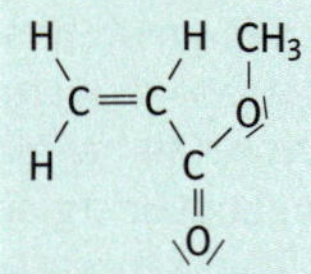 Methacrylsäuremethylester
Verwendungsbeispiele	Tragetaschen Eimer Mülltonnen	Bodenbeläge Rohre Schläuche Schallplatten	Rohre Dichtungen Pfannenauskleidungen	Verpackungen Vorratsdosen Isoliermaterial	Dichtungen Batteriekästen Schalen	Synthesefasern	Sonnenbrillen Lichtkuppeln Uhrgläser

B1 Einige wichtige Kunststoffe und ihre Verwendung. Die jeweiligen Monomere leiten sich von Ethen ab, wobei die Wasserstoffatome des Ethenmoleküls ganz oder teilweise ersetzt sind

Monomer von griech. monos, eins und griech. meros, Teil

Polymer von griech. poly, viel und griech. meros, Teil

Plastiktüten, Gefrierbeutel, Eimer, Wäschekörbe, Getränkekisten, Mülltonnen, Rohre usw. bestehen häufig aus **Polyethen**. Polyethen, in Alltag und Technik meist *Polyethylen* genannt, wird aus Ethen (Kap. 1.1) gewonnen. Warum kann aus Ethen Polyethen hergestellt werden?

Polyethen – ein Polymer. Ethenmoleküle können aufgrund ihrer Doppelbindung mit anderen Molekülen eine Additionsreaktion (Kap. 1.11) eingehen. Ethenmoleküle können sich aber auch z. B. unter dem Einfluss eines Katalysators zu **Makromolekülen** (von griech. makros, groß) vereinigen [B3]. Man spricht dann von **Polymerisation**.

Dies ist ein Beispiel für die Bildung von Riesenmolekülen aus kleinen Molekülen. Die kleinen Moleküle heißen **Monomere**, die Makromoleküle dementsprechend **Polymere**.

Eine ganze Reihe von Kunststoffen können aus Ethenabkömmlingen hergestellt werden [B1].
Bei der Bildung von Kunststoffen werden aus vielen Monomermolekülen lange Polymerketten gebildet. Durch den Einsatz geeigneter Monomere können aber die Ketten auch untereinander vernetzt werden, dies erklärt die Vielfalt und die besonderen Eigenschaften der Kunststoffe.

B2 Eimer aus Polyethen

Kunststoffe bestehen aus Polymeren. Polymere sind Makromoleküle. Sie können aus vielen Monomeren gebildet werden.

Die Moleküle des Polyethens sind Molekülketten, deren Kettenlängen in weiten Grenzen schwanken. Es können bis zu 200 000 Kohlenstoffatome aneinandergereiht sein.

Für Kunststoffe gibt es eine internationale, nicht auf der Formel beruhende Bezeichnung. Polyethen hat z. B. das Kurzzeichen PE. Diese Kennzeichnung ist für die Sortierung und Verwertung gebrauchter Kunststoffe wichtig.

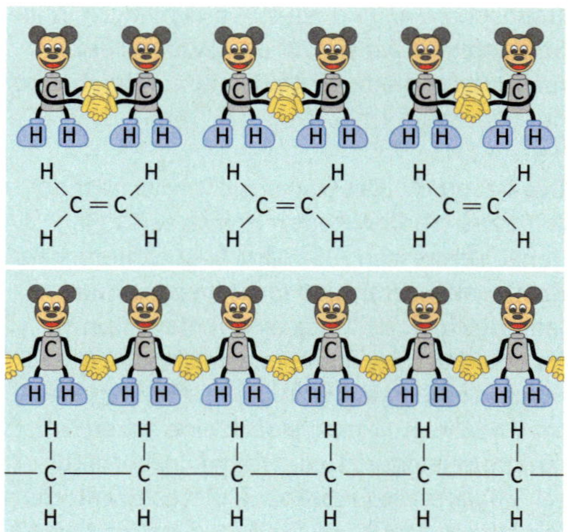

B3 Veranschaulichung der Bildung einer Polyethenkette aus Monomeren

2.14 Durchblick Zusammenfassung und Übung

Erdöl und Erdgas
Gemische, die im Wesentlichen aus Kohlenwasserstoffen bestehen. Der Hauptbestandteil des Erdgases ist Methan.

Fraktionierende Destillation von Rohöl
Die Trennung von Rohöl durch Destillation in Fraktionen heißt fraktionierende Destillation. Die Kohlenwasserstoffe der einzelnen Fraktionen sind Gemische und besitzen ähnliche Siedetemperaturen.

Benzine
Gemische von flüssigen Kohlenwasserstoffen mit einem Siedetemperaturbereich bis ca. 150 °C.

Drei-Wege-Katalysator
Im Drei-Wege-Katalysator reagieren die drei Hauptschadstoffe des Abgases auf drei Wegen: Kohlenwasserstoffe werden oxidiert zu Wasser und Kohlenstoffdioxid, Stickstoffoxide werden reduziert zu Stickstoff, Kohlenstoffmonooxid wird oxidiert zu Kohlenstoffdioxid.

Octanzahl
Die Octanzahl gibt die Klopffestigkeit eines Benzins an. Kohlenwasserstoffe aus verzweigten Molekülen sind klopffester als entsprechende Kohlenwasserstoffe, die aus unverzweigten Molekülen bestehen.

Treibhausgase
Beispiele: Wasserdampf, Kohlenstoffdioxid, Distickstoffoxid, Methan, Ozon.

Treibhauseffekt
Durch Treibhausgase hervorgerufene, zusätzlich zum natürlichen Treibhauseffekt auftretende Erwärmung der Troposphäre. Die Gase speichern die von der Erde abgegebene Wärmestrahlung und geben sie verzögert in den Weltraum ab. Der Temperaturunterschied durch den natürlichen Treibhauseffekt beträgt ca. 33 °C. Durch ihn wird die globale Mitteltemperatur auf z. Zt. ca. 15 °C erhöht. Der anthropogene Treibhauseffekt wird vor allem durch Kohlenstoffdioxid aus der Verbrennung fossiler Energieträger verursacht.

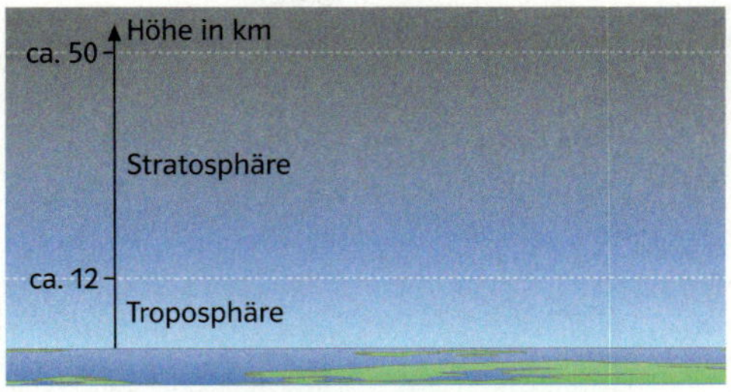

B1 Schichten der Erdatmosphäre, der Lufthülle der Erde

Ozonschicht
Bereich der Stratosphäre, in der mithilfe kurzwelliger UV-Strahlung Sauerstoff zu Ozon reagiert und Ozon zu Sauerstoff zerfällt.
Die Ozonschicht wirkt wie ein Filter für die schädliche UV-Strahlung, die hier absorbiert wird. Durch Chlorfluorkohlenwasserstoffe kann Ozon zerstört werden. Die Folge ist eine Verringerung der Ozonkonzentration in der Ozonschicht. Das geschieht vor allem im antarktischen Frühjahr über dem Südpol. Es entsteht das Ozonloch.

Halogenkohlenwasserstoffe
Unter Halogenkohlenwasserstoffen werden Verbindungen zusammengefasst, deren Moleküle neben Kohlenstoff- und Wasserstoffatomen noch Halogenatome enthalten. Diese Stoffe fanden bzw. finden z. B. als Kühlmittel in Kühlschränken oder als Lösungsmittel für Fette Verwendung.

Kunststoffe
Durch Polymerisationsreaktionen finden sich Monomere (z. B. Ethenmoleküle) zu Polymeren (z. B. Polyethenmoleküle) zusammen. PE wird vor allem als Kunststoff für Tragetaschen oder Eimer eingesetzt.

Elementkreislauf
In einem Elementkreislauf wird ein Element immer wieder durch verschiedene Reaktionen in andere Verbindungen eingebaut. Letztendlich wird auch die ursprüngliche Verbindung wieder gebildet. Der Kreislauf ist geschlossen. Beispielsweise gibt es für die Elemente Kohlenstoff und Stickstoff einen entsprechenden Kreislauf.

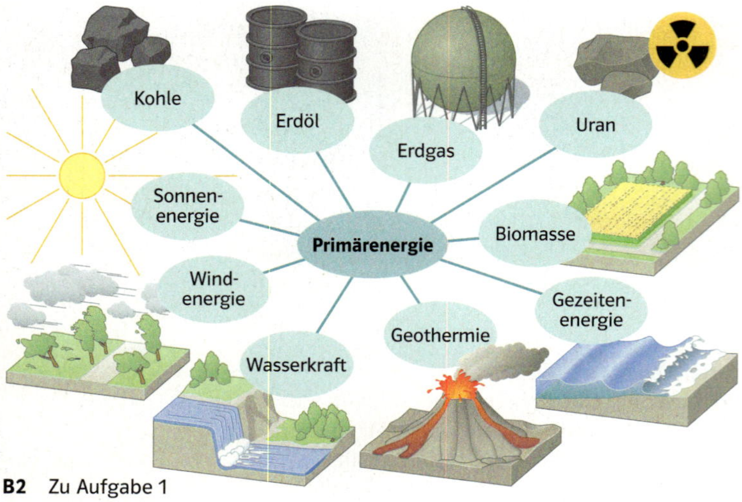

B2 Zu Aufgabe 1

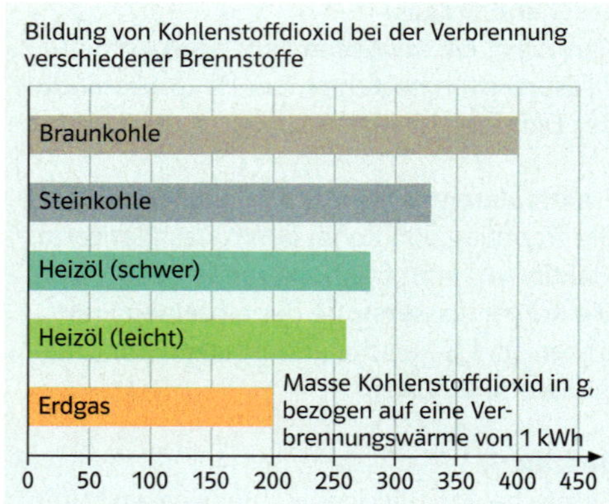

B4 Zu Aufgabe 4

A1 Erstelle Steckbriefe mit Vorzügen und Nachteilen der Energieträger in B2.

A2 Mittlerweile gibt es nicht nur Autos mit Benzin- oder Dieselmotoren, sondern auch noch andere Modelle. Erkundige dich nach den verschiedenen Energiequellen, die es für Autos gibt, und überlege dir dazu Vor- und Nachteile.

A3 Suche nach Möglichkeiten, um in deiner Umwelt den Ausstoß von Treibhausgasen zu verringern!

A4 Es gibt mehrere Gründe dafür, Erdgas als einen weniger schädlichen Brennstoff anzusehen als Heizöl. Trage einige Gründe zusammen und beziehe auch B4 ein.

A5 Interpretiere die in B3 dargestellten Wege der Kohlenstoffverbindungen und ordne ihnen so weit wie möglich chemische Reaktionen zu.

A6 Obwohl die Chlorfluorkohlenwasserstoffe nur in sehr geringen Konzentrationen in der Stratosphäre vorliegen, schädigen sie die Ozonschicht doch beträchtlich. Erkläre!

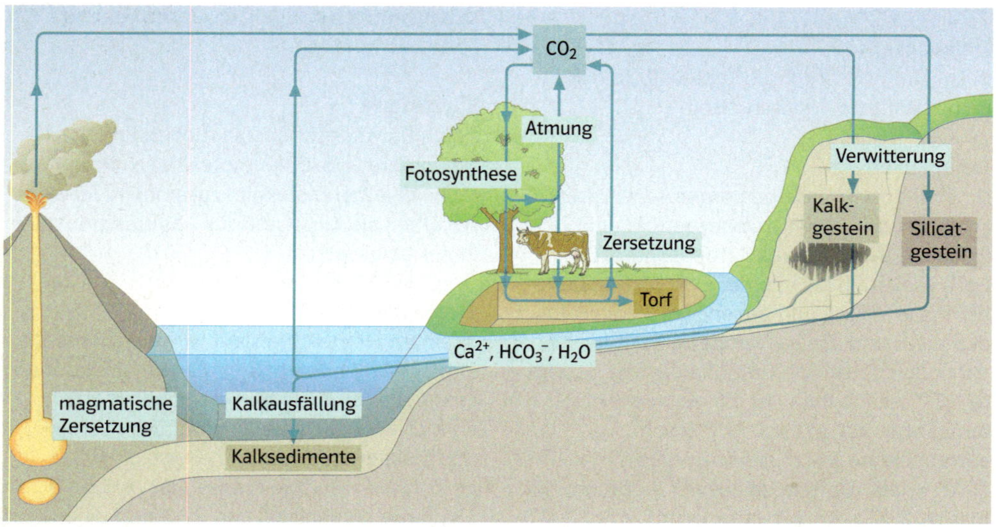

B3 Biologischer und geologischer Kohlenstoffkreislauf

3 Eigenschaften und Reaktionen sauerstoffhaltiger organischer Verbindungen

Viele organische Verbindungen enthalten neben den Elementen Kohlenstoff und Wasserstoff noch Sauerstoff. Zu diesen Verbindungen gehören Alkohole, Aldehyde, Ketone, Carbonsäuren und Ester.

Der bekannteste Alkohol ist der Trinkalkohol, sein chemischer Name lautet Ethanol. Er dient z. B. in Arzneimitteln und Kölnisch Wasser als Lösungsmittel. Für Sorgen und Probleme ist Ethanol allerdings keine gute Lösung.

Der giftige und krebserregende Formaldehyd ist der einfachste Aldehyd. Aus ihm kann ein Kunststoff hergestellt werden, den man zur Produktion von Spanplatten verwendet. Mit geeigneten Messverfahren kann man herausfinden, ob Möbel aus Spanplatten Formaldehyd ausgasen und dadurch vielleicht die Gesundheit der Besitzer gefährden.

Ester sind meist angenehm riechende Flüssigkeiten, die z. B. als Lösungsmittel für Farben und Klebstoffe dienen. Das „Schnüffeln", also das Inhalieren von Lösungsmitteldämpfen, kann zu Rauschzuständen, aber auch zu Bewusstlosigkeit und Tod führen.

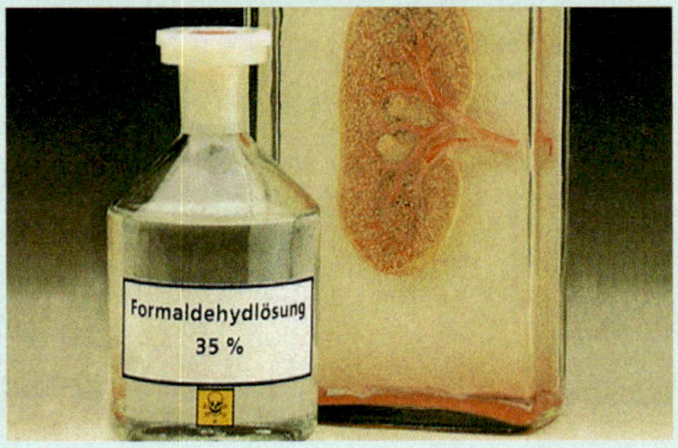

3.1 Alkohole

Name	Formel	Strukturformel
Methanol (Methylalkohol)	CH_3OH	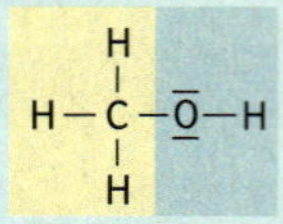
Ethanol (Ethylalkohol)	C_2H_5OH	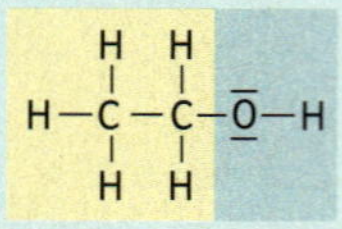
Propan-1-ol (1-Propanol)	C_3H_7OH	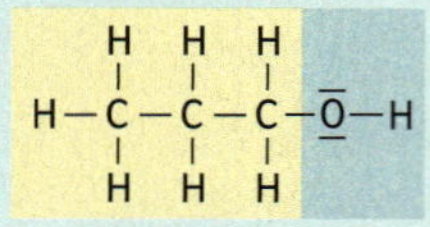
Butan-1-ol (1-Butanol)	C_4H_9OH	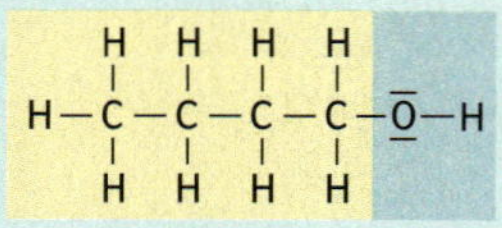

Alkylrest Hydroxylgruppe

B1 Homologe Reihe der Alkanole mit unverzweigtem Alkylrest

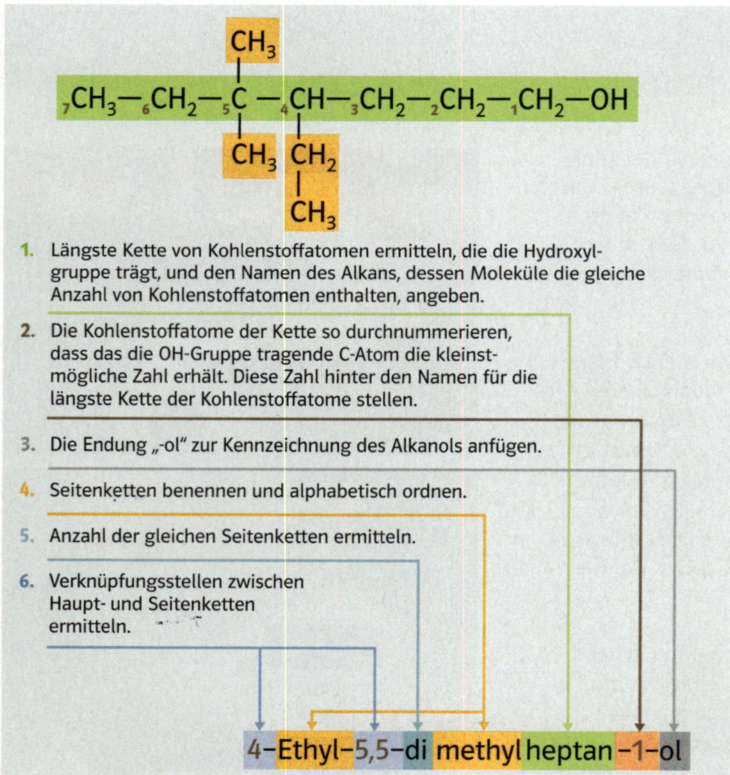

B2 Nomenklaturregeln bei Alkanolen

Schon mit den beiden Elementen Kohlenstoff und Wasserstoff ist der Aufbau einer Vielzahl organischer Verbindungen möglich. Die Variationsmöglichkeiten werden aber durch ein drittes Element (oft Sauerstoff) noch beträchtlich erhöht.

Homologe Reihe der Alkanole. Die bekannteste Verbindungsklasse der sauerstoffhaltigen organischen Verbindungen ist die Gruppe der **Alkohole**. Sie umfasst alle organischen Verbindungen, die im Molekül mindestens eine **Hydroxylgruppe (OH-Gruppe)** an einem gesättigten Kohlenstoffatom (Kohlenstoffatom, von dem nur Einfachbindungen ausgehen) besitzen. Eine wichtige Untergruppe der Alkohole sind die **Alkanole**. Man kann sie formal von den Alkanen ableiten, indem man ein Wasserstoffatom der Alkanmoleküle durch eine Hydroxylgruppe ersetzt [B1]. Die allgemeine Formel der Alkanole lautet $\mathbf{C_nH_{2n+1}OH}$. Sind in einem Molekül mehr als eine Hydroxylgruppe enthalten oder kann der Rest nicht mit $\mathbf{C_nH_{2n+1}}$ beschrieben werden, so wird oft anstatt „Alkanol" der Begriff „Alkohol" verwendet.

Nomenklatur. Die Namen einfacher Alkanole erhält man, indem man an den Namen des zugehörigen Alkans die Endung „-ol" hängt [B1]. Auch kompliziertere Alkanole lassen sich mithilfe von Nomenklaturregeln eindeutig benennen [B2]. Oft findet man noch die ältere Bezeichnungsweise, bei der vor das Wort „Alkohol" der Name des jeweiligen Alkylrestes gestellt wird. Der Ethylalkohol wird meist nur „Alkohol" genannt.

Funktionelle Gruppe. Die Hydroxylgruppe bestimmt bei den Alkoholen nicht nur den Namen der Verbindung, sondern auch weitgehend deren physikalische und chemische Eigenschaften. Sie ist die **funktionelle Gruppe** der Alkohole.

Eine Atomgruppe, die die Eigenschaften einer organischen Verbindung wesentlich bestimmt, bezeichnet man als funktionelle Gruppe. Die funktionelle Gruppe der Alkohole ist die Hydroxylgruppe.

Exkurs Ether – Isomere der Alkohole (1)

Die Moleküle einer unbekannten Verbindung mit der Summenformel C_2H_6O könnten entweder die Struktur H_3C-CH_2-OH oder die Struktur $H_3C-O-CH_3$ aufweisen. Im ersten Fall wäre die Verbindung das altbekannte Ethanol, im zweiten hätten wir den sogenannten Dimethylether vor uns. Der Dimethylether ist der einfachste Vertreter einer weiteren Klasse sauerstoffhaltiger organischer Verbindungen, den **Ethern**. Der bekannteste Ether ist der Diethylether, kurz Ether genannt. Er wurde früher bei der Ethernarkose verwendet. Ether haben die allgemeine Formel $C_nH_{2n+1}OC_mH_{2m+1}$, sie sind Isomere der Alkanole. Das Beispiel der Alkanole und Ether zeigt: Durch die Angabe der funktionellen Gruppen gewinnen die Formeln sauerstoffhaltiger Verbindungen an Eindeutigkeit.

Stellungsisomerie. Bei Alkanolen mit mehr als zwei Kohlenstoffatomen kann aus der Formel nicht mehr eindeutig auf die Molekülstruktur geschlossen werden. So gibt es insgesamt vier Alkoholisomere mit der Formel C_4H_9OH [B3]. Diese unterscheiden sich jeweils in der Stellung der Hydroxylgruppe und im Alkylrest.

Verbindungen, die sich bei gleicher Summenformel nur in der Stellung der funktionellen Gruppe im Molekül unterscheiden, nennt man Stellungsisomere.

Man kann die Alkohole in primäre, sekundäre und tertiäre Alkohole einteilen, je nachdem, ob sich die OH-Gruppe an einem primären, sekundären oder tertiären Kohlenstoffatom befindet (Kap. 1.4).

Mehrwertige Alkohole. Neben den Alkoholen mit *einer* Hydroxylgruppe im Molekül, den sogenannten **einwertigen Alkoholen**, gibt es auch solche, die *mehrere* Hydroxylgruppen aufweisen. Diese **mehrwertigen Alkohole** sind normalerweise nur dann beständig, wenn nicht mehr als *eine* **OH-Gruppe an** *einem* **C-Atom** gebunden ist (ERLENMEYER-Regel).

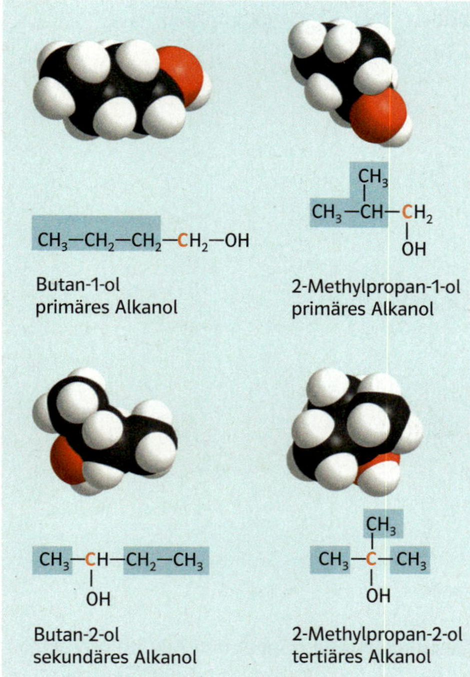

B3 Butanolisomere

Der einfachste *zweiwertige Alkohol* ist das Ethandiol, der einfachste *dreiwertige* das Propantriol [B4].

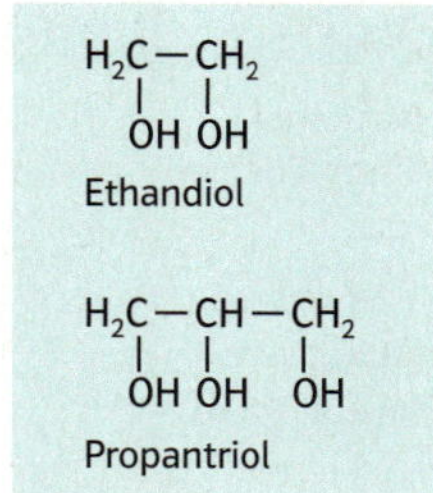

B4 Mehrwertige Alkohole

Hydroxylgruppe

Hydrogenium
Oxygenium

A1 Zeichne alle stabilen Alkoholisomere der Formel $C_4H_8(OH)_2$ und benenne diese.

A2 Benenne die in B5 dargestellten Alkohole und charakterisiere sie mit chemischen Fachbegriffen.

A3 Chloralhydrat ist eines der ältesten synthetisch hergestellten Schlafmittel. Sein systematischer Name lautet 2,2,2-Trichlorethan-1,1-diol. Zeichne die Strukturformel und erläutere kurz, warum das Molekül eine „chemische Ausnahmeerscheinung" darstellt.

A4 Die Verbrennung einer unbekannten organischen Verbindung „X" ergibt pro Molekül „X" zwei Moleküle Kohlenstoffdioxid und drei Moleküle Wasser. Zeichne zwei mögliche Strukturformeln für „X".

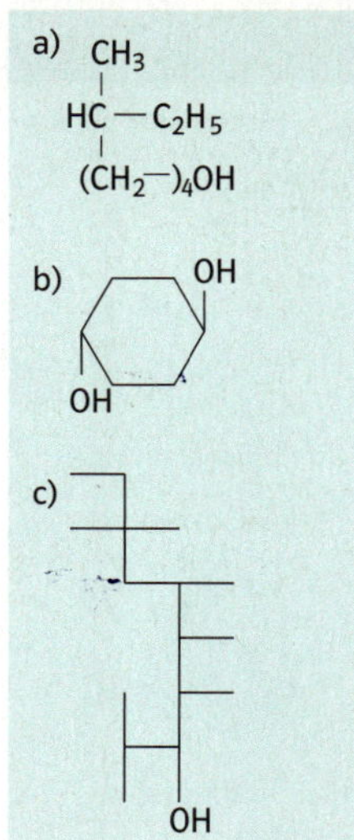

B5 Zu Aufgabe 2

3.2 Aldehyde, Ketone und Carbonsäuren

Name	Formel	Strukturformel
Methanal (Formaldehyd)	HCHO	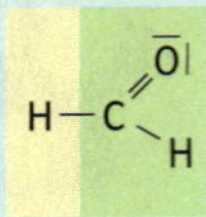
Ethanal (Acetaldehyd)	CH_3CHO	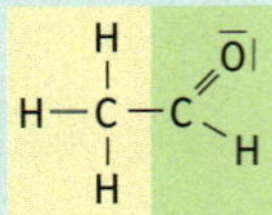
Propanal	C_2H_5CHO	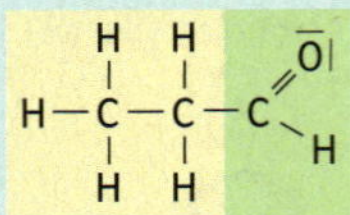
Butanal	C_3H_7CHO	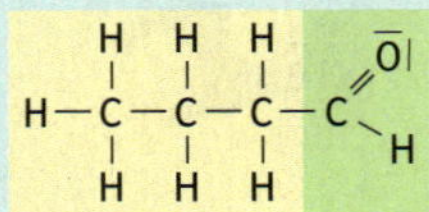

Alkylrest Aldehydgruppe

B1 Homologe Reihe der Alkanale

B2 Justus von Liebig

Carbonylgruppe. Bei einem Alkoholmolekül ist das Sauerstoffatom mit einer *Einfach*bindung an ein Kohlenstoffatom geknüpft. Man kennt allerdings auch sauerstoffhaltige organische Verbindungen, bei denen ein Kohlenstoff- und ein Sauerstoffatom über eine *Doppel*bindung miteinander verbunden sind. Die Atomgruppe aus Kohlenstoffatom und doppelt gebundenem Sauerstoffatom heißt **Carbonylgruppe** [B3].

Homologe Reihe der Alkanale. Beispiele für Verbindungen mit Carbonylgruppe sind die **Aldehyde**. Eine Untergruppe der Aldehyde, die **Alkanale** [B1], kann man von den entsprechenden primären Alkanolen ableiten, welche zwei Wasserstoffatome mehr im Molekül besitzen. Die allgemeine Formel der Alkanale lautet $\mathbf{C_nH_{2n+1}CHO}$.
Erstmals beschrieben wurden Aldehyde im Jahre 1774 von dem schwedischen Chemiker Carl Scheele. Ihren Namen erhielten sie aber erst 1835 von Justus von Liebig [B2]. Dieser stellte aus Alkohol (Ethanol) eine Verbindung her, die im Molekül zwei Wasserstoffatome weniger aufwies als das Alkoholmolekül.

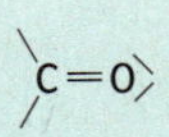

Carbonylgruppe

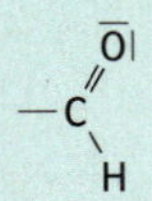

Aldehydgruppe

B3 Funktionelle Gruppen

Aus der Bezeichnung *„Alkohol **dehyd**rogenatus"* („dehydrierter Alkohol") für das Reaktionsprodukt wurde der Begriff **Aldehyd**.

Nomenklatur. Den Namen eines Alkanals bildet man durch Anhängen der Silbe „-al" an den Namen des entsprechenden Kohlenwasserstoffs [B1]. Für die häufiger verwendeten Aldehyde sind Trivialnamen gebräuchlich.

Funktionelle Gruppe. Alle Alkanalmoleküle besitzen die Atomgruppe **CHO**. Dieser als **Aldehydgruppe** (oder Formylgruppe) bezeichnete Molekülbestandteil bestimmt die physikalischen Eigenschaften sowie das Reaktionsverhalten der Aldehyde und ist daher ihre funktionelle Gruppe [B3].

Bei den Alkanalmolekülen ist die Carbonylgruppe mit einem Wasserstoffatom und einem Alkylrest (oder einem weiteren Wasserstoffatom) verbunden.

Homologe Reihe der Alkanone. Die Carbonylgruppe kann nicht nur, so wie bei den Aldehyden, am Ende eines organischen Molekülrestes sitzen, sondern auch zwischen zwei. Derartige Verbindungen nennt man **Ketone**. Handelt es sich bei den beiden organischen Resten um Alkylgruppen, dann hat man **Alkanone** vor sich [B4]. Diese leiten sich von den entsprechenden sekundären Alkanolen ab, welche jeweils zwei Wasserstoffatome mehr im Molekül besitzen. Die allgemeine Formel der Alkanone lautet $\mathbf{C_nH_{2n+1}COC_mH_{2m+1}}$.

Bei den Alkanonmolekülen ist die Carbonylgruppe mit zwei Alkylresten verknüpft.

Nomenklatur. Alkanone benennt man analog zu den sekundären Alkoholen, nur dass man an den Namen des entsprechenden Alkans die Endung „-on" anhängt. Bei Alkanonen mit mehr als vier Kohlenstoffatomen im Molekül ist Stellungsisomerie der Carbonylgruppe möglich.

Homologe Reihe der Alkansäuren. Eine in der Natur weit verbreitete Klasse sauerstoffhaltiger Verbindungen ist die der **Carbonsäuren.** Die für diese Verbindungsklasse typische funktionelle Gruppe ist die **Carboxylgruppe**, die man sich formal aus einer Carbonylgruppe und einer Hydroxylgruppe zusammengesetzt denken kann [B6]. Sitzt die Carboxylgruppe an einem Alkylrest, so spricht man von einer **Alkansäure.** Die allgemeine Formel der Alkansäuren lautet $\mathbf{C_nH_{2n+1}COOH}$.

Alkansäuren sind Verbindungen, deren Moleküle eine Carboxylgruppe besitzen.

Nomenklatur. Den systematischen Namen einer Alkansäure erhält man, wenn man an den Namen des entsprechenden Alkans das Wort „-säure" anhängt. Sehr gebräuchlich sind bei den Carbonsäuren die Trivialnamen, die oft auf das Vorkommen der jeweiligen Säure in der Natur hinweisen [B5]. Alkansäuren mit längerkettigen Molekülen können aus Fetten gewonnen werden (z. B. Palmitinsäure, $C_{15}H_{31}COOH$, aus Palmöl), weshalb man diese Alkansäuren unter dem Begriff **Fettsäuren** zusammenfasst.

A1 Zeichne die Strukturformeln der folgenden Verbindungen:
a) 5,5-Dimethylhexanal
b) 3-Methylpentan-2-on
c) 1,1,1-Tribrompropanon
d) Trichloressigsäure
e) 2,3-Dimethylbutansäure

A2 Zeichne alle Isomere mit der Summenformel $C_5H_{10}O$ und benenne sie.

A3 Benenne die nachfolgend abgebildeten Moleküle.

a)

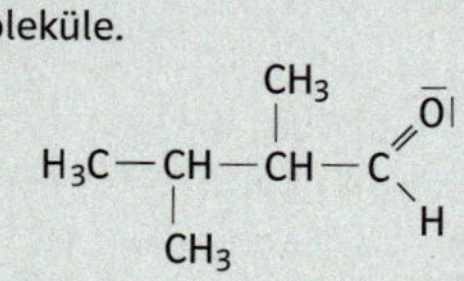

b)

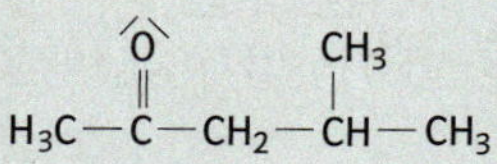

Name	Formel	Strukturformel
Propanon (Aceton)	CH_3COCH_3	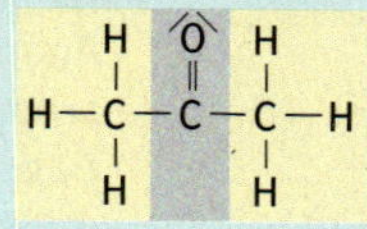
Butanon	$CH_3COC_2H_5$	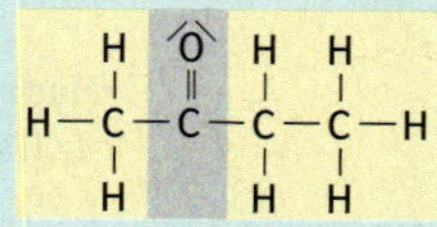
Pentan-2-on	$CH_3COC_3H_7$	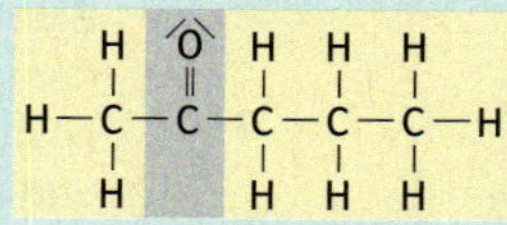
Hexan-2-on	$CH_3COC_4H_9$	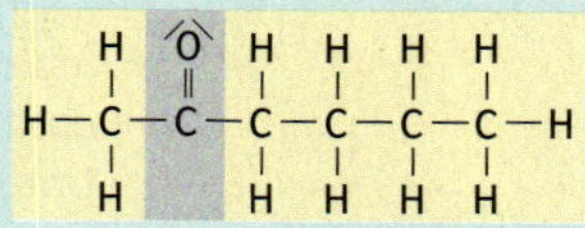

Alkylreste Carbonylgruppe

B4 Homologe Reihe der Alkanone

Name	Formel	Strukturformel
Methansäure (Ameisensäure)	HCOOH	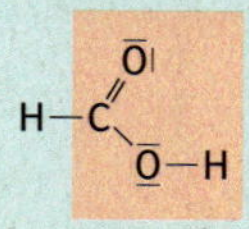
Ethansäure (Essigsäure)	CH_3COOH	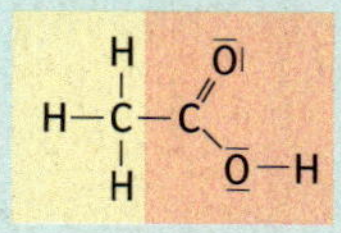
Propansäure (Propionsäure)	C_2H_5COOH	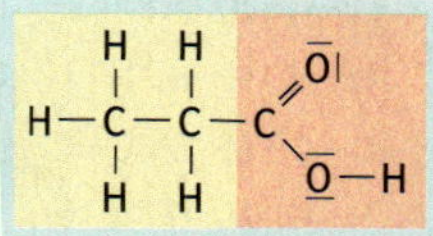
Butansäure (Buttersäure)	C_3H_7COOH	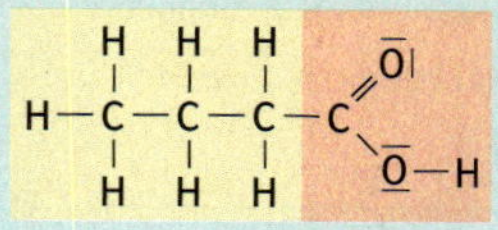

Alkylrest Carboxylgruppe

B5 Homologe Reihe der Alkansäuren

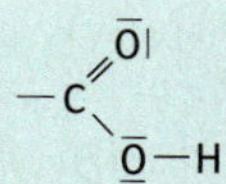

Carboxylgruppe
Carbo Oxygenium

B6 Carboxylgruppe

3.3 Eigenschaften von Alkoholen

Die Eigenschaften von Stoffen stehen in direktem Zusammenhang mit der Struktur und der Anordnung der Teilchen, aus denen die Stoffe aufgebaut sind (Stoff-Teilchen-Konzept, Kap. Basiskonzepte). Wie beeinflusst die Hydroxylgruppe die Stoffeigenschaften der Alkohole?

Hydroxylgruppe und zwischenmolekulare Kräfte. Alkoholmoleküle, z. B. das Ethanolmolekül, besitzen eine *Hydroxylgruppe*. Die Bindung zwischen dem Wasserstoff- und dem Sauerstoffatom ist stark polar, mit einer positiven Teilladung am Wasserstoffatom und einer negativen am Sauerstoffatom. Es liegt ein Dipolmolekül vor. Zwischen Ethanolmolekülen können sich Wasserstoffbrücken ausbilden [B2]. Jedes Ethanolmolekül stellt im Unterschied zu einem Wassermolekül hierbei nur ein Wasserstoffatom zur Verfügung, um eine Wasserstoffbrücke zum Nachbarmolekül auszubilden.
Die zwischenmolekularen Kräfte sind daher insgesamt schwächer als bei Wassermolekülen. Dies wirkt sich sowohl auf die Schmelztemperatur (ϑ_{sm} = −114,5 °C) als auch auf die Siedetemperatur (ϑ_{sd} = 78,4 °C) von Ethanol aus. Beide Werte liegen deutlich tiefer als bei Wasser. Beim Ethanol muss weniger thermische Energie aufgewendet werden, um die zwischenmolekularen Kräfte zu lockern bzw. zu überwinden.

Dagegen sind die Schmelz- und die Siedetemperatur von Ethanol wesentlich höher als die entsprechenden Werte von Stoffen, die aus in der Größe vergleichbaren, aber unpolaren Molekülen aufgebaut sind und wo nur Van-der-Waals-Kräfte wirken (z. B. Propan).

Ethanol als Lösungsmittel. Auch die Tatsache, dass Ethanol in Wasser gut löslich ist [V1], ist auf die polare Hydroxylgruppe zurückzuführen. Zwischen Ethanol- und Wassermolekülen können sich Wasserstoffbrücken ausbilden, was eine gleichmäßige Vermischung der Moleküle begünstigt.
Die Farbflecke mancher Filzstifte lassen sich nur schlecht mit Wasser, aber sehr gut mit Ethanol entfernen. Offenbar hat Ethanol andere Lösungseigenschaften als Wasser.
Versuche zum Lösungsverhalten des Ethanols ergeben, dass es nicht nur in Wasser, sondern auch in Benzin löslich ist [V1]. Dieses Verhalten ist erstaunlich, da Wasser und Benzin sich nicht ineinander lösen.
Benzin ist ein Gemisch aus verschiedenen Kohlenwasserstoffen. Hauptsächlich besteht dieses Gemisch aus Alkanen (Kap. 2.3).
Alkanmoleküle sind unpolar, zwischen ihnen wirken nur Van-der-Waals-Kräfte (Kap. 1.6).
Ein Teil des Ethanolmoleküls, die Ethylgruppe, zeigt dasselbe Bauprinzip wie die Alkanmoleküle. Dieser Molekülteil ist ebenfalls unpolar

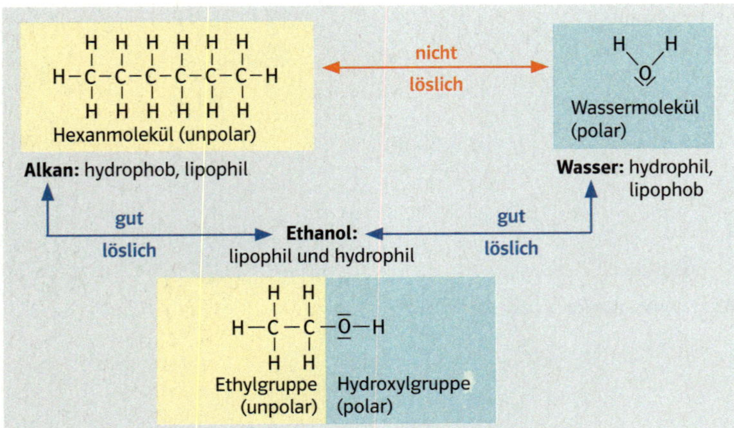

B1 Struktur und Löslichkeit. Ethanol löst sich aufgrund seines Molekülbaus in Wasser und Benzin

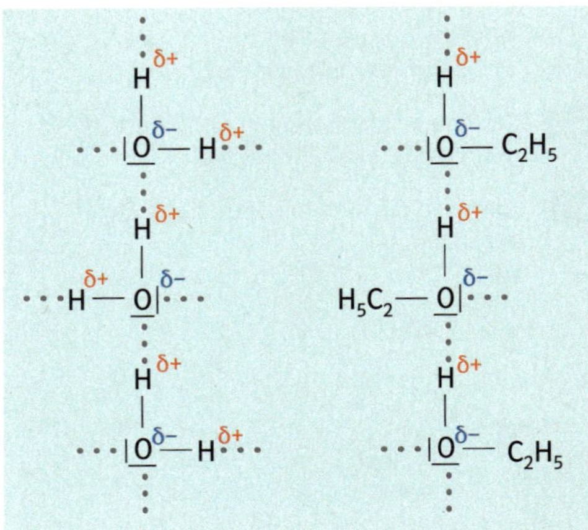

B2 Wasserstoffbrücken zwischen Wassermolekülen (links) und zwischen Ethanolmolekülen (rechts)

und daher verantwortlich für die Löslichkeit von Ethanol in Benzin [B1].
Das Lösungsverhalten von Ethanol wird also bestimmt durch die unterschiedlichen Polaritäten seiner beiden Molekülteile.
Stoffe lösen sich in solchen Lösungsmitteln, deren Moleküle ähnliche Strukturen und damit ähnliche Polarität besitzen wie die Moleküle des zu lösenden Stoffes [B1].
Ethanol kann sowohl hydrophile als auch lipophile Stoffe lösen und ist demnach selbst ein sowohl *hydrophiler* als auch *lipophiler Stoff*.

Verwendung von Ethanol. Ethanol wird in vielen Bereichen als Lösungsmittel verwendet, besonders dann, wenn *zugleich* hydrophile und lipophile Stoffe, z. B. Wirkstoffe in einem Arzneimittel, gelöst werden sollen [B5]. Ein weiterer Vorteil ist, dass solche Lösungen noch bis zu einem bestimmten Grad mit Wasser verdünnbar sind, bevor sich eine Emulsion bildet [V2b].
Außer in der pharmazeutischen Industrie nutzt man dies bei der Herstellung von Kosmetika, wie Rasier-, Gesichts-, Mund- und Duftwasser [B6], sowie in der Lack- und Farbenindustrie. Auch viele Filzstifte und Tinten enthalten Ethanol als Lösungsmittel. Bei der Messung nicht zu hoher Temperaturen ersetzt angefärbtes Ethanol das giftige Quecksilber (ϑ_{sm} = −38,8 °C) als Thermometerfüllung [B4].

Name	Löslichkeit in Wasser	Löslichkeit in Benzin
Methanol	unbegrenzt	unbegrenzt
Ethanol		
Propan-1-ol		
Butan-1-ol	nimmt zu	
Pentan-1-ol		
Hexan-1-ol		
⋮		
Dodecan-1-ol		
⋮		
Hexadecan-1-ol		

B3 Die homologe Reihe der Alkanole. Zusammenhang zwischen Struktur und Eigenschaften

Homologe Reihe und Löslichkeit. Der Einfluss des Alkylrests bzw. der Hydroxylgruppe bestimmt auch das Lösungsverhalten der anderen Alkanole [B3]. Zwischen der polaren OH-Gruppe der Alkanolmoleküle und den Wassermolekülen können sich Wasserstoffbrücken ausbilden. Die ersten drei Glieder der homologen Reihe lösen sich deshalb unbegrenzt in Wasser. Ab Butan-1-ol nimmt die Wasserlöslichkeit immer mehr ab, da der größer werdende unpolare Alkylrest zunehmend das Lösungsverhalten bestimmt [B1]. In Benzin und anderen lipophilen Lösungsmitteln sind alle Alkanole unbegrenzt löslich [V3, B3].

V1 Gib in je ein Reagenzglas etwas Wasser bzw. Benzin, füge etwa die gleiche Menge Ethanol (Brennspiritus) zu und schüttle.

V2 **a)** Gib in ein Reagenzglas zu 1 ml Benzin 1 ml Wasser und schüttle. Füge anschließend portionsweise etwa 20 ml Brennspiritus hinzu.
b) Gib in ein Reagenzglas etwas alkoholischen Anisextrakt und füge tropfenweise Wasser hinzu.

V3 Gib zu einigen Millilitern Wasser bzw. Benzin tropfenweise verschiedene Alkanole und prüfe, ob sich eine Lösung bildet. Interpretiere die Ergebnisse.

A1 Nenne jeweils Eigenschaften des Ethanols, die auf den Einfluss der Hydroxyl- bzw. Ethylgruppe zurückzuführen sind, und begründe die Zuordnung.

A2 Zeichne einige Ethanol- und Wassermoleküle mit den zwischen ihnen auftretenden Wechselwirkungen und erkläre damit die Löslichkeit von Ethanol in Wasser.

A3 Welche Eigenschaften von Ethanol nutzt man bei seiner Verwendung in „Kölnisch Wasser"?

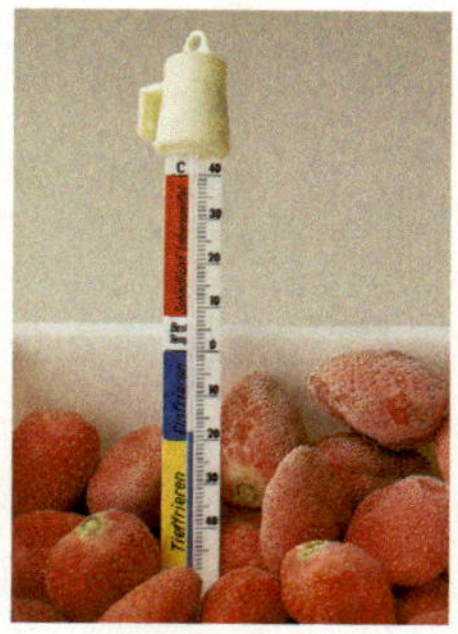

B4 Ethanol als Thermometerfüllung

B5 Alkoholischer Pflanzenextrakt

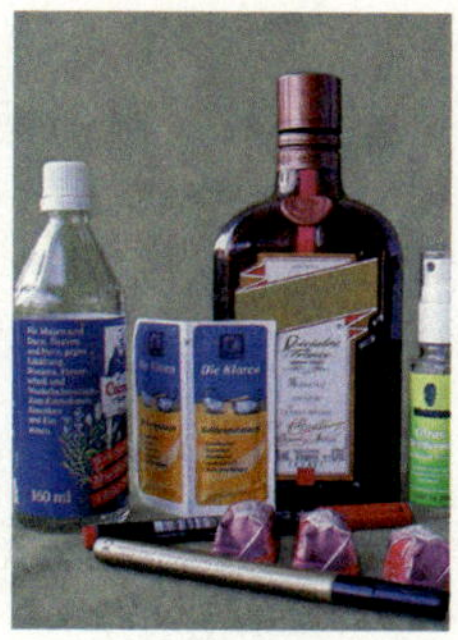

B6 Alltagsprodukte mit Alkoholgehalt

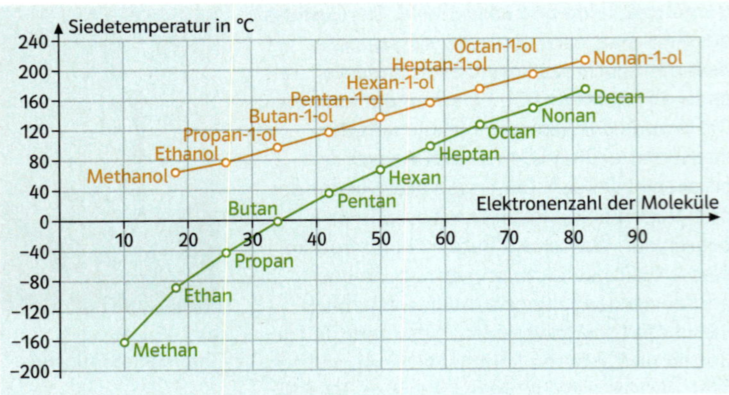

B7 Siedetemperaturen von Alkanolen und Alkanen im Vergleich

Exkurs Ether – Isomere der Alkohole (2)

Besonders deutlich wird der Einfluss der Hydroxylgruppe auf die Siedetemperatur der Alkohole beim Vergleich mit den isomeren Ethern (Kap. 3.1). Die Ethermoleküle enthalten keine an Sauerstoffatome gebundene Wasserstoffatome und können folglich keine Wasserstoffbrücken untereinander ausbilden. Daher sieden die Ether bei deutlich niedrigeren Temperaturen als die entsprechenden Alkohole [B8].
Auch die Löslichkeit der Ether in Wasser ist wesentlich geringer als die der isomeren Alkohole.
Dies zeigt, dass die Eigenschaften eines Stoffes nicht nur durch Art und Anzahl der den Stoff aufbauenden Atome bestimmt werden, sondern auch durch die Anordnung der Atome im Molekül (vgl. Struktur-Eigenschaft-Konzept).

Summenformel	C_2H_6O	$C_4H_{10}O$
Alkoholisomeres	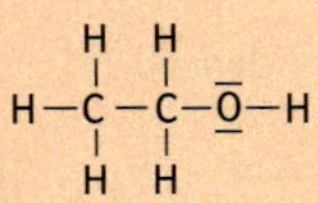	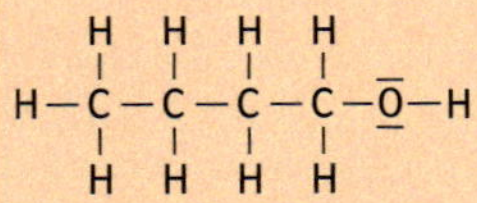
Name (ϑ_{sd})	Ethanol (78,4 °C)	Butan-1-ol (117,5 °C)
Etherisomeres	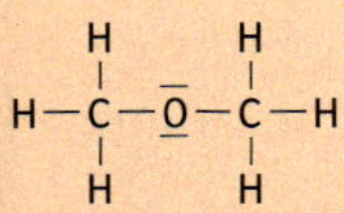	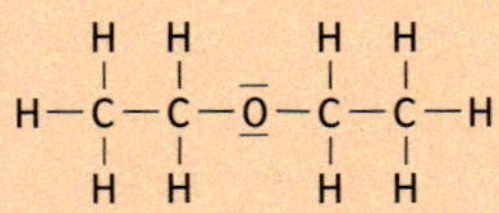
Name (ϑ_{sd})	Dimethylether (−24,9 °C)	Diethylether (34,6 °C)

B8 Siedetemperaturen bei Alkoholen und Ethern gleicher Summenformel

Homologe Reihe und Siedetemperaturen. Innerhalb der homologen Reihe steigen die Siedetemperaturen der Alkanole an [B7, B9], da die Van-der-Waals-Kräfte zwischen den Molekülen mit jeder dazukommenden CH_2-Gruppe etwas größer werden.
Die Siedetemperaturen liegen außerdem wesentlich höher als die Werte von Alkanen mit ähnlicher Kettenlänge und Elektronenanzahl. Dies ist auf die Polarität der OH-Gruppe zurückzuführen, die zur Ausbildung von Wasserstoffbrücken zwischen den Alkanolmolekülen führt.
Mit zunehmender Kettenlänge nähern sich allerdings die Siedetemperaturen von Alkanen und entsprechenden Alkanolen einander an, da die Van-der-Waals-Kräfte zwischen den Alkanmolekülen bzw. Alkylgruppen mit zunehmender Molekülgröße und damit zunehmender Elektronenanzahl immer größer werden. Sie gewinnen gegenüber den Wasserstoffbrücken einen immer größeren Anteil an den zwischenmolekularen Kräften. Das erste bei Zimmertemperatur feste Alkanol ist Dodecan-1-ol.

Homologe Reihe und Viskosität. Die mit der größer werdenden Kettenlänge zunehmenden Van-der-Waals-Kräfte sind auch die Ursache für die im Verlauf der homologen Reihe zunehmende *Zähflüssigkeit* (*Viskosität*) der Alkanole [B9].

Name	ϑ_{sm} in °C	ϑ_{sd} in °C	Viskosität
Methanol	−98	65	nimmt zu
Ethanol	−117	78	
Propan-1-ol	−126	97	
Butan-1-ol	−89	117	
Pentan-1-ol	−79	138	
Hexan-1-ol	−47	157	
⋮ Dodecan-1-ol	26	256	
⋮ Hexadecan-1-ol	50	344	

B9 Die homologe Reihe der Alkanole. Zusammenhang zwischen Struktur und Eigenschaften

Mehrwertige Alkohole. *Ethandiol* (*Glykol*) ist eine dickflüssige, giftige, süß schmeckende Flüssigkeit. Aufgrund der zwei OH-Gruppen im Molekül [B11] herrschen relativ starke zwischenmolekulare Kräfte. Diese verleihen dem Ethandiol im Vergleich zu Ethanol eine deutlich höhere Siedetemperatur (198 °C) und Viskosität [V4]. Wässrige Ethandiollösungen besitzen tiefe Schmelztemperaturen [V5]. Diese Lösungen werden daher zum Enteisen von Flugzeugen eingesetzt [B10] und als Frostschutzmittel in den Kühlern von Kraftfahrzeugen.

Propantriol (*Glycerin*) hat im Molekül drei OH-Gruppen [B11]. Aufgrund der dadurch noch stärkeren Kräfte zwischen den Teilchen ist seine Viskosität im Vergleich zum Ethandiol nochmals größer, und auch seine Siedetemperatur liegt höher (290 °C). Propantriol ist in Benzin nicht, in Wasser dagegen unbegrenzt löslich. Es ist ungiftig und besitzt wie Glykol einen süßen Geschmack. Wegen seiner hygroskopischen Wirkung sorgt es z. B. in Hautcremes, Zahnpasten, Druck- und Stempelfarben für genügend Feuchtigkeit. In Kraftfahrzeugen ist es Hauptbestandteil der Bremsflüssigkeit.

Hexanhexol (*Sorbit*), ein Alkohol mit sechs OH-Gruppen im Molekül, ist ein weißer, süß schmeckender Feststoff. Er kommt in der Natur z. B. in Äpfeln, Birnen, Kirschen und den Beeren der Eberesche [B12] vor. Auch hier ist der süße Geschmack auf viele OH-Gruppen im Molekül zurückzuführen. Wegen dieser OH-Gruppen ist Sorbit wasser-, aber nicht benzinlöslich und hygroskopisch. Es wird als Feucht- und Weichhaltemittel für Back- und Süßwaren eingesetzt. Sorbit findet auch als Zuckeraustauschstoff für Diabetikersüßwaren und in „zuckerfreien" Kaugummis Verwendung. Es besitzt zwar nur die halbe Süßkraft von Haushaltszucker, ist dafür aber nicht kariesfördernd.

Pentanpentol (*Xylit*) ist ähnlich „zahnfreundlich" wie Sorbit. Seine Süßkraft entspricht der von Rohrzucker.
Größere Mengen an Zuckeralkoholen können die Darmschleimhaut reizen und abführend wirken.

Faustregeln. Im Allgemeinen gilt: Je kürzer der Alkylrest und je mehr Hydroxylgruppen im Molekül, desto besser ist die Wasserlöslichkeit eines Alkanols.
Je länger der Alkylrest und je mehr Hydroxylgruppen im Molekül, desto höher sind Schmelz- und Siedetemperatur des Alkanols und desto viskoser ist es auch.

V4 Gib jeweils gleich große Portionen von Propan-1-ol, Ethandiol und Propantriol in Reagenzgläser und vergleiche die Viskositäten durch Schütteln.

V5 Stelle jeweils ein Reagenzglas mit Wasser bzw. einem Wasser-Ethandiol-Gemisch in eine Eis-Kochsalz-Mischung und beobachte.

A4 Deute: **a)** Hexan-1-ol ist eine Flüssigkeit, Hexanhexol dagegen ein Feststoff.
b) Octan-1-ol und Ethandiol besitzen etwa gleiche Siedetemperaturen.

A5 Paraffinöl und Propantriol sind beide farblose, viskose Flüssigkeiten. Durch welchen einfachen Versuch können sie unterschieden werden?

A6 Zeichne die Strukturformeln von Pentanpentol und Hexanhexol.

A7 Die Bremsflüssigkeit von Automobilen sollte regelmäßig gewechselt werden, da sie durch Wasseraufnahme an Wirkung verliert. Warum nimmt Bremsflüssigkeit Wasser auf?

A8 Kommentiere den Satz: „Eine OH-Gruppe zieht drei Kohlenstoffatome ins Wasser."

B10 Enteisung eines Flugzeugs

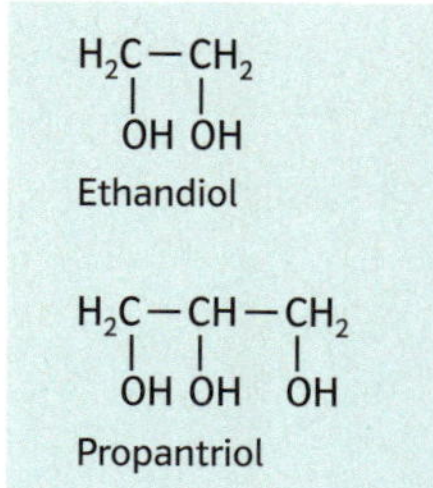

B11 Ethandiol und Propantriol. Halbstrukturformeln

Glykol/Glycerin von griech. glykeros, süß

B12 Beeren der Eberesche (Vogelbeerbaum, *Sorbus aucuparia*)

3.4 Eigenschaften von Aldehyden und Ketonen

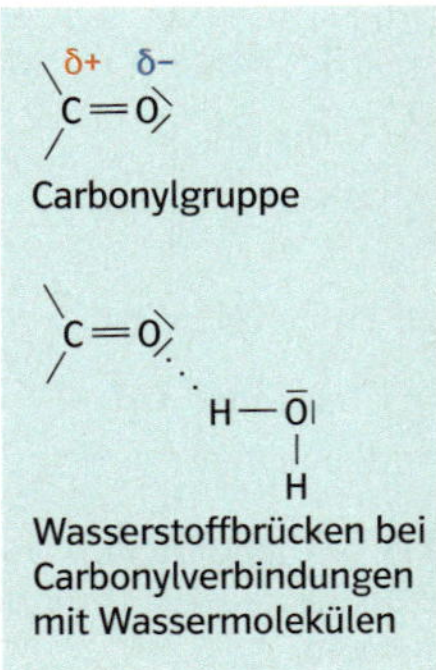

B1 Wasserstoffbrücke zwischen Carbonylgruppe und Wassermolekül

B3 Formaldehydlösung zur Konservierung biologischer Präparate

Methanal (Formaldehyd) HCHO ist ein giftiges, stechend riechendes Gas mit einer Siedetemperatur von −21 °C. Eine wässrige Lösung mit einem Massenanteil von w = 35 bis 40 % wird *Formalin* genannt. Formalin wird u.a. zur Konservierung anatomischer und biologischer Präparate verwendet [B3].

Ethanal (Acetaldehyd) $H_3C—CHO$ ist das zweite Glied der homologen Reihe der Alkanale.
Es stellt eine leicht verdunstende Flüssigkeit mit stechendem, betäubendem Geruch dar, die wegen ihrer Siedetemperatur von 21 °C im Kühlschrank aufbewahrt werden muss.
Ethanal ist ein Zwischenprodukt im Stoffwechsel von Hefezellen, wenn sie Zucker zu Alkohol vergären.
Auch beim Abbau von Alkohol in der Leber des Menschen wird Ethanal gebildet. Es schädigt die Leberzellen und ist wohl Mitverursacher des „Katers".
Wie Methanal steht auch Ethanal im Verdacht, krebserzeugend zu sein.

B2 Aceton als Lösungsmittel

Aceton (Propanon) $H_3C—CO—CH_3$, das einfachste und wichtigste Glied in der Reihe der Alkanone, ist eine charakteristisch riechende Flüssigkeit mit einer Siedetemperatur von 56 °C. Aceton ist in Spuren im menschlichen Harn enthalten, bei Zuckerkrankheit (Diabetes) wird es vom Körper in größeren Mengen ausgeschieden.

Da sowohl hydrophile als auch hydrophobe Stoffe in Propanon löslich sind [V1], ist es in Industrie und Technik ein viel verwendetes Lösungsmittel [V2], vor allem für Lacke, Harze und Klebstoffe.
In Aceton lässt sich das sonst beim Komprimieren explosionsartig zerfallende Ethin (C_2H_2) unter Druck lösen. Auf diese Weise kann man größere Mengen des Gases, in Aceton gelöst, in Stahlflaschen aufbewahren und z. B. in Werkstätten zum Betrieb von Schweiß- und Schneidbrennern verwenden.
Auch in manchen Nagellackentfernern sowie in Abbeizmitteln für Lack- und Ölfarben ist Aceton enthalten.

Eigenschaften der Alkanale und Alkanone.
Die Eigenschaften der beiden Stoffgruppen werden wesentlich durch die Carbonylgruppe bestimmt. Aufgrund der Elektronegativitätsdifferenz zwischen dem Kohlenstoff- und dem Sauerstoffatom ist die Carbonylgruppe stark polar.
Die Siedetemperaturen der niederen Alkanale und Alkanone liegen deutlich über denen der Alkane mit ähnlicher Größe und Elektronenanzahl, sind jedoch niedriger als die Siedetemperaturen der entsprechenden Alkanole.
Dies wird dadurch verständlich, dass zwischen Alkanal- bzw. Alkanonmolekülen zwar Dipolkräfte wirken, jedoch keine Wasserstoffbrücken ausgebildet werden können.
Wassermoleküle sind dagegen durchaus in der Lage, über ihre Wasserstoffatome Wasserstoffbrücken zu den Sauerstoffatomen der Carbonylgruppen auszubilden [B1]. Deshalb sind die ersten Glieder der beiden homologen Reihen in Wasser gut löslich.

V1 Versuche Wasser, Benzin, Ethanol und Fett in Aceton (Propanon) zu lösen.

V2 Gib in ein kleines Becherglas zu wenig Propanon einige Styroporstückchen.

A1 Formuliere die möglichen Strukturformeln zur Summenformel C_3H_6O und benenne die Moleküle.

3.5 Eigenschaften von Carbonsäuren

Ethansäure. Reine 100 %ige Essigsäure ist ein farbloser, ätzend wirkender und stechend riechender Stoff, der bei 118 °C siedet und bei 16 °C erstarrt [B2] und Eisessig genannt wird. Essigsäure weist im Vergleich zu Propan-1-ol (ϑ_{sd} = 97 °C) und Propanal (ϑ_{sd} = 49 °C) eine hohe Siede- und Schmelztemperatur auf, obwohl die Moleküle aller drei Stoffe ähnliche Elektronenanzahlen und Moleküloberflächen haben. Diese hohe Siede- und Schmelztemperatur ist auf die stark polare *Carboxylgruppe* zurückzuführen. Die Carboxylgruppe enthält die polare C=O-Doppelbindung und die ebenfalls polare O—H-Einfachbindung. Zwei Essigsäuremoleküle können sich mittels zweier Wasserstoffbrücken zu einem sogenannten *Essigsäuredimer* zusammenlagern:

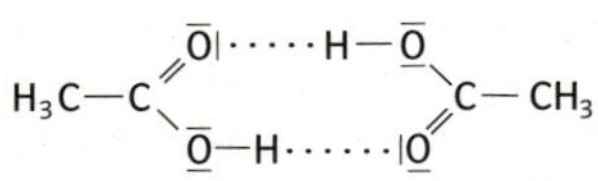

Eigenschaften der Alkansäuren. Die *Löslichkeit* der ersten vier Alkansäuren der homologen Reihe wird v. a. durch die polare Carboxylgruppe der Säuremoleküle bestimmt. Sie ermöglicht die Ausbildung von Wasserstoffbrücken zu anderen geeigneten Molekülen, z. B. Wassermolekülen. Diese Säuren lösen sich in jedem Verhältnis in Wasser.
Bei Zugabe von Wasser findet zusätzlich zum Lösungsvorgang auch eine Protolyse statt, sodass in der Lösung Säureanionen und Oxoniumionen vorliegen (Kap. 3.10).

Alkansäuren, deren Moleküle mehr als vier Kohlenstoffatome enthalten, lösen sich nur schlecht in Wasser. Hier tritt die Wirkung der polaren Carboxylgruppe gegenüber der entlang der homologen Reihe [B1] größer werdenden, unpolaren Alkylgruppe mehr und mehr in den Hintergrund. Diese Alkansäuren sind zunehmend hydrophob. Schon ab der Ethansäure bilden Säuren mit Benzin in jedem Verhältnis eine Lösung; die bei Zimmertemperatur festen Alkansäuren lösen sich bei höherer Temperatur in Benzin.

Die *Siedetemperaturen* der Alkansäuren liegen wegen der polaren Carboxylgruppe deutlich über denen der Alkanole mit Molekülen ähnlicher Elektronenanzahl und Moleküloberfläche. Auch bei den Alkansäuren steigen mit wachsender Anzahl der Kohlenstoffatome ihrer Moleküle die Siedetemperaturen [B1], da die Van-der-Waals-Kräfte entsprechend zunehmen.

Der *Geruch* der Alkansäuren verändert sich vom stechenden Geruch der Methan- und Ethansäure zum widerwärtigen Geruch der Butansäure und der folgenden Säuren. Die bei Zimmertemperatur festen Alkansäuren riechen wegen ihrer geringen Flüchtigkeit kaum.

A1 Warum besitzt Essigsäure eine höhere Siedetemperatur als Ethanol?

A2 **a)** Formuliere allgemeine Regeln zu den Eigenschaften Siedetemperatur und Löslichkeit der Alkansäuren. Gib jeweils kurze Begründungen.
b) In B1 werden die Siedetemperaturen ab der Dodecansäure bei vermindertem Druck angegeben. Erkläre.

Name (Trivialname)	Formel	ϑ_{sm} in °C	ϑ_{sd} in °C
Methansäure (Ameisensäure)	HCOOH	8	100
Ethansäure (Essigsäure)	CH_3COOH	16	118
Propansäure (Propionsäure)	C_2H_5COOH	−22	141
Butansäure (Buttersäure)	C_3H_7COOH	−7	164
⋮			
Dodecansäure (Laurinsäure)	$C_{11}H_{23}COOH$	44	225*
⋮			
Hexadecansäure (Palmitinsäure)	$C_{15}H_{31}COOH$	63	269*
⋮			
Octadecansäure (Stearinsäure)	$C_{17}H_{35}COOH$	69	287*

* bei 133 hPa

B1 Homologe Reihe der Alkansäuren: Zusammenhang zwischen Struktur und Eigenschaften

Dimer von griech. dis, zweimal und griech. meros, Teil

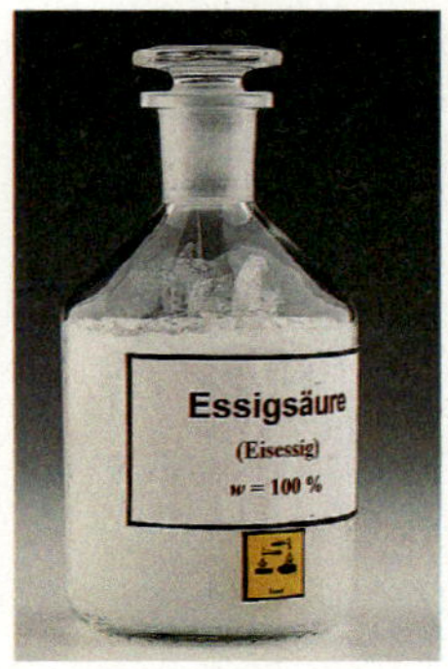

B2 Eisessig. Reine Essigsäure ist unter 16 °C fest

3.6 Reaktionen von Alkoholen

B1 Flambieren

B2 Oxidation von Ethanol durch schwarzes Kupferoxid

Brennbarkeit von Ethanol. Wie fast alle organischen Verbindungen sind auch die Alkanole brennbar. Diese Tatsache hat im Falle des Ethanols große praktische Bedeutung. So kann Ethanol als Treibstoff für Kraftfahrzeuge dienen. Brennspiritus enthält etwa 95 Prozent Alkohol und wird in Spirituskochern, z. B. beim Campen, als Brennstoff eingesetzt [B4]. (Vor einem leichtfertigen Umgang mit Brennspiritus sei an dieser Stelle eindringlich gewarnt! Jedes Jahr ereignen sich schwere Brandunfälle durch unsachgemäßes Hantieren mit Brennspiritus beim Grillen). Ethanol-Wasser-Gemische sind ab einem Alkoholgehalt von 50 Prozent brennbar [V1]. „Hochprozentige" Spirituosen können daher zum Flambieren von Speisen verwendet werden [B1].
Bei der Verbrennung reagiert Ethanol gemäß folgender Gleichung.

$$C_2H_5OH + 3\,O_2 \longrightarrow 2\,CO_2 + 3\,H_2O$$

Partielle Oxidation von Ethanol. Durch geeignete Versuchsbedingungen, z. B. mit Kupfer(II)-oxid als Oxidationsmittel, kann Ethanol auch teilweise oxidiert werden [V2, B2].

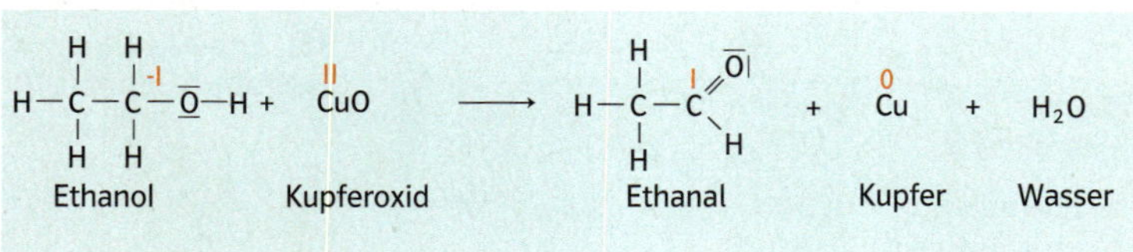

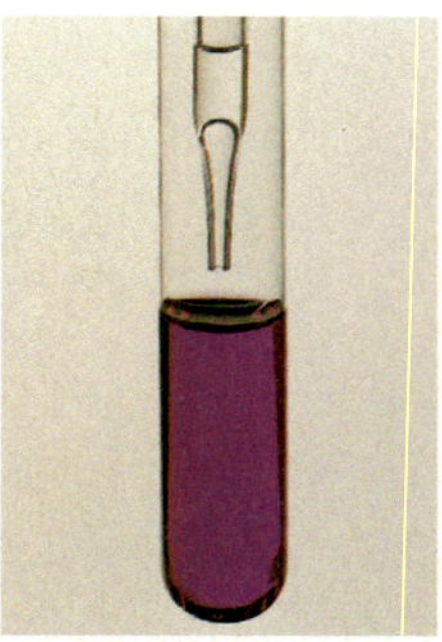

B3 Aldehydnachweis mit Schiff'schem Reagenz

Dass bei dieser *partiellen Oxidation* ein Aldehyd, nämlich das Ethanal, gebildet wird, lässt sich mit dem Schiff'schen Reagenz nachweisen. Die farblose Prüflösung färbt sich bei Zugabe zu einem Aldehyd rotviolett [B3]. Auch mit schwefelsaurer Dichromatlösung kann Ethanol oxidiert werden. Die orangefarbenen Dichromationen ($Cr_2O_7^{2-}$) gehen dabei in grünes Cr^{3+} über [B6]. Dieser Farbwechsel half der Polizei bei der Ermittlung von Alkoholsündern mittels *Alcoteströhrchen*.

V1 Gleichgroße Stoffportionen von Wasser und Ethylalkohol werden gemischt (Volumenkontraktion!). Mit der Lösung tränkt man ein Papiertaschentuch, das man kurz ausdrückt und dann entfaltet über eine horizontal eingespannte Stativstange hängt. Nachdem man alle brennbaren Materialien entfernt und für eine feuerfeste Unterlage gesorgt hat, wird das Taschentuch entzündet. Vorsicht! An der Hand dürfen sich keine Alkoholreste mehr befinden! Raum abdunkeln.

V2 Man formt aus Kupferdrahtnetz eine Rolle und erhitzt diese in der Brennerflamme, bis sie sich mit einer schwarzen Oxidschicht überzogen hat. Diese Rolle wird heiß in ein Reagenzglas mit etwas Ethanol geworfen. Vorsicht, es entstehen brennbare Dämpfe! Brennerflamme löschen! Abzug! Das nun wieder blanke Kupfer wird mit einer Pinzette aus dem Alkohol gezogen. Die Flüssigkeit versetzt man mit einigen Tropfen fuchsinschwefliger Säure (Schiff'sches Reagenz).

V3 ⚠ Ca. 1 g Kaliumdichromat (oder Natriumdichromat, Vorsicht: sehr giftig und kanzerogen) wird in 10 ml verdünnter Schwefelsäure ($w \approx 10\,\%$) gelöst. Jeweils einige Milliliter Butan-1-ol, Butan-2-ol und 2-Methylpropan-2-ol werden tropfenweise mit der schwefelsauren Dichromatlösung versetzt und ggf. leicht erwärmt.

B4 Kochen mit Brennspiritus

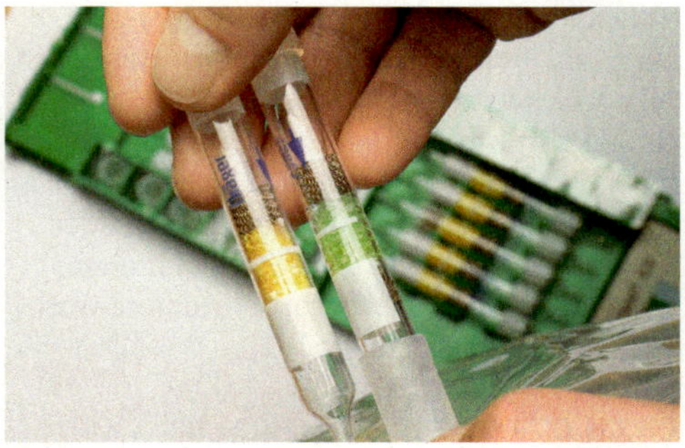

B5 Alcotest

Enthielt die durch das Röhrchen gepustete Atemluft Alkohol, so verfärbte sich das Reagenz entsprechend der Alkoholmenge und ließ so Rückschlüsse auf die Blutalkoholkonzentration zu [B5]. Heute werden zur Bestimmung des Blutalkoholgehalts meist elektronische Messgeräte verwendet. Ein Verfahren zur industriellen Herstellung von Ethanal bedient sich der partiellen Oxidation von Ethanol mit Luft, wobei Silber als Katalysator wirkt.

Unterschiedliche Reaktivität von Butanolisomeren. Mithilfe von schwefelsaurer Dichromatlösung lässt sich Butan-1-ol, ein primärer Alkohol, stufenweise über Butanal zu Butansäure oxidieren [V3, B6].
Auch der sekundäre Alkohol Butan-2-ol reagiert mit dem Oxidationsmittel, das Produkt ist aber Butanon.
Eine entsprechende Oxidation des tertiären Alkohols Methylpropan-2-ol gelingt hingegen nicht, da an das Kohlenstoffatom, das die Hydroxylgruppe trägt, kein Wasserstoffatom gebunden ist. Wenn erhitzt wird, erfolgt zwar eine allmähliche Reaktion des Dichromats mit dem tertiären Alkohol, dabei wird aber dessen Kohlenstoffatomkette aufgebrochen und es entstehen niedermolekulare Sauerstoffverbindungen.

Durch partielle Oxidation können aus primären Alkoholen Aldehyde und aus sekundären Alkoholen Ketone gebildet werden. Aldehyde können zu Carbonsäuren oxidiert werden. Die Oxidation eines tertiären Alkohols ist ohne Zerstörung des Kohlenstoffatomgerüsts nicht möglich.

A1 Brennenden Alkohol kann man mit Wasser vergleichsweise einfach löschen. Brennendes Benzin ist mit Wasser nur schwer zu bekämpfen. Begründe.

A2 Bei Zaubervorstellungen werden manchmal Taschentücher oder Geldscheine angezündet, ohne dass sie verbrennen (vergl. V1). Erkläre diesen Zaubertrick.

A3 Bilde mithilfe der in B6 angegebenen Teilgleichungen die Gesamtgleichungen für folgende Redoxreaktionen. (Oxidationsmittel ist immer schwefelsaure Dichromatlösung).
a) Butan-1-ol reagiert zu Butanal
b) Butanal reagiert zu Butansäure
c) Butan-2-ol reagiert zu Butanon

A4 Wie könnte man folgende Chemikalien gewinnen? Formuliere die entsprechenden Reaktionsgleichungen.
a) Aceton **b)** Essigsäure **c)** Formaldehyd

Oxidation eines primären Alkohols:

$$H_3C-CH_2-CH_2-\overset{-I}{C}H_2OH + 2\,H_2O \longrightarrow H_3C-CH_2-CH_2-\overset{I}{C}HO + 2\,e^- + 2\,H_3O^+$$

Butan-1-ol → Butanal

$$H_3C-CH_2-CH_2-\overset{I}{C}HO + 3\,H_2O \longrightarrow H_3C-CH_2-CH_2-\overset{III}{C}OOH + 2\,e^- + 2\,H_3O^+$$

→ Butansäure

Oxidation eines sekundären Alkohols:

$$H_3C-CH_2-\overset{0}{C}H(OH)-CH_3 + 2\,H_2O \longrightarrow H_3C-CH_2-\overset{II}{C}(=O)-CH_3 + 2\,e^- + 2\,H_3O^+$$

Butan-2-ol → Butanon

Die Oxidation eines **tertiären Alkohols**, wie z. B. Methylpropan-2-ol, ist ohne Zerstörung des Kohlenstoffatomgerüsts nicht möglich.

Reduktion von Dichromatlösung:

$$\overset{VI}{Cr_2}O_7^{2-} + 6\,e^- + 14\,H_3O^+ \longrightarrow 2\,\overset{III}{Cr}^{3+} + 21\,H_2O$$

B6 Teilgleichungen der Redoxreaktionen

3.7 Exkurs Alkohole können Salze bilden

Alkoholatbildung. Gibt man etwas Natrium in Ethanol, so löst sich das Alkalimetall auf [B2, V1]. Dabei entstehen Wasserstoff [B1] und gelöstes Natriumethanolat, ein Salz.

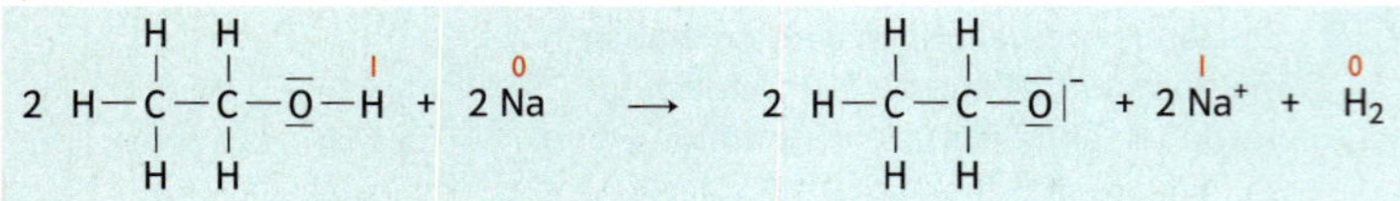

B1 Reaktion von Ethanol mit Natrium

Acidität von lat. acidus, sauer. Maß für die saure Wirkung eines Stoffes; wirkt ein Stoff basisch, so spricht man von Basizität. Beide Wirkungen sind keine absoluten Stoffeigenschaften, sondern hängen von den jeweiligen Reaktionsbedingungen ab

Das Natriumatom gibt bei dieser Reaktion ein Elektron ab (Elektronendonator, Reduktionsmittel), das das positiv polarisierte Wasserstoffatom der Hydroxylgruppe aufnimmt (Elektronenakzeptor, Oxidationsmittel). Das dadurch entstehende „einsame" Wasserstoffatom vereinigt sich sofort mit einem zweiten zu einem H_2-Molekül [B1]. Die Reaktion zeigt, dass ein Alkohol auch als Oxidationsmittel und nicht nur als Reduktionsmittel (Kap. 3.6) wirken kann. Sie erinnert vom Ablauf her an die Reaktion von Natrium mit Wasser, die aber heftiger verläuft, bzw. an die Reaktion verdünnter Säuren mit unedlen Metallen. Immer entsteht Wasserstoff und ein Salz.
Andere Alkohole können ebenfalls Alkoholate bilden [B4].

B2 Natrium reagiert mit Ethanol

Alkohole als schwache Säuren. Das Ethanolmolekül kann kein Proton an das Wassermolekül abgeben. Daher reagiert eine Mischung aus Wasser und Ethanol neutral [V3]. Gegenüber sehr starken Basen, etwa dem Hydridion (H^-), wirken Alkoholmoleküle aber als Brønsted-Säuren (Protonendonatoren) [B3].

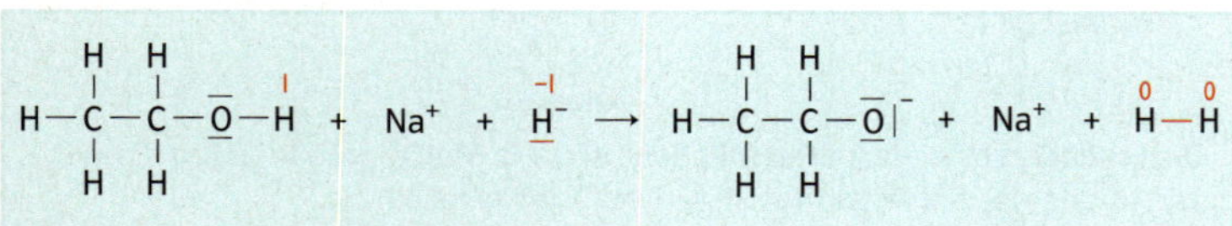

B3 Reaktion von Ethanol mit Natriumhydrid

Alkoholmoleküle haben nur eine geringe Neigung, Protonen abzugeben. Man sagt auch, Alkohole haben eine *niedrige Acidität*. Umgekehrt ist aber die Neigung der Alkoholationen, Protonen aufzunehmen, sehr groß. Man spricht daher von einer *großen Basizität* der Alkoholate. So werden z. B. Ethanolationen von Wassermolekülen sofort protoniert, wobei Hydroxidionen entstehen [V2].

$$\underset{\text{Base}}{CH_3CH_2O^-} + \underset{\text{Säure}}{H_2O} \longrightarrow CH_3CH_2OH + OH^-$$

Alkohole besitzen eine geringe Acidität und Alkoholate eine hohe Basizität. Das korrespondierende Säure-Base-Paar ist R-OH/R-O⁻.

V1 In ein Reagenzglas füllt man etwa 4 cm hoch Ethanol. Mit einer Pinzette oder Tiegelzange gibt man ein etwa erbsengroßes Stück entrindetes Natrium dazu. Das Glas wird rasch mit einem durchbohrten Stopfen, in dem ein Glasrohr mit Rückschlagsicherung steckt, verschlossen. Das Reagenzglas wird recht heiß, daher stellt man es in einen Reagenzglasständer. Man fängt das entstehende Gas auf und führt die Knallgasprobe durch. (Schutzbrille, Schutzscheibe!)

V2 Wenn die Reaktion bei V1 ganz beendet ist, gib wenig Wasser zum Glasinhalt und tropfe dann Phenolphthaleinlösung dazu.

V3 Verdünne etwas Ethanol mit Wasser und prüfe dann mit Universalindikatorpapier den pH-Wert der Lösung.

Name des Ions	Formel
Methanolat	CH_3O^-
Ethanolat	$C_2H_5O^-$
Propanolat	$C_3H_7O^-$
Butanolat	$C_4H_9O^-$
Pentanolat	$C_5H_{11}O^-$

B4 Homologe Reihe der Alkanolationen

3.8 Impulse Lernzirkel: Alkohole

Station 1: Grundlagen
Aufgaben:
a) Welche allgemeine Formel haben die Alkanole?
b) Kennzeichne die funktionelle Gruppe in der Formel.
c) Formuliere die Strukturformeln aller Isomeren mit der Formel C_4H_9OH und benenne sie.
d) Informiere dich im Buch über primäre, sekundäre und tertiäre Alkanole. Kennzeichne die Alkanole von (c) entsprechend.
e) Was besagt die Erlenmeyer-Regel?
f) Formuliere jeweils die Halbstrukturformel eines tertiären und eines Alkohols mit drei OH-Gruppen im Molekül und benenne den jeweiligen Alkohol.
g) Deute die Unterschiede in den Siedetemperaturen anhand der Strukturformeln: Ethanol siedet bei 78 °C, Chlorethan bei 12 °C und Propan bei −42 °C.

Station 2: Eigenschaften und Verwendung von Alkoholen
Aufgaben:
a) Lege eine Tabelle mit den Spalten „Alkohol“, „Eigenschaften“ und „Verwendung“ an.
b) Trage zu folgenden Alkoholen die Eigenschaften und Verwendungen zusammen: Methanol, Ethanol, Propan-2-ol, Ethandiol, Propantriol und Hexanhexol. Gib auch ihre Halbstrukturformeln an.

Station 3: Viskosität
Geräte/Materialien/Chemikalien: 4 Reagenzgläser, Reagenzglasgestell, 4 kleine Stahlkugeln (z. B. aus einem Fahrradtretlager), Stoppuhr, Pinzette, Ethanol, Butan-1-ol, Ethandiol, Propantriol.
Durchführung: Fülle je ein Reagenzglas etwa 10 cm hoch mit den Alkoholen. Die Füllhöhe muss genau gleich sein. Lass dann aus der Höhe der Reagenzglasöffnung eine Stahlkugel in die jeweilige Flüssigkeit fallen und miss die Zeit, bis die Kugel den Boden des Reagenzglases erreicht hat.
Aufgaben:
a) Beschreibe und deute deine Beobachtungen. Gehe dazu auch auf die Anziehungskräfte zwischen den Teilchen ein.
b) Welche Flüssigkeit hat eine größere Viskosität: Butan-1-ol oder Pentan? Schätze ab und begründe.

Station 4: Löslichkeit
Geräte/Materialien/Chemikalien: 10 Reagenzgläser, Reagenzglasgestell, 2 Stopfen, 2 Tropfpipetten (eine für Wasser, eine für Heptan), Ethanol, Propan-1-ol, Pentan-1-ol, Dodecan-1-ol, Heptan, Wasser.
Durchführung:
a) Gib von Heptan und den Alkoholen jeweils einen Fingerbreit in die Reagenzgläser und setze tropfenweise Wasser zu. Schüttle um.
b) Gib von Wasser und den Alkoholen jeweils einen Fingerbreit in die Reagenzgläser und setze tropfenweise Heptan zu. Schüttle um.
Aufgabe: Beschreibe und deute deine Beobachtungen. Ziehe zur Deutung auch die Halbstrukturformeln der Moleküle der eingesetzten Stoffe heran.

Station 5: Ethanol als Treibstoff
Aufgaben:
a) Nenne Vor- und Nachteile der Verwendung von Ethanol als Treibstoff.
b) Erkläre, warum Benzin leichter verdunstet als Ethanol.
c) Formuliere die Reaktionsgleichung für die Verbrennung von Ethanol.
d) Vergleiche die Einsatzmöglichkeiten von Erdgas und Ethanol in ihrer Funktion als Treibstoffe.
e) Ethanol und Zuckerrohr werden als „nachwachsende Rohstoffe“ bezeichnet. Was bedeutet dies? Nenne weitere Beispiele für nachwachsende Rohstoffe und gib ihre jeweilige Verwendung an.
f) Warum verringert der Einsatz von Treibstoffen aus nachwachsenden Rohstoffen die Zunahme der Konzentration des Treibhausgases Kohlenstoffdioxid? Wieso wird in der Gesamtbilanz bei Verwendung von „nachwachsenden Rohstoffen“ als Treibstofflieferant trotzdem mehr Kohlenstoffdioxid freigesetzt, als von den Pflanzen aufgenommen wird?

B1 Zuckerrohr

B2 Zuckerrüben

3.9 Reaktionen von Aldehyden und Ketonen

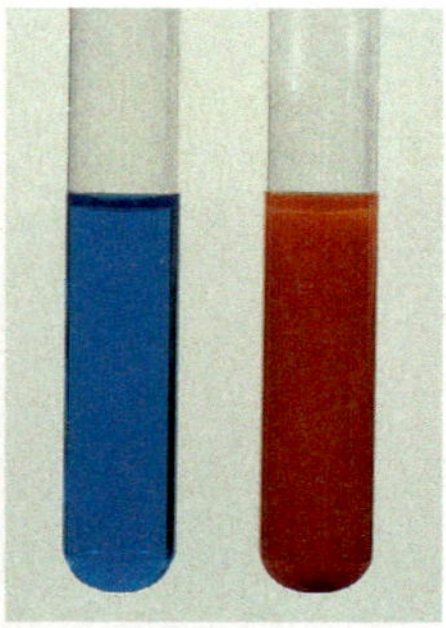

B1 Fehling'sche Probe

Aldehydnachweise. Nicht nur die Hydroxylgruppe der Alkohole kann oxidiert werden, sondern auch die Aldehydgruppe der Aldehyde. Die Reduktionswirkung der Aldehydgruppe macht man sich bei der Unterscheidung von Aldehyden und Ketonen zunutze.

Fehling'sche Probe. Das tiefblaue Fehling'sche Reagenz ist unbeständig, daher wird es für die Nachweisreaktion immer frisch hergestellt [V1]. Die blaue Farbe beruht auf gelösten Cu^{2+}-Ionen. Von Aldehydmolekülen werden diese Kupfer(II)-Ionen in alkalischer Lösung zu rotem, schwerlöslichem Kupfer(I)-oxid reduziert [B1].

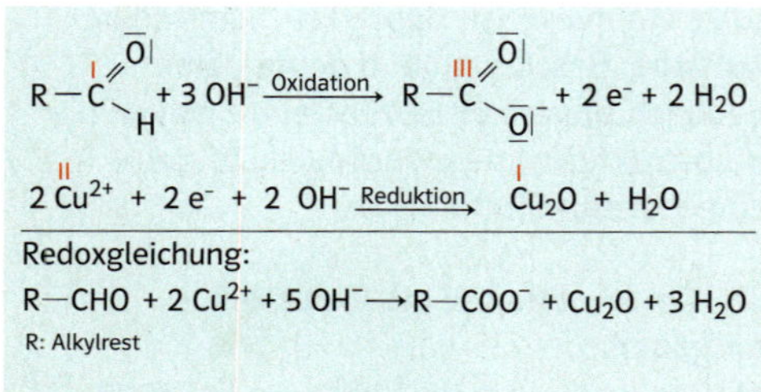

B3 Fehling'sche Probe

Silberspiegelprobe. Auch die ammoniakalische Silbernitratlösung für die Silberspiegelprobe (Tollens'sche Probe) wird immer frisch hergestellt [V2]. Durch Aldehydmoleküle werden die gelösten Silberionen zu metallischem Silber reduziert, das sich am fettfreien Glas des Reaktionsgefäßes niederschlägt [B2].

B2 Silberspiegel

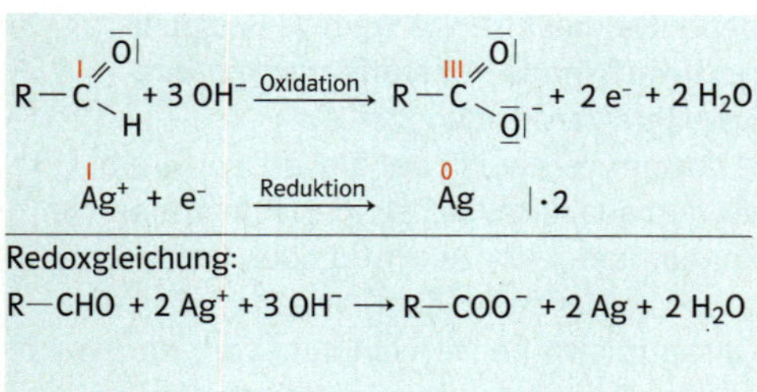

B4 Silberspiegelprobe

Ketone zeigen keine Reduktionswirkung. Daher fällt bei ihnen sowohl die Fehling'sche Probe als auch die Sillberspiegelprobe negativ aus.

Möchte man ein Keton von einem Aldehyd unterscheiden, so kann man die Fehling'sche Probe oder die Silberspiegelprobe durchführen. Beide Nachweisreaktionen verlaufen positiv, wenn ein Aldehyd vorliegt.

V1 In ein Reagenzglas füllt man etwa 5 ml Fehling'sche Lösung I, in ein zweites Glas gibt man das gleiche Volumen Fehling'sche Lösung II. Durch mehrmaliges Hin- und Herschütten werden die beiden Lösungen miteinander vermischt. Die entstandene tiefblaue Lösung verteilt man gleichmäßig auf die beiden Gläser und gibt in das eine einige Tropfen Propanal und in das andere einige Tropfen Aceton. Unter leichtem Schütteln werden die beiden Lösungen kurz aufgekocht. Vorsicht! Abzug! Der Inhalt der beiden Gläser wird verglichen.

V2 Für die Silberspiegelprobe sollte das verwendete Glasgefäß innen völlig fettfrei sein. Reinige daher ein Reagenzglas gründlich mit Aceton oder nimm ein neues Reagenzglas. In das saubere Glas gib etwa 3 cm hoch Silbernitratlösung ($w \approx 2\,\%$). Tropfe dazu unter Schütteln des Glases so lange verdünnte Ammoniaklösung ($w \approx 3\,\%$), bis sich der entstehende Niederschlag gerade wieder aufgelöst hat. Nun gib im Abzug einige Tropfen Propanal dazu. Stelle das Glas dann in ein etwa 40 °C warmes Wasserbad (z. B. Babyflaschenwärmer) und lass es einige Zeit erschütterungsfrei darin stehen. Achtung! Ammoniakalische Silbernitratlösung darf nicht aufbewahrt werden!

Additionsreaktionen an der Carbonylgruppe. Die Carbonylgruppe weist eine Doppelbindung auf. Dies legt den Gedanken nahe, dass Carbonylverbindungen ähnlich wie Alkene (Kap. 1.11) Additionsreaktionen eingehen können. Anders als bei der Kohlenstoff-Kohlenstoff-Doppelbindung im Alkenmolekül sind die bindenden Elektronen der Kohlenstoff-Sauerstoff-Doppelbindung aber zu einem der beiden Bindungspartner hin verschoben, nämlich zum elektronegativeren Sauerstoffatom. Während die hohe Elektronendichte der Alkendoppelbindung den Angriff **elektrophiler Teilchen** („elektronensuchender" Teilchen mit „Elektronenmangel") erleichtert, können an der Carbonylgruppe prinzipiell sowohl Teilchen mit „Elektronenmangel", als auch Teilchen mit „Elektronenüberschuss", sogenannte **Nukleophile**, angreifen [B5].

Nukleophile Addition von Alkoholen. Die Hydroxylgruppe weist am Sauerstoffatom eine negative Partialladung auf (Kap. 3.3). Daher sind Alkoholmoleküle (aber auch Wassermoleküle) schwache Nukleophile, die an Aldehyd- und an Ketonmoleküle angelagert werden können. Säure wirkt dabei als Katalysator.

Bei der Addition eines Alkoholmoleküls an ein Aldehydmolekül nähert sich das negativ polarisierte Sauerstoffatom der Hydroxylgruppe dem positiv polarisierten Kohlenstoffatom der Aldehydgruppe und geht mit diesem eine neue Bindung ein. Dabei wird formal ein Proton von der Hydroxylgruppe abgespalten und am Sauerstoffatom der Carbonylgruppe angelagert [B6 oben].

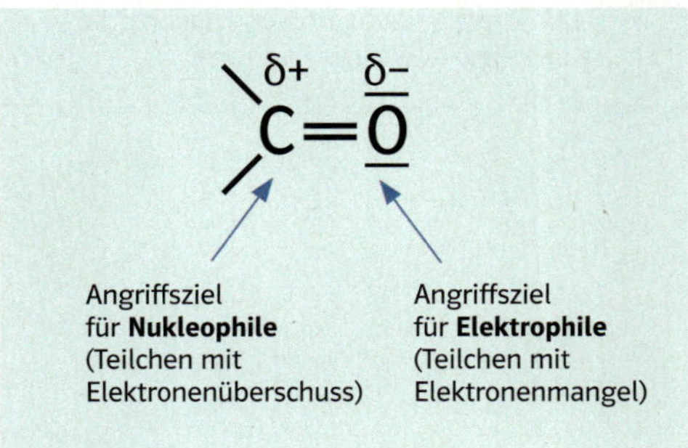

B5 Reaktivität der Carbonylgruppe

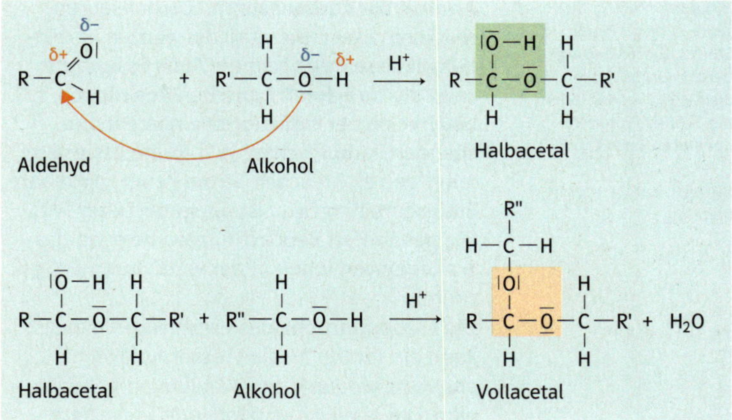

B6 Nukleophile Addition an die Carbonylgruppe (oben)

Das so entstandene **Halbacetal** kann mit einem weiteren Alkoholmolekül zum **Vollacetal** reagieren, wobei Wasser abgespalten wird [B6 unten].

Entsprechend kann ein Keton mit einem Alkohol zum **Halbketal** und dann zum **Vollketal** reagieren.

An die Doppelbindung der Carbonylgruppe können Teilchen mit „Elektronenüberschuss" (z. B. in Form einer negativen Partialladung) angelagert werden. Diese Reaktion bezeichnet man als nukleophile Addition.

A1 Alkansäuren haben im Allgemeinen keine reduzierende Wirkung. Allein bei der Ameisensäure fällt die Silberspiegelprobe positiv aus. Was könnte der Grund für diese „Sonderstellung" der Methansäure sein?

A2 Formuliere die schrittweise Addition von Methanol an Ethanal mit Strukturformeln.

A3 Formuliere die schrittweise Bildung eines Vollketals aus Aceton und Ethanol mit Strukturformeln.

3.10 Reaktionen von Carbonsäuren

Acidität Maß für die saure Wirkung eines Stoffes. Diese Wirkung beruht darauf, dass die Moleküle oder Ionen des Stoffes Protonendonatoren sind (Kap. 3.7)

Acetat von lat. acetum, der Essig

Acidität der Carbonsäuren. Carbonsäuren reagieren sauer. Dies gab der ganzen Verbindungsklasse ihren Namen. Auch Essigsäure zeigt die für Säuren typischen Reaktionen, z. B. bewirkt sie bei Indikatoren einen entsprechenden Farbumschlag [V1]. Reine Essigsäure leitet den elektrischen Strom kaum, verdünnte Essigsäure hingegen ist ein guter Leiter [V2]. Die genannten Beobachtungen belegen das Vorliegen von Ionen in der verdünnten Essigsäure.
Die Carboxylgruppe des Essigsäuremoleküls kann ein Proton an ein Wassermolekül abgeben, wodurch ein Oxoniumion gebildet wird. Das zugleich entstehende Essigsäureanion heißt **Acetation** [B1].

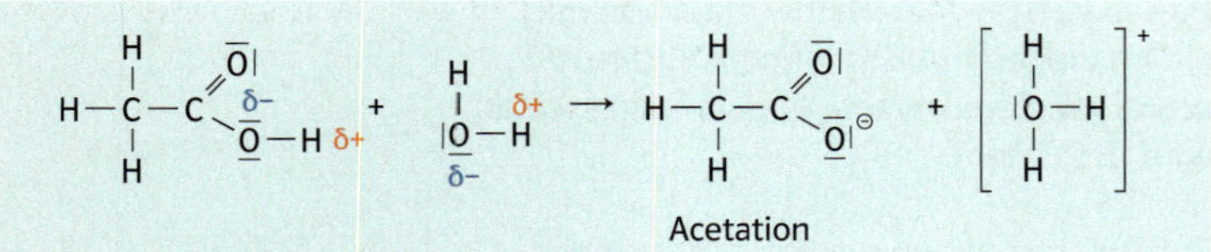

B1 Protolyse von Essigsäure

delokalisiert von lat. (Vorsilbe) de…, weg…, ent…, und lat. locus, Ort, Stelle (also „entortet", nicht zugeordnet)

Formale Ladung Von einer formalen Ladung spricht man dann, wenn in einer Valenzstrichformel rein formal **einem** Atom des Atomverbundes (Molekül oder Molekülion) eine ganze Elementarladung zugeordnet wird, obwohl dies in der Realität so nicht zutrifft. Formale Ladungen sind in den Valenzstrichformeln eingekreist

Die Acidität der Carbonsäuren beruht auf der Fähigkeit der Carboxylgruppe, ein Proton abzugeben.

Acides Wasserstoffatom. Von den vier Wasserstoffatomen im Essigsäuremolekül wird nur das Wasserstoffatom der Carboxylgruppe als Proton abgespalten, denn nur hier liegt eine starke Bindungspolarisierung vor [B1]. Die positive Partialladung dieses Wasserstoffatoms ist nicht allein auf das direkt gebundene Sauerstoffatom zurückzuführen.
Das Sauerstoffatom der Carbonylgruppe zieht die beiden gemeinsamen Elektronenpaare zu sich hin, wodurch das daran gebundene Kohlenstoffatom positiv polarisiert wird. Der „Elektronensog" des Sauerstoffatoms macht aber nicht bei den bindenden Elektronen zum benachbarten Kohlenstoffatom halt, sondern setzt sich, in zunehmender Abschwächung, in den entfernteren Bindungen fort [B3]. Dies führt dazu, dass das Wasserstoffatom der Carboxylgruppe besonders stark polarisiert ist, was seine Ablösung als H^+-Ion erleichtert.

Enthält ein Molekül ein Wasserstoffatom, das leicht als Proton abgespalten werden kann, so wird dieses als **acides Wasserstoffatom** bezeichnet.
Alkoholmoleküle geben das Wasserstoffatom ihrer Hydroxylgruppe nur schwer als Proton ab (Kap. 3.7 ,V3). Ihnen fehlt die Carbonylgruppe und deren elektronenanziehende Wirkung.

V1 Gib etwas verdünnte Essigsäure in ein Reagenzglas und tauche dann Indikatorpapier in die Lösung.

V2 Man gibt im Abzug etwas Eisessig in ein kleines Becherglas und bestimmt die Leitfähigkeit. Nun wird dest. Wasser zur Säure getropft, wobei laufend die Leitfähigkeit gemessen wird. (Die verdünnte Essigsäure kann für weitere Versuche verwendet werden.)

A1 Trichloressigsäure hat die Formel CCl_3COOH. Wie beurteilst du die Acidität dieser Verbindung in Vergleich zu der von Essigsäure bzw. zu der von 2,2-Dimethylpropansäure („Trimethylessigsäure")? Zeichne in die Valenzstrichformeln eines Moleküls der Trichloressigsäure und eines Moleküls der 2,2-Dimethylpropansäure die mutmaßlichen Elektronenverschiebungen ein.

A2 Ameisensäure erhielt man früher durch „trockene Destillation" von Ameisen. Heute gewinnt man Ameisensäure z. B. dadurch, dass man Kohlenstoffmonooxid auf Natriumhydroxid einwirken lässt, wodurch Natriumformiat entsteht. Aus diesem Salz wird die Ameisensäure dann mit Schwefelsäure unter Bildung von Natriumsulfat freigesetzt. Formuliere die entsprechenden Reaktionsgleichungen. Kennzeichne die Säure-Base-Reaktion.

Stabiles Carboxylation. Ein weiterer Grund für die im Vergleich zu den entsprechenden Alkoholen größere Acidität der Carbonsäuren ist die große Stabilität der Carbonsäureanionen.

Die Bestimmung der C—O-Abstände in der Carboxylgruppe bzw. im Carboxylation haben zu verblüffenden Ergebnissen geführt [B4]. Während die C—O-Abstände in der Carboxylgruppe unterschiedlich sind [B4a], sind die beiden C—O-Abstände im Carboxylation gleich groß [B4c]. Ihre Länge liegt ziemlich genau in der Mitte der Längen von C—O-Einfach- und C=O-Doppelbindung. Es scheint fast, als ob zwei „Eineinhalbfachbindungen" vorlägen. Die zeichnerische Darstellung der tatsächlichen Bindungsverhältnisse ist problematisch, da es eigentlich kein Symbol für „halbe Bindungen" gibt [B4c]. Daher werden Carboxylationen in der Regel gemäß Abbildung B4b dargestellt. Es muss aber betont werden, dass diese Abbildung nicht den Realzustand wiedergibt. Sie stellt zum einen zwei unterschiedliche C—O-Bindungen dar und ordnet zum anderen **formal** die negative Ladung alleine dem einfach gebundenen Sauerstoffatom zu. **Real** sind aber beide C—O-Bindungen gleich und das die Ionenladung tragende Elektron ist nicht bei einem bestimmten Sauerstoffatom lokalisiert. Man sagt, das Elektron ist **delokalisiert**, d.h., es lässt sich keinem bestimmten Atom ganz zuordnen. Aufgrund dieser Delokalisierung des Elektrons ist die Ionenladung gleichmäßig auf mehrere Atome verteilt. Diese symmetrische Verteilung der Ladung auf mehrere Atome ist energetisch günstig und stabilisiert das Ion.

Im Vergleich zu den entsprechenden Alkanolen ist die Acidität der Alkansäuren groß, da das Wasserstoffatom der Carboxylgruppe stark polarisiert und das bei der Protolyse entstehende Carboxylation sehr stabil ist.

Acidität und Moleküllänge. Die Acidität der Carbonsäuren nimmt mit wachsender Länge des Moleküls ab [B2]. Dies liegt daran, dass der Alkylrest Elektronen in die Carboxylgruppe „schiebt" [B3], und dadurch der Polarisierung des aciden Wasserstoffatoms durch die Carbonylgruppe entgegenwirkt.
So reagiert bereits eine Suspension von Laurinsäure ($C_{11}H_{23}COOH$) in Wasser nahezu neutral. Auch nimmt die Löslichkeit der Alkansäuren mit längerwerdendem hydrophoben Alkylrest immer mehr ab (Kap. 3.5).

Benennung der Alkansäureanionen. Den systematischen Namen eines Alkansäureanions erhält man, wenn man beim systematischen Namen der entsprechenden Alkansäure „-säure" durch die Endung „-oat" ersetzt. Auch von den Trivialnamen der Säuren abgeleitete Bezeichnungen sind gebräuchlich [B2].

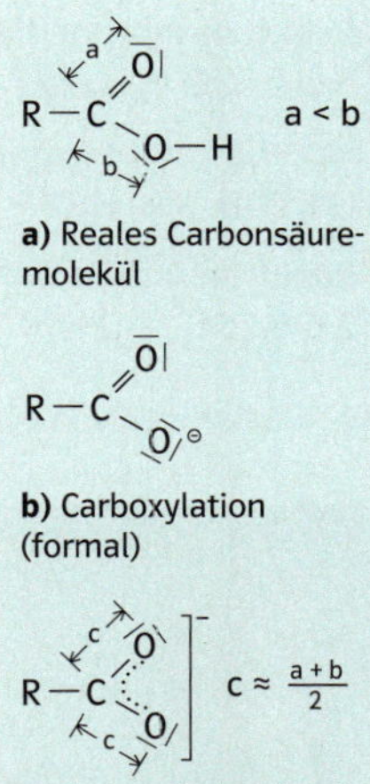

a) Reales Carbonsäuremolekül
b) Carboxylation (formal)
c) Carboxylation (real)

B4 Bindungsabstände

Alkansäure (Trivialname)		Name des Säurerestions	Formel des Säurerestions
Methansäure (Ameisensäure)	Acidität der Säure nimmt ab ↓	Methanoat (Formiat)	$HCOO^-$
Ethansäure (Essigsäure)		Ethanoat (Acetat)	CH_3COO^-
Propansäure (**Propionsäure**)		Propanoat (Propionat)	$CH_3CH_2COO^-$
Butansäure (Buttersäure)		Butanoat (Butyrat)	$CH_3CH_2CH_2COO^-$

B2 Homologe Reihe der Alkansäureanionen

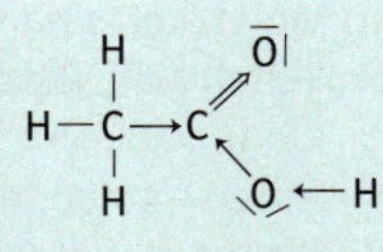

⟶ Richtung der Elektronenverschiebung

B3 Elektronenverschiebung in der Carboxylgruppe

Formiat von lat. formica, die Ameise

Reaktion mit unedlen Metallen:

$$2\ CH_3COO^- + 2\ H_3O^+ + Mg \longrightarrow 2\ CH_3COO^- + Mg^{2+} + H_2 + 2\ H_2O$$

Reaktion mit Laugen:

$$CH_3COO^- + H_3O^+ + Na^+ + OH^- \longrightarrow CH_3COO^- + Na^+ + 2\ H_2O$$

Reaktion mit Carbonaten:

$$2\ CH_3COO^- + 2\ H_3O^+ + CaCO_3 \longrightarrow 2\ CH_3COO^- + Ca^{2+} + 3\ H_2O + CO_2$$

B5 Reaktionen von Essigsäure

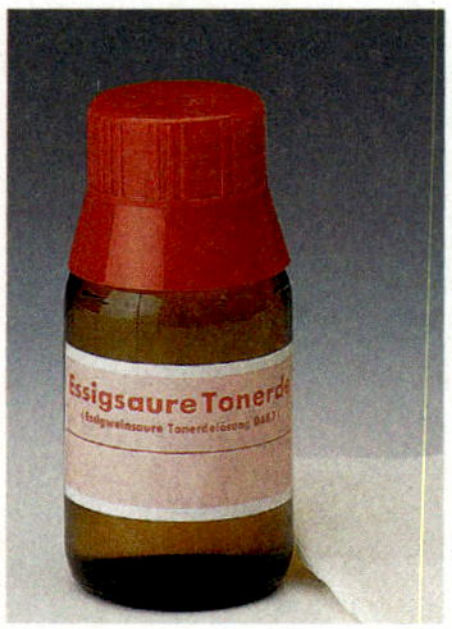

B6 Essigsaure Tonerde

Salzbildung. Analog zu anorganischen Säuren wie Salzsäure können auch die Alkansäuren Salze bilden. Z. B. Essigsäure löst unedle Metalle unter Wasserstoffentwicklung auf [V3, B5 oben], sie neutralisiert Laugen [V4, B5 Mitte] und sie setzt aus Carbonaten Kohlenstoffdioxid frei [V5, B5 unten], wobei immer auch Acetationen zurückbleiben. Der letztgenannten Reaktion bedient man sich, wenn man im Haushalt die Heizspirale eines Tauchsieders mit Essigessenz entkalkt [B8].

Salze der Carbonsäuren. Die Salze der Alkansäuren mit kurzkettigen Molekülen haben im Alltag nur geringe Bedeutung. „Essigsaure Tonerde" [B6] ist eine wässrige Lösung von Aluminiumhydroxiddiacetat, $Al(CH_3COO)_2OH$. Sie wird äußerlich angewendet, wirkt straffend und ist ein mildes Antiseptikum. Diese Kombination aus gewebszusammenziehender und desinfizierender Wirkung begünstigt die Heilung kleiner Verletzungen, wie sie etwa beim Rasieren auftreten können. In der Industrie findet Aluminiumhydroxiddiacetat als Hilfsstoff bei der Färbung von Textilien Verwendung.
Die Natriumsalze mancher Carbonsäuren mit langkettigen Molekülen sind wichtige Bestandteile von Seifen [B7], (Kap. 5.2).

Inhaltsstoffe: Natriumpalmitat, Wasser, Natriumsalze der Fettsäuren des Kokosfetts, Zuckeralkohol, Glycerin, Fettsäuren des Kokosfetts, Phytinsäure, Meersalz

B7 Seifeninhaltsstoffe

Während Carbonsäuren mit langem Alkylrest im Molekül nur schlecht in Wasser löslich sind (Kap. 3.5), sind die entsprechenden Salze oft gut wasserlöslich. Z. B. lösen sich bei 20 °C in einem Liter Wasser nur 0,0072 g Palmitinsäure, aber mehrere Gramm Natriumpalmitat.

Mischungen aus Aluminiumsalzen der *Na*phthensäure und der *Palm*itinsäure mit Benzin wurden während des Vietnamkrieges unter der Bezeichnung *Napalm* in Brandbomben eingesetzt. Brennendes Napalm kann fast nicht gelöscht werden. Es verursacht schwer heilende Brandwunden.

V3 Gib etwas verdünnte Essigsäure in ein Reagenzglas und wirf etwas Magnesiumband dazu. Fange das entstehende Gas in einem über das Reagenzglas gestülpten zweiten Reagenzglas auf und führe die Knallgasprobe durch. Schutzbrille!

V4 Gieße etwas verdünnte Natronlauge in ein Erlenmeyerkölbchen, tropfe Phenolphthaleinlösung dazu und stelle das Glas auf ein weißes Blatt Papier. Nun tropfe unter gelegentlichem Schwenken des Kölbchens langsam verdünnte Essigsäure zur Lauge, bis Entfärbung eintritt.

V5 Zunächst steckst du ein Gärröhrchen in einen durchbohrten Stopfen (etwas Glycerin als Gleitmittel benutzen). Pipettiere dann in das Gärröhrchen etwas frisch hergestelltes Kalkwasser. Nun gib etwas Kalkstein aus einem Wasserkessel (oder Calciumcarbonat) in ein Reagenzglas und gieße Essigessenz dazu. Setze rasch das vorbereitete Gärröhrchen auf das Reagenzglas.

A3 Erstelle die Reaktionsgleichungen für folgende Reaktionen: **a)** Propionsäure reagiert mit Calcium, **b)** Ameisensäure reagiert mit Magnesiumoxid, **c)** Essigsäure reagiert mit Ammoniakwasser. Benenne die Reaktionsprodukte.

B8 Entkalken mit Essigsäure

3.11 Praktikum Sauerstoffhaltige organische Verbindungen

V1 Unterscheidung von Propanol und Propantriol
Geräte, Materialien, Chemikalien: Zwei Reagenzgläser, zwei Stopfen, Reagenzglasständer, zwei Pipetten, Propanol, Glycerin, Kupfersulfatlösung (z. B. Fehling I), verdünnte Natronlauge.
Durchführung: Gieße in ein Reagenzglas etwa 2 cm hoch Propanol, in das andere die gleiche Menge Glycerin. Nun pipettiere in beide Gläser jeweils einige Tropfen Kupfersulfatlösung. Gib jetzt etwas verdünnte Natronlauge in beide Gläser.
Nur in Anwesenheit eines Alkohols mit mindestens zwei benachbarten Hydroxylgruppen im Molekül entsteht eine intensivblaue Lösung. Ansonsten bildet sich ein hellblauer, gallertiger Niederschlag aus Kupferhydroxid.

V2 Unterscheidung von Propanal und Propanon
Geräte, Materialien, Chemikalien: 3 Reagenzgläser, Stopfen, Reagenzglasständer, Pasteurpipette, kleiner Spatel, Fuchsin, verdünnte schweflige Säure (alternativ: Natriumhydrogensulfit), Propanal, Aceton.
Durchführung:
a) Bereitung von Schiff'schem Reagenz. Gib in ein Reagenzglas einige Kriställchen Fuchsin. Fülle das Reagenzglas zur Hälfte mit dest. Wasser, setze einen Stopfen auf und bringe das Fuchsin durch Schütteln in Lösung. Nun pipettiere so lange verdünnte schweflige Säure zur Fuchsinlösung, bis die rote Farbe der Lösung ganz verschwunden ist. (Sollte keine schweflige Säure vorrätig sein, so kann ersatzweise eine konzentrierte Natriumhydrogensulfitlösung verwendet werden. Damit gelingt allerdings nicht immer eine vollständige Entfärbung).
Die so gewonnene farblose Lösung nennt man „fuchsinschweflige Säure" oder „Schiff'sches Reagenz". Verwende sie für die nächsten Versuche.
b) Nachweis von Aldehyden
Gib in jeweils ein Reagenzglas etwas Aceton bzw. Propanal. Tropfe etwas Schiff'sches Reagenz zu den beiden farblosen Flüssigkeiten.

V3 Partielle Oxidation von Ethanol mit schwarzem Kupferoxid
Geräte, Materialien, Chemikalien: Schwerschmelzendes Reagenzglas, Reagenzglashalter, Reagenzglasständer, durchbohrter Gummistopfen, Gärröhrchen, Spatel, zwei Pipetten, Bunsenbrenner, Schutzbrille, Kupfer(II)-oxid, Schiff'sches Reagenz (z. B. aus V2), Ethanol, Glycerin.
Durchführung: Gib einen Spatel Kupfer(II)-oxid in ein trockenes Reagenzglas. Setze zwei bis drei Tropfen Ethanol zu, sodass das Kupferoxid gut durchfeuchtet ist. Nun schiebe das Gärröhrchen in den durchbohrten Gummistopfen (verwende etwas Glycerin als Gleitmittel) und verschließe damit das Reagenzglas. In das Gärröhrchen kommt nun noch etwas Schiff'sches Reagenz. Das Reagenzglas wird langsam erhitzt, bis die Reaktion einsetzt. Reagenzglashalter benützen! Schutzbrille! Stelle das Reagenzglas zum Abkühlen in den Reagenzglasständer. Schwermetallabfälle getrennt sammeln!

V4 Neutralisation von Essigsäure
Geräte, Materialien, Chemikalien: Zwei Reagenzgläser, Reagenzglasständer, Erlenmeyerkölbchen, weißes Papier, Pipette, Spatel, verdünnte Natronlauge, verdünnte Essigsäure, Phenolphthaleinlösung, destilliertes Wasser, Eisen(III)-chlorid, Natriumacetat.
Durchführung:
a) Neutralisation von Natronlauge
Gib etwas verdünnte Natronlauge in ein Erlenmeyerkölbchen und setze Phenolphthaleinlösung zu. Stelle das Kölbchen auf weißes Papier und pipettiere unter gelegentlichem Schwenken des Kölbchens so lange verdünnte Essigsäure zu, bis der Indikator gerade entfärbt ist.
b) Prüfung auf Acetationen
Löse nun etwas Eisen(III)-chlorid in destilliertem Wasser und tropfe diese Lösung in das Kölbchen. Mache eine Blindprobe mit frisch hergestellter Natriumacetatlösung.

B1 HUGO SCHIFF (1834-1915). Deutscher Chemiker. Studierte zunächst in Göttingen bei FRIEDRICH WÖHLER und ging dann an die Universität von Florenz, wo er 1879 das chemische Institut gründete

3.12 Veresterung und Esterspaltung

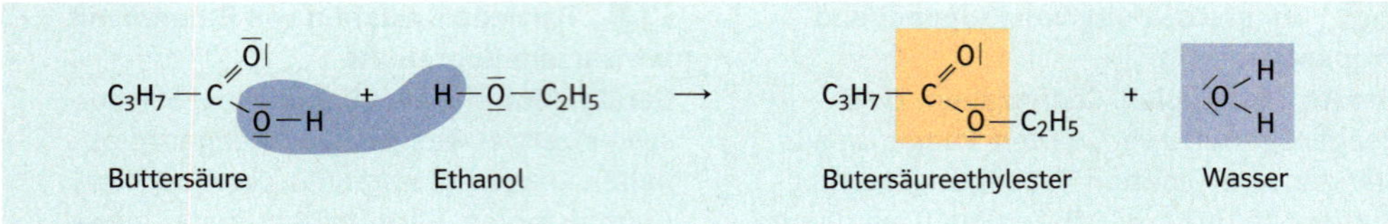

B1 Beispiel einer Veresterung

Kondensation von lat. condensatio, die Verdichtung

Aroma von griech. aroma, das Gewürz

Veresterung. Wenn man die übel riechende Buttersäure mit Ethanol umsetzt, wobei konzentrierte Schwefelsäure als Katalysator wirkt, dann erhält man eine Verbindung mit intensivem Fruchtaroma [V1].
Analog dazu können auch andere Carbonsäuren mit anderen Alkoholen zur Reaktion gebracht werden. Bei diesem als **Veresterung** bezeichneten Reaktionstyp vereinigen sich Carbonsäure- und Alkoholmolekül unter Abspaltung eines Wassermoleküls zu einem Vertreter einer neuen Verbindungsklasse, einem **Estermolekül** [B1].

Das allgemeine Reaktionsschema lautet:

Carbonsäure + Alkohol ⟶ Ester + Wasser

Die funktionelle Gruppe der Ester ist die Estergruppe.

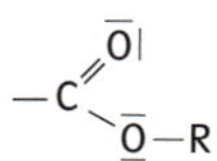

Der Name eines Esters setzt sich wie folgt zusammen:

Name der Säure + Name des Alkylrests des Alkohols + Endung „ester“

Der aus Buttersäure und Ethanol entstehende Ester heißt also Buttersäureethylester oder Butansäureethylester.
Er und eine Reihe weiterer Ester kommen in Früchten als natürliche Geschmacks- und Aromastoffe vor [B2]. Diese Stoffe können aber auch künstlich hergestellt werden, man nennt sie dann *naturidentische Aromastoffe*. Sie sind Bestandteile von Lebensmitteln, Süßigkeiten und Parfüms.

Kondensationsreaktionen. In der organischen Chemie stößt man öfter auf Reaktionen, bei denen sich kleinere Moleküle zu größeren vereinigen, wobei gleichzeitig kleine Moleküle, z. B. Wassermoleküle, abgespalten werden. Für eine derartige Reaktion hat man den Fachbegriff **Kondensationsreaktion** geprägt. Die Veresterung ist ein Beispiel für eine Kondensationsreaktion.

Bei einer Kondensationsreaktion vereinigen sich Moleküle unter Abspaltung von Wassermolekülen (oder anderen kleinen Molekülen) zu einem größeren Molekül.

A1 Formuliere die Bildung von Ethansäureethylester mit Strukturformeln. Benenne die Ausgangsstoffe.

A2 Eine Verbindung hat die Summenformel $C_3H_6O_2$. Um welches Molekül könnte es sich handeln? Zeichne für jeden Vorschlag die Strukturformel.

A3 Drei farblose Flüssigkeiten zeigen bei Normdruck folgende Siedetemperaturen: 54 °C, 97 °C, 141 °C. Bei den Flüssigkeiten handelt es sich um Propan-1-ol, Propansäure und Ameisensäureethylester. Ordne den drei Stoffen jeweils die richtige Siedetemperatur zu und begründe deine Zuordnung.

A4 Auch mit mehrwertigen Alkoholen (Kap. 3.3) ist eine Esterbildung möglich. Erstelle die Reaktionsgleichung für die Reaktion von Ethandiol mit Ethansäure zum Diester. Verwende Strukturformeln.

B2 Ester als Aromastoffe

V1 Zu Beginn des Versuchs lässt man die Schüler an einer verschlossenen (!) Flasche mit Buttersäure riechen.
Im Abzug füllt man dann etwa 3 cm hoch Ethanol in ein großes Reagenzglas und pipettiert Buttersäure gleichen Volumens dazu. Die Pipette wird sofort in ein Glas mit verdünnter Natronlauge gestellt. Mit einer frischen Pasteurpipette gibt man noch etwa 3 ml konzentrierte Schwefelsäure ins Reagenzglas und verschließt es dann mit einem durchbohrten Gummistopfen, in dem ein Gärröhrchen steckt. Das Gärröhrchen hat man zuvor mit etwas verdünnter Natronlauge versehen.
Nun kann außerhalb des Abzugs weitergearbeitet werden. Man zeigt das homogene Gemisch. Mit der Brennerflamme wird das Reagenzglas langsam erhitzt, bis die Lösung zu sieden beginnt. Sofort wird das Glas aus der Flamme genommen, die Lösung siedet aber weiter.
Wenn die Reaktion zum Stillstand kommt, haben sich zwei flüssige Phasen gebildet. Man gießt das Reaktionsgemisch in ein Becherglas, das halb mit verdünnter Natronlauge gefüllt ist.
Von dem aufschwimmenden Ester (zeigen!) pipettiert man etwas auf ein Blatt Filterpapier. Dieses reicht man in einer Petrischale zur Geruchsprobe herum.

Löslichkeit und Siedetemperatur. Im Unterschied zu Carbonsäure- bzw. Alkoholmolekülen können Estermoleküle keine Wasserstoffbrücken ausbilden, weder zu Lösungsmittelmolekülen, noch untereinander. Dies erklärt, warum Ester in Wasser schlecht löslich sind [V1, B4]. Dafür lösen sich Ester gut in organischen Lösungsmitteln, bzw. können selbst als Lösungsmittel für organische Stoffe dienen. Essigsäureethylester etwa ist ein wichtiger Bestandteil von Nagellackentfernern und Klebstoffen, Essigsäurebutylester dient als Lösungsmittel für Lacke.

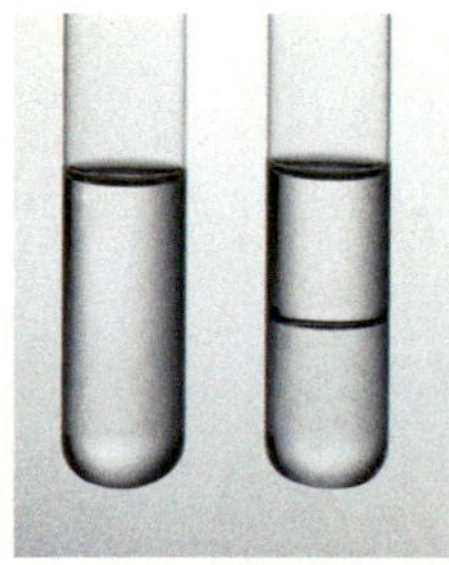

B4 Essigsäureethylester in Benzin (links) und in Wasser (rechts)

Die Siedetemperaturen der Ester sind deutlich niedriger als die von Carbonsäuren oder Alkoholen mit Molekülen vergleichbarer Elektronenanzahl [B3]. Manchmal hat der Ester sogar eine niedrigere Siedetemperatur als die Säure bzw. der Alkohol, aus dem er gebildet wurde [B3].

Stoff	Formel	ϑ_{sd} (°C)
Essigsäureethylester	$CH_3COOC_2H_5$	77
Butansäure	C_3H_7COOH	164
Butanol	C_4H_9OH	117
Essigsäure	CH_3COOH	118
Ethanol	C_2H_5OH	78

B3 Siedetemperaturen ausgewählter organischer Verbindungen

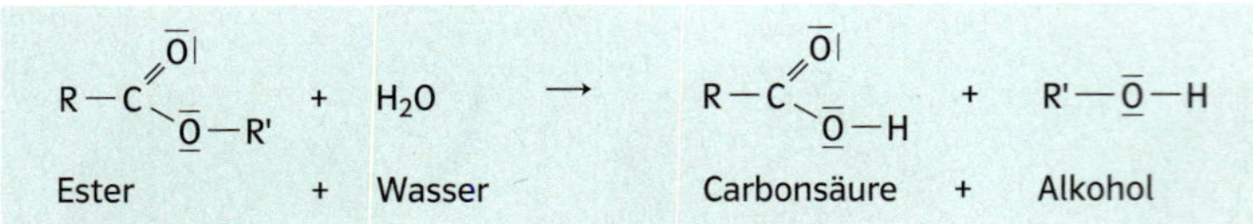

B5 Esterspaltung – allgemeine Reaktionsgleichung

Hydrolyse von griech. hydor, das Wasser und griech. lysis, die Zerlegung

hygroskopisch von griech. hygros, feucht, nass und skopein, anschauen. Eigenschaft, Feuchtigkeit aus der Umgebung (meist das Wasser, das die Luftfeuchtigkeit ausmacht) zu binden

Esterspaltung. Ester können mit Wasser zur Reaktion gebracht werden. Dabei entstehen eine Carbonsäure und ein Alkohol. Diese Esterspaltung ist die Umkehrung der Veresterung [B5].

Hydrolyse. Die Spaltung des Estermoleküls erfolgt unter Anlagerung eines Wassermoleküls. Eine derartige Spaltungsreaktion bezeichnet man als **Hydrolyse**.

Die Spaltung eines Moleküls in kleinere Moleküle unter gleichzeitiger Aufnahme eines Wassermoleküls bezeichnet man als Hydrolyse.

Die Veresterung ist ein Beispiel für eine umkehrbare Reaktion. Die Umkehrung einer Veresterung ist eine Hydrolyse.

Unvollständige Reaktionen. Wenn man 60 g (n = 1 mol) Essigsäure mit 46 g (n = 1 mol) Ethanol bei Zimmertemperatur zur Reaktion bringt, dann erhält man nicht 88 g (n = 1 mol) Essigsäureethylester, sondern nur etwa zwei Drittel der zu erwartenden Esterportion [B6]. Gut ein Drittel der beiden Edukte wird nicht umgesetzt!

Verbindung	CH_3COOH	C_2H_5OH	$CH_3COOC_2H_5$	H_2O
Stoffmenge zu Beginn der Veresterung (mol)	1	1	0	0
Stoffmenge am Ende der Veresterung (mol)	0,35	0,35	0,65	0,65
Stoffmenge zu Beginn der Esterhydrolyse (mol)	0	0	1	1
Stoffmenge am Ende der Esterhydrolyse (mol)	0,35	0,35	0,65	0,65

B6 Ausbeuten bei der Bildung bzw. der Spaltung von Essigsäureethylester

Auch die Esterhydrolyse liefert keine 100-prozentige Produktausbeute [B6]. Geht man von gleichen Stoffmengen an Essigsäureethylester und Wasser aus, dann erhält man bei Zimmertemperatur nur etwa ein Drittel der nach der Hydrolysegleichung zu erwartenden Carbonsäure- bzw. Alkoholportion.

Chemisches Gleichgewicht. Betrachten wir die Reaktion von Essigsäure mit Ethanol auf der Teilchenebene [B7].
Zu Beginn der Reaktion liegen im Reaktionsgefäß nur Säure- und Alkoholmoleküle vor. Wenn ein Säuremolekül auf ein Alkoholmolekül trifft, dann reagieren sie miteinander zu einem Essigsäureethylester- und einem Wassermolekül. Die Produktmoleküle werden sich aufgrund von Diffusionsvorgängen gleichmäßig in der Lösung verteilen. Mit dem Fortschreiten der Reaktion wird also im Reaktionsgefäß die Anzahl der Eduktmoleküle abnehmen und die Anzahl der Produktmoleküle zunehmen. D. h., die **Konzentration** der Edukte nimmt ab und die der Produkte nimmt zu. Dies führt dazu, dass immer seltener ein Säuremolekül auf ein Alkoholmolekül trifft, die Veresterung verlangsamt sich. Gleichzeitig treffen immer häufiger Estermoleküle auf Wassermoleküle, sodass es zu einer Esterhydrolyse kommt. Im Reaktionsverlauf ist schließlich der Zeitpunkt erreicht, ab dem pro Minute genau so viele Estermoleküle gebildet, wie gespalten werden. Veresterung und Hydrolyse halten sich die Waage. Man sagt: Die beiden Reaktionen bilden ein **chemisches Gleichgewicht.**
Auf der Stoffebene ist nun kein Stoffumsatz mehr feststellbar. Die Reaktion ist abgeschlossen, obwohl noch Ausgangsstoffe vorhanden sind.

Im chemischen Gleichgewicht werden pro Zeiteinheit genau so viele Estermoleküle gebildet wie gespalten. Daher ist auf der Stoffebene kein Stoffumsatz mehr beobachtbar.

Die *Hydrolyse* von Essigsäureethylester führt unter den gleichen Bedingungen (Stoffmengen, Temperatur) zum gleichen Endergebnis [B7].

Gleichgewichtsreaktionen. Alle Veresterungen (und viele andere Reaktionen) sind **Gleichgewichtsreaktionen.** Will man dies in der Reaktionsgleichung zum Ausdruck bringen, so verwendet man statt des normalen Reaktionspfeils den **Gleichgewichtspfeil** [B8]. Üblicherweise schreibt man die exotherme Reaktion als von links nach rechts zu lesende **Hinreaktion** an. Die endotherme **Rückreaktion** liest man von rechts nach links.

Bei Gleichgewichtsreaktionen stehen Hin- und Rückreaktion miteinander im chemischen Gleichgewicht.

Erhöhung der Ausbeute. Will man bei einer Veresterung die Esterausbeute erhöhen, so muss man die Esterhydrolyse erschweren. Dies kann z. B. dadurch erfolgen, dass man während der Reaktion den leicht flüchtigen Ester abdestilliert. Der Entzug des gebildeten Wassers durch die hygroskopische konzentrierte Schwefelsäure [V1] führt auch zur Erhöhung der Ausbeute an Ester.
Legt man bei einer Esterhydrolyse Wert auf den Alkohol, dann wird nicht in saurer, sondern in alkalischer Lösung gearbeitet. Die Hydroxidionen deprotonieren die bei der Hydrolyse entstehenden Carbonsäuremoleküle zu den Säureanionen und unterbinden damit die störende Veresterung [V2].

$$\text{Alkohol} + \text{Carbonsäure} \underset{\text{Hydrolyse}}{\overset{\text{Veresterung}}{\rightleftharpoons}} \text{Ester} + \text{Wasser}$$

B8 Gleichgewichtsreaktion (Reaktionsschema)

V2 Gieße etwa 5 ml Essigsäureethylester und die doppelte Menge Wasser in ein Reagenzglas. Dann gib etwas Phenolphthaleinlösung und einige Tropfen Natronlauge (c = 1 mol/l) dazu [B9]. Schutzbrille! Nun verschließe das Glas mit einem Gummistopfen und schüttle es (Stopfen mit dem Daumen sichern). Die Farbe verschwindet. Du kannst das Farbenspiel mehrmals durch Zutropfen von Lauge wiederholen, wobei der Ester langsam weniger wird. Es kommt zu einer leichten Erwärmung, daher Reagenzglas vorsichtig öffnen!
Wenn der Ester fast verbraucht ist, tropfe etwas Eisen(III)-chlorid-Lösung ins Glas. Die entstehende blutrote Färbung weist auf Acetationen hin [B10]. Mache eine Blindprobe mit Natriumacetatlösung.

A5 Welche Vorgänge spielen sich auf der Teilchenebene bei der Hydrolyse von Essigsäureethylester [B7] bis zur Einstellung des chemischen Gleichgewichts ab?

A6 Formuliere die Reaktionsgleichung für die bei der alkalischen Hydrolyse von Essigsäureethylester ablaufende Reaktion. Erkläre unter Bezugnahme auf diese Gleichung die Farbänderungen bei V2.

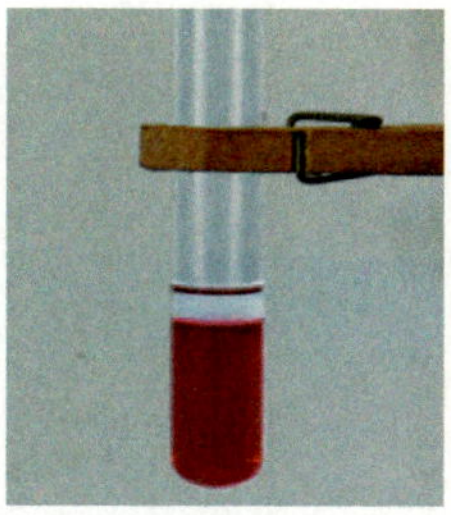

B9 Alkalische Hydrolyse

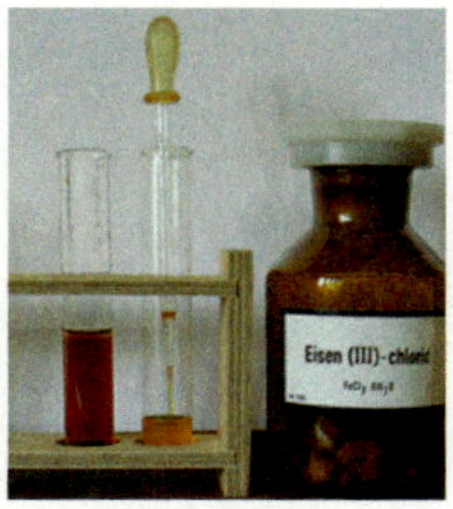

B10 Farbreaktion mit Acetationen

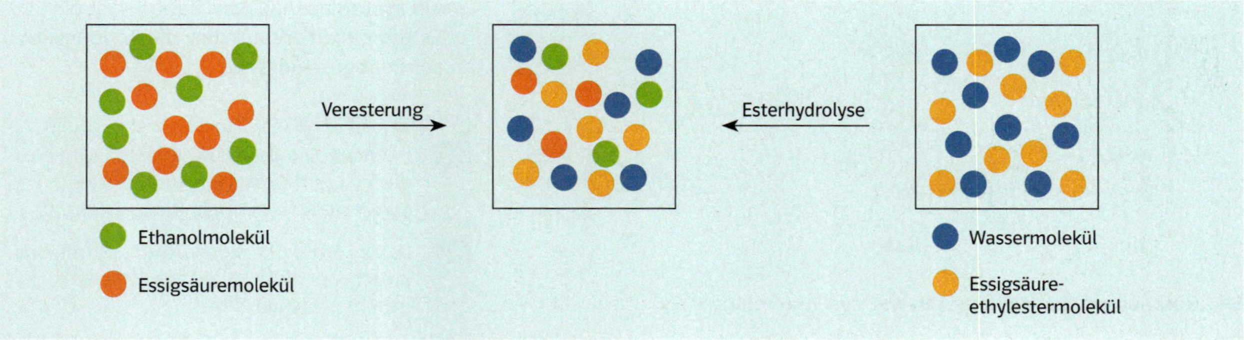

B7 Bildung und Hydrolyse von Essigsäureethylester (Teilchenebene)

3.13 Exkurs Säurekatalysierte Veresterung – Mechanismus

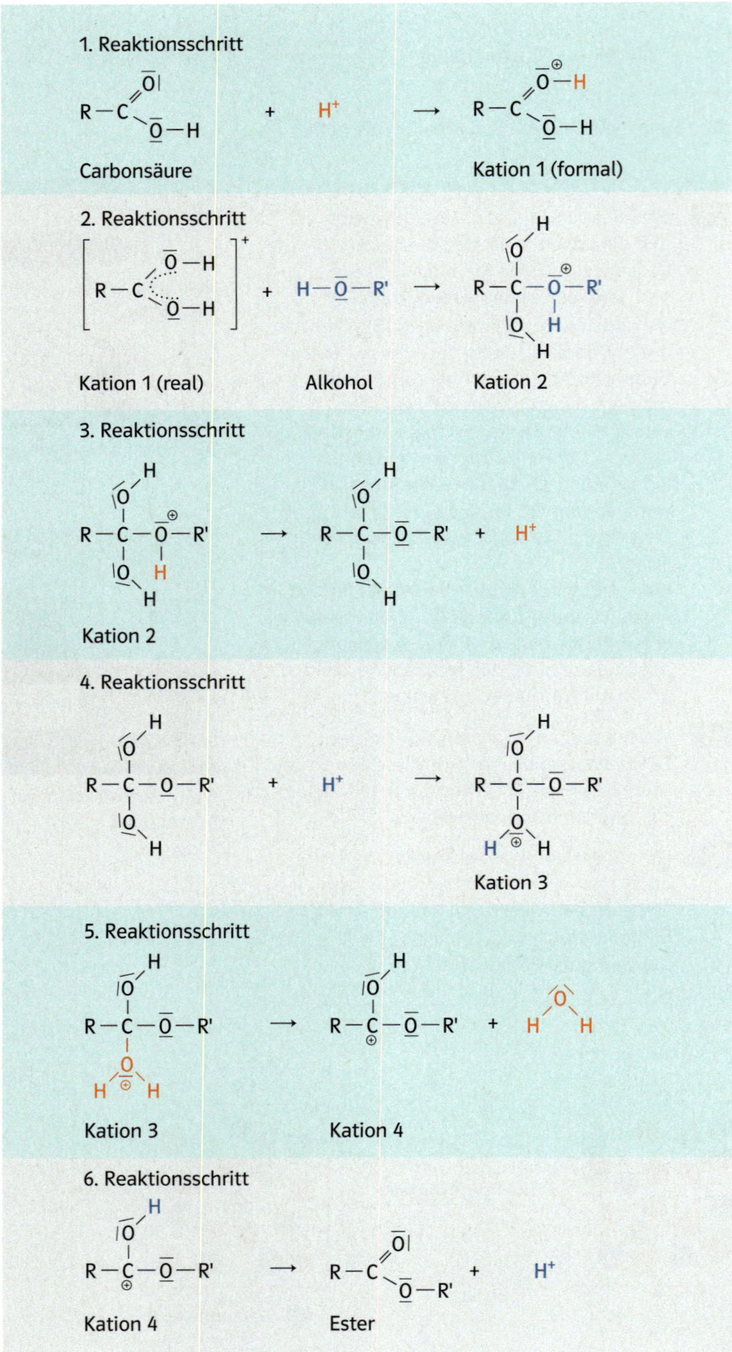

B1 Reaktionsschritte der säurekatalysierten Veresterung

Man hat den Ablauf der Veresterung sehr genau untersucht und dabei herausgefunden, dass es sich hier um eine mehrschrittige Reaktionsfolge handelt. Das Produkt aus der einen Reaktion ist das Edukt in der darauffolgenden [B1]:

1. Das Carbonylsauerstoffatom der Carbonsäure wird von der als Katalysator zugegebenen Säure protoniert. Rein formal entsteht dabei Kation 1.
2. Das Kation 1 ist in der Realität symmetrisch gebaut. Es weist zwei gleich lange C—O-Bindungen auf, die als „eineinhalbfache Bindungen" betrachtet werden müssen. Zwei bindende Elektronen sind delokalisiert und das Kohlenstoffatom der Carboxylgruppe stark positiviert. Dies erleichtert den nukleophilen Angriff eines Alkoholmoleküls und die Bildung von Kation 2.
3. Das Kation 2 gibt im nächsten Reaktionsschritt ein Proton ab, wodurch der Katalysator H^+ wieder rückgebildet wird. Gleichzeitig ist damit die Addition des Alkoholmoleküls an die Carbonylgruppe des Carbonsäuremoleküls abgeschlossen. Die Reaktion entspricht bis hierher der nukleophilen Addition eines Alkoholmoleküls an ein Aldehyd- oder Ketonmolekül (Kap. 3.9). Vorläufiges Endergebnis ist ein Molekül, das zwei Hydroxylgruppen an einem Kohlenstoffatom trägt. Derartige Moleküle sind, zumal in saurer Umgebung, nicht stabil.
4. Eine dieser beiden Hydroxylgruppen wird protoniert.
5. Das so entstandene Kation 3 spaltet ein Wassermolekül ab und Kation 4 entsteht.
6. Diese letzte Zwischenstufe gibt dann noch ein Proton ab. Aus dem Kation 4 ist ein Estermolekül entstanden, die Kondensation somit abgeschlossen.

A1 Definiere den Begriff Katalysator. Wird das Proton bei der säurekatalysierten Veresterung dieser Definition gerecht?

A2 Das im dritten Reaktionsschritt auftretende Zwischenprodukt ist instabil. Welcher Regel genügt dies (Kap. 3.1)?

3.14 Durchblick Zusammenfassung und Übung

Funktionelle Gruppe
Eine Atomgruppe im Molekül, die die Eigenschaften der organischen Verbindung wesentlich bestimmt.

Verbindungsklassen
Die in B1 genannten Namen, die mit „Alkan-" beginnen, benennen Verbindungen, die immer eine Alkylgruppe enthalten. Z. B. Essigsäure:
CH_3-COOH
Methylgruppe / Carboxylgruppe

Die darüberstehenden allgemeinen Namen für Verbindungsklassen lassen auch andere Reste R zu. Z. B. Ölsäure:
$CH_3-(CH_2)_7-CH=CH-(CH_2)_7-COOH$
R≠Alkylrest / Carboxylgruppe

Siedetemperatur und Löslichkeit sauerstoffhaltiger organischer Verbindungen
Im Allgemeinen gilt:
Je länger die Alkylgruppe im Molekül einer sauerstoffhaltigen Verbindung ist, desto höher ist die Sietemperatur und desto geringer ist die Löslichkeit in Wasser.
Und:
Je mehr Hydroxylgruppen (bzw. Carboxylgruppen) im Molekül vorkommen, desto höher ist die Siedetemperatur und desto besser ist die Wasserlöslichkeit (da sich Wasserstoffbrücken zwischen den Molekülen ausbilden).

Kondensationsreaktion und Hydrolyse
Eine Reaktion, bei der sich Moleküle unter Abspaltung von Wassermolekülen zu einem größeren Molekül vereinigen, nennt man Kondensationsreaktion. Werden Moleküle durch Reaktion mit Wassermolekülen gespalten, so spricht man von einer Hydrolyse.

Chemisches Gleichgewicht
Wenn bei einer chemischen Reaktion die Produkte genau so schnell gebildet werden (Hinreaktion) wie die Rückbildung der Edukte erfolgt (Rückreaktion), dann besteht ein chemisches Gleichgewicht. Auf der Stoffebene ist jetzt kein Stoffumsatz mehr feststellbar. Es liegen neben den Produktteilchen noch Eduktteilchen vor.

Verbindungsklasse	Allgemeine Strukturformel	Funktionelle Gruppe
Alkohole (z. B. Alkanole)	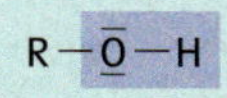	Hydroxylgruppe
Aldehyde (z. B. Alkanale)	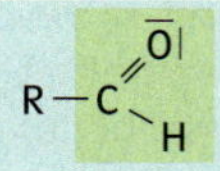	Aldehydgruppe
Ketone (z. B. Alkanone)	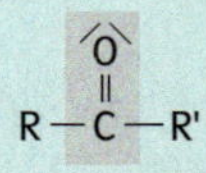	Carbonylgruppe
Carbonsäuren (z. B. Alkansäuren)	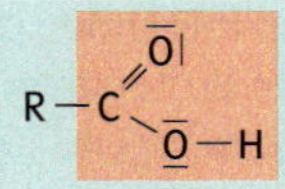	Carboxylgruppe
Ester	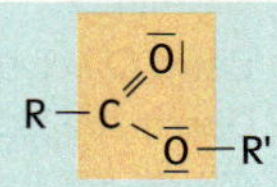	Estergruppe

B1 Sauerstoffhaltige organische Verbindungen

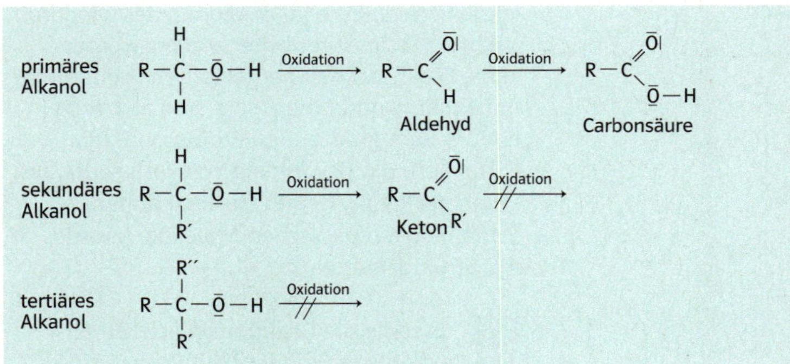

B2 Partielle Oxidation von Alkoholen

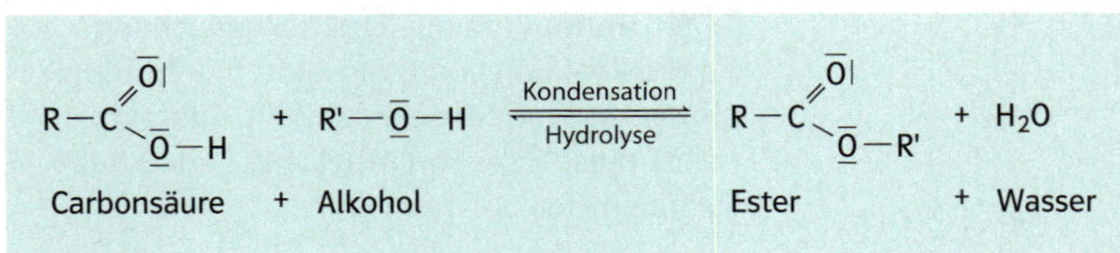

B3 Die Veresterung als Beispiel für eine Gleichgewichtsreaktion

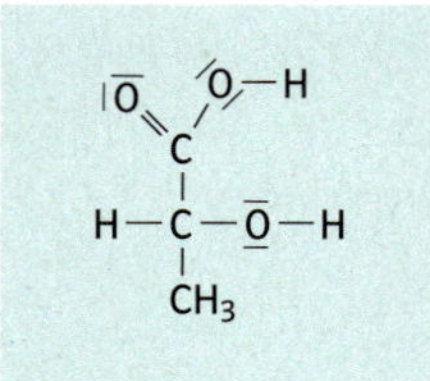

B4 Strukturformel von Milchsäure

A1 B1 zeigt die Strukturformel von Milchsäure. Welche funktionellen Gruppen weist das Molekül auf?

A2 Zeichne sechs verschiedene Strukturformeln von sauerstoffhaltigen organischen Verbindungen, die drei Kohlenstoffatome im Molekül enthalten. Bestimme nun jeweils die Oxidationszahl des Kohlenstoffatoms, an das (mindestens) ein Sauerstoffatom gebunden ist.

A3 Überlege dir, wie es um die Siedetemperaturen und die Löslichkeit in Wasser bei den folgenden drei Stoffen bestellt sein könnte: Buttersäure, Butan, Butanol. Erstelle eine Reihung und begründe.

A4 Beim Cracken von Erdöl entsteht auch Ethen. Durch Anlagerung von Wasser an Ethen kann Ethanol synthetisiert werden, welches z.B. als Brennspiritus in den Handel kommt. Ethanol lässt sich aber auch mit Luftsauerstoff katalytisch zu Ethanal oxidieren, das wiederum leicht zu Essigsäure weiteroxidiert werden kann. Die industriell hergestellten Stoffe Ethanol, Ethanal und Ethansäure sind also letztendlich zum größten Teil Erdölprodukte. Formuliere die Gewinnung von Essigsäure aus Ethen als Folge chemischer Reaktionen. Schreibe die organischen Moleküle jeweils mit Strukturformeln.

A5 Erstelle die Reaktionsgleichung für die Reaktion von Propanol mit Propanal. Um welchen „Reaktionstyp" handelt es sich hier?

A6 Formuliere die Reaktionsgleichung für die Reaktion von Essigsäure mit 2-Methylpropan-1-ol mit Strukturformeln. Charakterisiere diese Reaktion möglichst genau mit Fachbegriffen.

A7 Tabelle B5 gibt die Siedetemperaturen einiger Ester an.
Zeichne ein Koordinatensystem mit einer Abszisse, die die Anzahl der C-Atome im Molekül bezeichnet und einer Temperaturskala als Ordinate (bis 170 °C). Trage die Ester 1 bis 9 als blaue Punkte (Zahlen dazuschreiben) in dieses Koordinatensystem ein.

Nr.	Ester	ϑ_{sd} (°C)
1	Ameisensäuremethylester	32
2	Ameisensäureethylester	54
3	Ameisensäurepropylester	81
4	Essigsäuremethylester	57
5	Essigsäureethylester	77
6	Essigsäurepropylester	102
7	Propansäuremethylester	80
8	Propansäureethylester	99
9	Propansäurepropylester	122

B5 Einfache Ester

Welche allgemeinen Aussagen kann man aus diesem Diagramm ableiten?

A8 Trage in das Diagramm von A7 die ersten sechs Vertreter der homologen Reihe der Alkanole als rote Punkte ein. Die Siedetemperaturen findest du in diesem Buch. Welche allgemeinen Aussagen lassen sich ableiten? Begründe.

A9 Eine farblose Flüssigkeit zeigt folgende Eigenschaften: Sie ist leicht brennbar, als Verbrennungsprodukte entstehen nur Wasser und Kohlenstoffdioxid, wobei pro verbranntem Flüssigkeitsmolekül drei Wassermoleküle gebildet werden. In Wasser ist die Verbindung gut löslich, die Lösung reagiert neutral. Die Schiff'sche Probe fällt mit der Flüssigkeitsprobe negativ aus, mit Essigsäure reagiert die unbekannte Substanz aber zu einer aromatisch riechenden Flüssigkeit. Um welche Chemikalie könnte es sich handeln? Begründe deine Antwort.

4 Sauerstoffhaltige organische Verbindungen in Natur und Technik

Trauben bilden die Grundlage für die Herstellung verschiedener Weine.

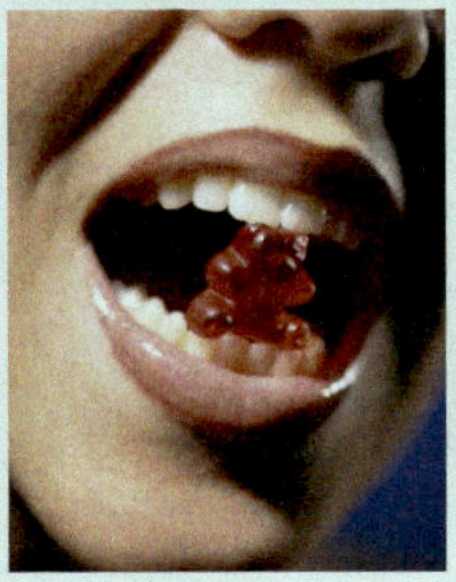

Der im Wein enthaltene Alkohol wird aus dem Zucker der Trauben gebildet. Lässt man Wein längere Zeit offen stehen, „kippt“ dieser um und wird sauer. Man erhält Weinessig.

Neben dem Ethanolmolekül gibt es viele verschiedene Alkoholmoleküle, die sich im chemischen Bau ähneln. Die Alkohole weisen aber unterschiedliche Eigenschaften auf, die z. B. vom Menschen in der Technik und von Tieren und Pflanzen in der Natur genutzt werden.

Der saure Geschmack von Äpfeln oder Citrusfrüchten ist auf Carbonsäuren zurückzuführen. Technisch können diese aus Alkoholen hergestellt werden. Sie finden in der Lebensmittelindustrie z. B. als Zusatzstoffe Verwendung.

Reagieren Alkohole und Carbonsäuren miteinander, so entstehen Ester. Solche Stoffe sind oft Duft- und Aromastoffe, aber auch als Lösungsmittel finden sie Anwendung.

4.1 Herstellung von Alkohol

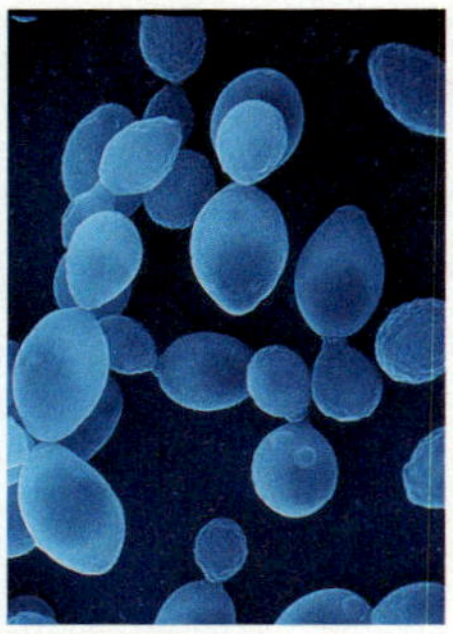

B1 Hefezellen (mikroskopisches Bild)

Die Umwandlung von Zucker in Alkohol zählt zu den vom Menschen bewusst angewandten biochemischen Reaktionen. Das älteste vergorene Getränk ist vermutlich Met, welches aus Honig erzeugt wurde. Als wesentliche Komponente der alkoholischen Gärung wurden von BERZELIUS und LIEBIG (1836–1839) katalytisch wirkende Substanzen (Enzyme) angesehen. Diese sind vor allem in geeigneten Hefekulturen enthalten.

Alkoholische Gärung. Der in vielen Früchten enthaltene Traubenzucker (Glucose) bildet die Grundlage für die Entstehung des Alkohols Ethanol. Unter dem Einfluss der Enzyme (Biokatalysatoren) von Hefepilzen [B1] wird als weiteres Produkt der alkoholischen Gärung Kohlenstoffdioxid gebildet:

$$C_6H_{12}O_6 \xrightarrow[\text{Wasser}]{\text{Enzyme}} 2\ C_2H_5OH + 2\ CO_2$$

$$\text{Traubenzucker} \xrightarrow[\text{Wasser}]{\text{Enzyme}} \text{Alkohol} + \text{Kohlenstoffdioxid}$$

anaerob von griech. an, ohne, nicht und lat. aer, Luft

Auf vielen Schalen von Früchten sind bereits Hefepilze vorhanden, sodass der Gärvorgang von selbst beginnen kann. Als eine Form der **anaeroben** Energiegewinnung ist der Abbau von Glucose zu Ethanol für die Hefezellen lebensnotwendig. Bei der technischen Herstellung von Weinen werden zunächst Früchte gepresst. Der Presssaft reichert sich im darauf folgenden Gärvorgang langsam mit Alkohol an. Beispielsweise entsteht so Apfelmost. Den Gärvorgang kann man anhand der Bildung von Kohlenstoffdioxid verfolgen. Verschließt man die Gärgefäße, bevor die Gärung völlig beendet ist, so löst sich unter dem steigenden Druck ein großer Teil des Kohlenstoffdioxids in der Flüssigkeit.

Auch aus Pflanzenteilen, die Stärke enthalten, wie z. B. den Knollen der Kartoffelpflanzen, können alkoholische Getränke hergestellt werden, da aus Stärke enzymatisch Traubenzucker entstehen kann. Dies nutzt man z. B. bei der Bierherstellung, für die man u. a. Gerste benötigt. In einem *Hefeteig* läuft ebenfalls eine alkoholische Gärung ab. Das Kohlenstoffdioxid treibt das Gebäck auf und macht es locker. Der entstehende Alkohol verdampft beim Backvorgang.

Destillation. Sobald eine Volumenkonzentration von ca. 15 % erreicht ist, stoppt die alkoholische Gärung von selbst, da die Hefezellen dann absterben. Höhere Alkoholkonzentrationen lassen sich durch Destillieren („Brennen“) erreichen [B2]. Man erhält so Branntwein. Im Destillat liegt maximal eine Volumenkonzentration von 96 % Alkohol vor. Lösungen mit diesem Alkoholgehalt nennt man Spiritus. Er wird u. a. zur Herstellung von Spirituosen verwendet. Aus steuerlichen Gründen durch Zusätze ungenießbar gemacht („vergällt“) dient er als *Brennspiritus*. Um wasserfreien („absoluten“) Alkohol herzustellen, muss das restliche Wasser durch Zusatz eines **hygroskopischen** Stoffes, z. B. Calciumoxid, entfernt werden.

A1 Erkunde, welche stärkehaltigen Früchte und Knollen für die Herstellung von Arrak, Whisky, Wodka und japanischem Sake verwendet werden.

B2 Destillationsapparatur zur Alkoholdestillation („Schnapsbrennen“)

4.2 Exkurs Die Herstellung von Bier

Nach dem deutschen Reinheitsgebot dürfen zur Bereitung von Bier nur Hopfen, Malz, Hefe und Wasser verwendet werden.

Mälzen. Zur Malzherstellung werden Gerstenkörner mit Wasser zum Keimen gebracht. Dabei entsteht Grünmalz, das auf einem gitterartigen Boden, der Darre, getrocknet wird. Das Malz wird geschrotet und in großen Kupferkesseln, den Maischkesseln, mit Wasser auf 50 °C bis 75 °C erwärmt. Die Enzyme aus dem Keimling bauen die Stärke zu Malzzucker ab. Der Rückstand (Treber) wird im Läuterbottich abgetrennt. Malztreber ist ein Futtermittel.

Sieden. Nach Zugabe von Hopfen wird die Würze in der Siedepfanne gekocht [B2]. Aroma- und Bitterstoffe des Hopfens gehen in Lösung und verleihen dieser einen herben Geschmack. Die Gerbstoffe machen das Bier haltbar. Nach Abtrennen der Hopfenrückstände wird die Würze auf etwa 5 °C bis 10 °C gekühlt.

Gären. Die Würze wird in Gärbottichen [B3] mit Reinzuchthefe versetzt und bei einer Temperatur von 5 °C bis 10 °C etwa 8 bis 10 Tage vergoren. Die Hefe setzt sich am Boden ab, es entsteht untergäriges Bier. In Lagertanks kommt es bei 0 °C bis 2 °C zu einer Nachgärung. Dabei reichert sich Kohlenstoffdioxid an.

Alkoholfreies Bier. Diese Biere können eine Volumenkonzentration an Alkohol bis 0,5 % besitzen. Zu ihrer Herstellung wird dem Bier der Alkohol weitgehend entzogen. Hierbei werden z. B. Membranen eingesetzt, die unter Druck die kleinen Alkohol- und Wassermoleküle durchlassen, nicht jedoch die größeren Moleküle der Aromastoffe. Das entfernte Alkohol-Wasser-Gemisch wird danach durch Wasser ersetzt. Alternativ lässt man Bier und Wasser, durch eine semipermeable Membran getrennt, gegenläufig aneinander vorbeiströmen. Durch Diffusion gelangen die Alkoholmoleküle auf die Seite des Wassers und werden so entfernt. Auch können spezielle Hefesorten zur Gärung eingesetzt werden.

B1 Stationen der Bierherstellung

B2 Hopfenzugabe

B3 Gärbottich

4.3 Alkoholgenuss – Alkoholmissbrauch

Konstitution
Körperbau und körperliche Verfassung

Bier	Weinbrand	Weißwein	Likör	Sekt
0,3 l	0,04 l	0,125 l	0,04 l	0,1 l
Volumenkonzentration σ(Ethanol):				
5 %	38 %	10 %	30 %	12 %
Masse der in einem Getränk enthaltenen Alkoholportion m(Ethanol):				
11,8 g	11,9 g	9,8 g	9,4 g	9,4 g

B2 Alkoholanteil einiger Getränke im Vergleich

B3 Betrunkener Jugendlicher

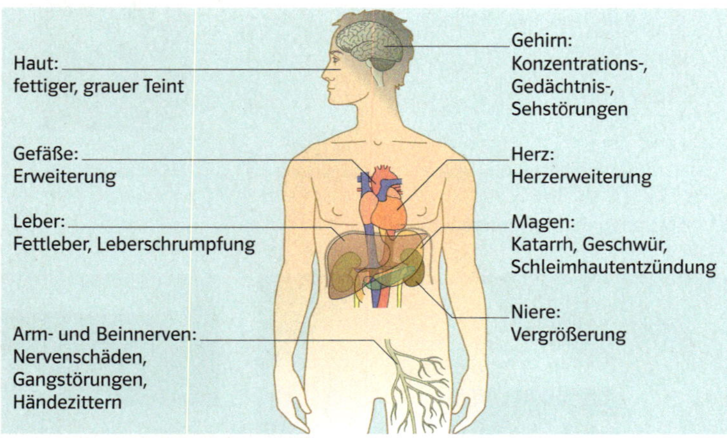

B1 Alkohol schädigt die Organe des Menschen

Der Genuss von Alkohol erfolgt häufig wie selbstverständlich. Oft wird der Alkohol auch als „Freudenbringer" und „Problemverdränger" angesehen, der das Leben scheinbar leichter macht. Diese Einstellung zum Alkoholkonsum kann jedoch bereits der erste Schritt zur Alkoholabhängigkeit sein. Besonders groß ist die Gefahr der Gewöhnung durch den Konsum der auf den Geschmack von Jugendlichen abgestimmten Mixgetränke (Alcopops), da der Alkoholgeschmack durch die Süße der Getränke überdeckt wird. Damit können v. a. Jugendliche, denen die üblichen Alkoholika zu bitter oder zu scharf schmecken, zum Konsum von Alkohol verführt werden. Meist bedenken sie jedoch nicht, dass eine Flasche dieser Mixgetränke häufig mehr Alkohol enthält als zwei Gläser Weinbrand (2 x 0,02 l; [B2]). Die kurz- und langfristige Wirkung des Alkohols wird unterschätzt.

Die Wirkung von Alkohol auf den Körper. In Deutschland werden jährlich mehr als 25 Milliarden Euro z. B. für alkoholische Getränke ausgegeben. Durchschnittlich nimmt jeder Einwohner täglich 35 ml (ca. 28 g) reinen Alkohol zu sich. Alkohol ist ein giftiger Stoff, die tödliche Dosis für ein Kleinkind liegt bei 7 g bis 17 g reinem Alkohol. Dies entspricht etwa einem Glas Wein [B2]. Da Alkohol direkt in den Blutkreislauf gelangt, zeigen auch beim Erwachsenen bereits geringe Mengen sehr schnell Auswirkungen auf Befinden und Verhalten. Durch Alkohol werden Nervenzellen schnell und nachhaltig in ihrer Funktion gestört. Die direkten Folgen sind Minderung des logischen Denkvermögens und der Selbstkontrolle sowie der Abbau von Hemmungen. Der Genuss größerer Alkoholmengen führt zum „Rausch". Dabei werden bis zu 10 Millionen Gehirnzellen zerstört. Langfristig wird die Leber geschädigt, in der der Alkohol abgebaut wird. Pro Stunde werden etwa 7 g bis 9 g Alkohol abgebaut.
Je nach *Konstitution* kann eine tägliche Aufnahme von 20 g bis 60 g Alkohol über längere Zeit zu lebensbedrohlicher Leberschrumpfung (Leberzirrhose) führen. Auch andere Organe werden geschädigt [B1].

Alkohol und Sucht. Eine seelische Abhängigkeit von Alkohol kann sich bereits bei relativ geringer täglicher Aufnahme einstellen und zur Alkoholsucht führen. Der Abhängige steht unter einem Wiederholungszwang, in einer seelischen und körperlichen Abhängigkeit von ständiger Alkoholzufuhr in immer kürzeren Zeitabständen. Nur eine Entziehungskur und lebenslanger Verzicht auf Alkohol können die Sucht zum Stillstand bringen.

Alkohol und Verkehr. Besonders gefährlich sind die Auswirkungen von Alkohol auf den Menschen im Straßenverkehr [B4]. Vor allem führt die enthemmende Wirkung von Alkohol zur Selbstüberschätzung und zu riskantem Verhalten. Allein ein Viertel der im Straßenverkehr Getöteten sind Opfer alkoholbedingter Verkehrsdelikte. Bei Verdacht auf „Alkohol am Steuer" werden von der Polizei nicht nur bei Autofahrern Kontrollen durchgeführt, sondern auch bei allen anderen Verkehrsteilnehmern, wie z. B. Fahrern von Fahrrädern. Dabei wird zunächst der Alkoholgehalt in der Atemluft mit einem elektronischen Messgerät bestimmt. Ab einem bestimmten Wert wird eine Blutprobe zur Bestimmung des Blutalkoholgehalts veranlasst. Ein Massenanteil von 1‰ bedeutet, dass sich 1 mg Alkohol in 1000 mg (1 g) Blut befindet. Mit der in B5 angegebenen Formel lässt sich der Blutalkoholgehalt nach Alkoholkonsum näherungsweise abschätzen.

A1 Warum ist die Unfallgefahr nach Alkoholkonsum erhöht? Welche Wirkungen hat Alkohol auf das Gehirn und das Sehvermögen?

A2 Die „Promillegrenze" für Verkehrsteilnehmer liegt z. B. in Schweden bei 0,2 ‰, in der Türkei sogar bei 0,0 ‰. Ermittle, welche „Promillegrenzen" im Straßenverkehr bei uns von Bedeutung sind. Welche Gründe sprechen dafür, diese „Promillegrenzen" bei uns weiter herabzusetzen?

A3 Welcher Alkoholgehalt (Massenanteil in Promille) lässt sich bei einer 50 kg schweren Frau nach zwei Flaschen Alcopops (σ = 5,5 %; je 0,33 l) etwa feststellen?

Unter 0,5 ‰: Bereits 0,3 ‰ erschweren den schnellen Überblick über eine ständig wechselnde Verkehrslage. Das Reaktionsvermögen verschlechtert sich.

0,5 bis 0,8 ‰: Reaktion auf optische und akustische Signale wird deutlich verlangsamt. Bremsweg verlängert sich bei 50 km/h um 14 m, Blickfeld ist eingeengt („Tunnelblick"), Minderung der Konzentrationsfähigkeit; Unfallhäufigkeit mit Personenschäden verdoppelt sich.

0,8 bis 1,2 ‰: Erhebliche Minderung der Aufmerksamkeit und Konzentrationsfähigkeit, stark verzögerte Reaktionsabläufe; euphorische Überschätzung der eigenen Fähigkeiten.

1,2 bis 2,4 ‰: Absolute Fahruntüchtigkeit, bei 1,5 ‰ sechzehnfaches Risiko für einen Unfall mit Personenschäden; Gleichgewichts- und Koordinationsstörungen; stark gestörte Reaktionsabläufe bei gleichzeitiger Überschätzung der eigenen Fähigkeiten.

B4 Gefahren durch Alkoholmissbrauch im Straßenverkehr

$$w(\text{Alkohol im Blut}) = \frac{m(\text{aufgenommener Alkohol})}{m(\text{Person}) \cdot r}$$

r ist ein Faktor, der u. a. vom Geschlecht und der Konstitution abhängt. Durchschnittswerte: r(Mann) = 0,68; r(Frau) = 0,55.

Beispiel: Ein Mann (m = 75 kg) trinkt ein Glas Bier (V = 0,3 l) mit einer Volumenkonzentration

$$\sigma(\text{Alkohol}) = \frac{V(\text{Alkohol})}{V(\text{Getränk})} = 0{,}05\ (5\,\%)$$

Schätze seinen Blutalkoholgehalt ab.

$$V(\text{Alkohol}) = \sigma(\text{Alkohol}) \cdot V(\text{Getränk}) = 0{,}05 \cdot 0{,}3\,\text{l} = 0{,}015\,\text{l} = 15\,\text{ml}$$
$$m(\text{Alkohol im Blut}) = \varrho(\text{Alkohol}) \cdot V(\text{Alkohol}) = 0{,}785\,\text{g/ml} \cdot 15\,\text{ml} = 11{,}8\,\text{g}$$

$$w(\text{Alkohol im Blut}) = \frac{11{,}8\,\text{g}}{75\,000\,\text{g} \cdot 0{,}68} = 0{,}00023 = 0{,}23\,‰$$

B5 Berechnung des Blutalkoholgehalts

Promille Ein Promille ist ein Tausendstel.

$$1\,‰ = \frac{1}{1000} = 10^{-3}$$

Diese Einheit kann bei allen Anteilen (z. B. Massenanteil, Volumenanteil) verwendet werden

4.4 Bedeutung verschiedener Alkohole

$CH_3-CH(OH)-CH_3$

B1 Kalottenmodell und Strukturformel von Propan-2-ol

Umgangssprachlich wird unter Alkohol nur Ethanol verstanden. Die Stoffklasse der Alkohole umfasst jedoch viel mehr Stoffe als nur das Ethanol.

Lösungsmittel Methanol. Mit einer Jahresproduktion von ca. 1 Mio. t in Deutschland ist Methanol, der auch als *„Holzgeist"* bezeichnet wird, der industriell bedeutendste Alkohol [B2]. Er vermag sowohl hydrophile als auch hydrophobe Stoffe zu lösen und wird deshalb als wichtigstes Lösungsmittel eingesetzt.
Der größte Teil des Methanols wird für die Kunststoffherstellung benötigt. In Geruch und Geschmack ähnelt es stark Ethanol, ist jedoch weitaus giftiger. Der Genuss von 5 bis 10 ml Methanol führt zu *Erblindung* und *Gehirnschädigung*. Bereits 20 bis 50 ml sind tödlich. Die Giftwirkung zeigt sich allerdings erst nach 15 bis 20 Stunden, da Methanol zunächst eine ähnlich berauschende Wirkung wie Ethanol hat. Ferner ist Methanol wie auch das Ethanol als Treibstoff für Verbrennungsmotoren interessant.

Das Lösungsmittel Propan-2-ol (Isopropylalkohol) [B1] ist in vielen Eigenschaften dem Ethanol sehr ähnlich und ersetzt dieses in verschiedenen Anwendungsbereichen. Wegen seines *guten Lösungsvermögens*, seiner die *Hautdurchblutung anregenden* und *desinfizierenden Wirkung* ist es ein verbreitetes Lösungsmittel in Kosmetika. Auch als *Frostschutzmittel* in Scheibenwaschanlagen von Autos und in Enteisern findet es Verwendung, ferner als Lösungsmittel in vielen Farben und Lacken sowie in Haushaltsreinigern.

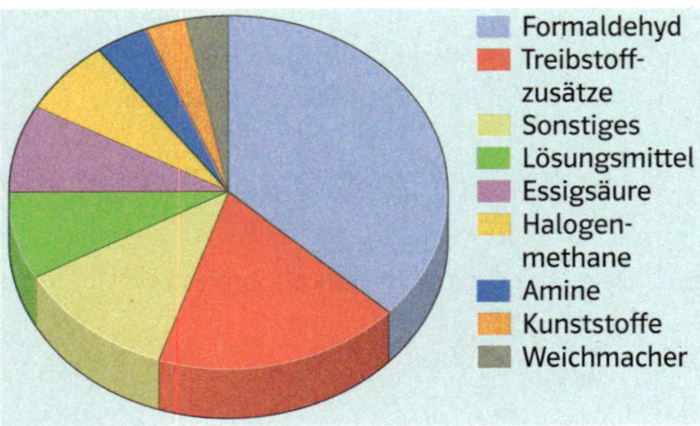

B2 Verwendung von Methanol

B3 Ethanol als Treibstoff

Lösungsmittel Ethanol. Eine wesentliche Bedeutung wird Ethanol als *Lösungsmittel* zuteil: Es findet sich sowohl in Harzen, Lacken oder Farbstoffen wie z. B. Filzstiften als auch in Kräuterextrakten. Auch als Desinfektions- und Konservierungsmittel spielt Ethanol eine Rolle. In Thermometern kann Ethanol das gesundheitsschädliche, sehr giftige Quecksilber ersetzen. In der Industrie werden also große Mengen an Ethanol benötigt. Dieses wird nicht durch Gärung, sondern durch Anlagerung von Wassermolekülen an Ethenmoleküle erzeugt (s. auch Kap. 1.14):

$$H_2C=CH_2 + H_2O \longrightarrow H-CH_2-CH_2-OH$$

Treibstoff Bioethanol. Schon seit einigen Jahrzehnten wird der Einsatz von Ethanol als Treibstoff erprobt [B3]. Es kann im Gemisch mit Benzin oder als Reinstoff verwendet werden. Die bisherige Zugabe von Ethanol zu Treibstoffen unterliegt den Richtlinien eines jeden Landes. So werden in Schweden Gemische mit 85 % Ethanol angeboten, in Deutschland dürfen momentan bis zu 5 % Ethanol dem Benzin zugesetzt werden. Geprüft wird derzeit die Wirtschaftlichkeit der Herstellung von Ethanol aus Cellulose. Als landwirtschaftliches Abfallprodukt kann diese aus Getreide- oder Maisstroh gewonnen werden. Man kann *Ethyltertiärbutylether* (*ETBE*) aus Bioethanol herstellen und dem Treibstoff zur Erhöhung der Klopffestigkeit bis zu 15 % beimischen.

B4 Überwintern wie ein Zitronenfalter

Frostschutzmittel Glycerin (Propantriol). Der Stoff Glycerin gehört zur Stoffklasse der *mehrwertigen Alkohole*. Aufgrund starker intermolekularer Wechselwirkungen ist Glycerin viskos, d.h. zähflüssig. Außerdem besitzt es eine *feuchtigkeitsziehende* (*hygroskopische*) *Wirkung*. Diese wird bei der Herstellung von Stempelfarben und Hautcremes genutzt, um die Feuchtigkeit dieser Produkte zu erhalten. Es zeichnet sich auch durch seine besonders hohe Siedetemperatur von 290 °C aus (vgl. Kap. 3.3).

Glycerin schmeckt leicht süßlich und kommt in der Natur z. B. zu ca. 17% in *Kokosöl* vor. In geringen Mengen ist es in Weinen vorhanden und auch in Insekten, wie z. B. den Schmetterlingen [B4]. Mithilfe von Glycerin, Sorbit und Eiweißstoffen gelingt es dem Zitronenfalter, die langen Wintermonate mit ihren tiefen Temperaturen in Kältestarre an Gräsern, Sträuchern oder Bäumen zu überleben.

Herstellung
- von Nitroglycerin, einem Sprengstoff (durch Umsatz von Glycerin mit Salpetersäure und Schwefelsäure)
- von Kunstharzlacken (Autolacken)
- von Hautpflegemitteln in kosmetischen Präparaten
- von Salben und Zahnpasta
- von Gleit-, Schmier- und Abdichtungsmitteln
- von Lebensmitteln mit Gylcerin als Zusatzstoff E 422

B5 Beispiele für Verwendungsmöglichkeiten von Glycerin

B6 Kühl schmeckendes Eiskonfekt

Durch das Frostschutzmittel Glycerin wird die Gefriertemperatur der Körperflüssigkeit des Falters erniedrigt. Diese wird dadurch zum größten Teil flüssig gehalten. Auch in der Pflanzenwelt kommt Glycerin vor. Beispielsweise bleibt das Zellplasma von Nadelbäumen, welches Glycerin enthält, im Winter flüssig. Die besonderen Eigenschaften des Glycerins macht sich der Mensch ebenfalls zunutze [B5].

Weitere Alkohole. Mit *steigender Anzahl* der *Hydroxylgruppen* in einem Alkoholmolekül *steigt der süßliche Geschmack* des entsprechenden Stoffes. **Xylit** (Pentanpentol) und **Sorbit** (Hexanhexol) besitzen fast die gleiche Süßkraft wie unser Haushaltszucker. Diese Stoffe sind allerdings weniger karieserregend und werden daher oft als *Ersatzstoffe für Zucker* verwendet. Xylit besitzt außerdem die Eigenschaft, sich endotherm in Wasser zu lösen. Daher wird dieser Zuckeraustauschstoff Eiskonfekt [B6] zugesetzt. Lässt man ein Eiskonfekt im Mund zergehen, so fühlt sich dies kühl an.

V1 Man gibt zu 2 bis 3 ml Methanol bzw. Ethanol in einer Porzellanschale jeweils etwas Borsäure und entzündet die Proben (Abzug!).

V2 ⚠ In einer feuerfesten Schale wird ein Spatel an pulverisiertem Kaliumpermanganat zu einem Kegel aufgeschichtet und in die Spitze eine Mulde gedrückt. Man gibt einige Tropfen Glycerin (mindestens 99 %ig und wasserfrei) hinzu und entfernt sich vom Reaktionsgefäß.

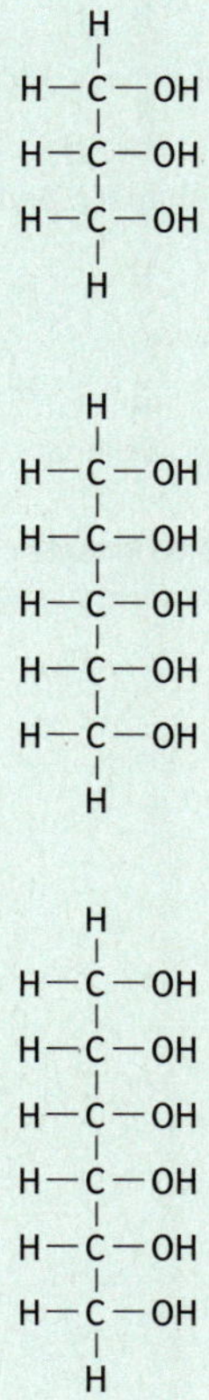

B7 Strukturformeln von Glycerin (oben), Xylit (Mitte), Sorbit (unten)

Glycerin von griech. glykeros, süß

4.5 Impulse Vom Alkohol zum Katerfrühstück

Der übermäßige Genuss von Wein, Bier oder Schnaps bringt oftmals unangenehme Nebenwirkungen für den Körper mit sich. Meist erwacht man am nächsten Morgen mit Kopfschmerzen, Übelkeit oder Schwindel. Da hilft dann wohl nur noch ein Katerfrühstück, um dem Übel ein Ende zu bereiten. Doch zunächst sollen die möglichen Ursachen der Entstehung des „Katers" geklärt werden.

Abbau von Alkohol. Nach dem Trinken von Alkohol wird dieser von unserer größten Verdauungsdrüse, der *Leber*, abgebaut [B3]. Sie setzt 95 % des aufgenommenen Ethanols um. Die restlichen 5 % scheiden wir unverändert wieder aus, zum einen 2 % über *Urin* und *Schweiß*, zum anderen 3 % als „Schnapsfahne" über die Atemluft.

In unserer Leber hilft das Enzym *Alkoholdehydrogenase (ADH) Ethanol* zu *Ethanal* abzubauen. Anschließend wird aus *Ethanal* mithilfe des Enzyms *Aldehyddehydrogenase* (*ALDH*) *Essigsäure* gebildet [B2]. Da es sich hier um Oxidationsreaktionen handelt, laufen auch gleichzeitig Reduktionsreaktionen ab. Als Oxidationsmittel, welches reduziert wird, steht im menschlichen Körper *NAD*$^+$ (*Nicotinamidadenindinucleotid*) zur Verfügung. In einem letzten Schritt wird Essigsäure mithilfe von Sauerstoff zu *Kohlenstoffdioxid* und *Wasser* umgesetzt.

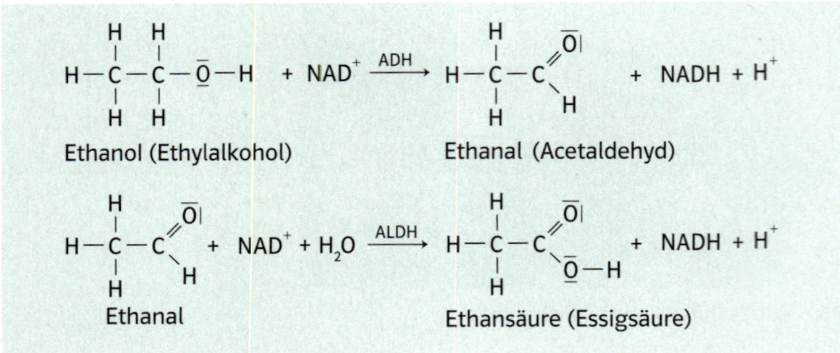

B1 Reaktionsgleichungen: Ethanol reagiert zu Ethanal (oben), Ethanal reagiert zu Essigsäure (unten)

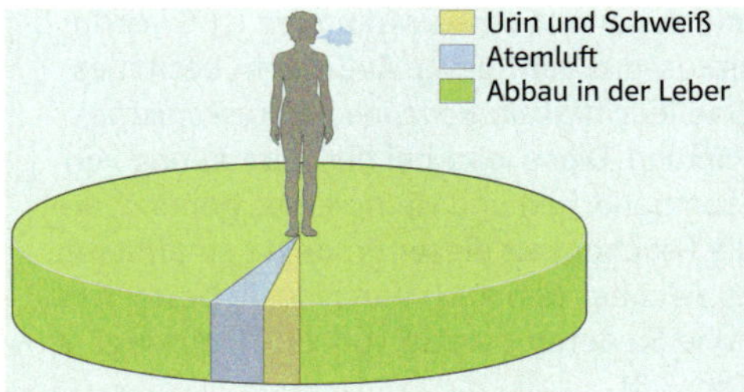

B3 Abbau und Ausscheidung von Ethanol

B2 Schmeckt der Wein zu gut, ist der Kater nicht fern

Kater ist eine Verballhornung des Begriffs Katarrh von griech. katarrhein, herunterfließen. Bei einem Katarrh handelt es sich um eine Schleimhautentzündung

A1 Formuliere die Reaktionsschritte für den Abbau von Methanol analog zum Abbau von Ethanol.

A2 Etwa jeder zweite Chinese, Japaner und Koreaner verträgt keinen Alkohol. Schon bei geringem Alkoholkonsum, auch von methanolfreien Getränken, klagen diese Menschen über starke Kopfschmerzen, Herzklopfen, Erröten und Übelkeit. Veranlagungsbedingt bilden sie keine intakte Alkoholdehydrogenase.
a) Welche Hypothesen zur Hauptursache des „Katers" wird durch diesen Befund unterstützt?
b) Welchen Stoff müsste man im Blut dieser Menschen nach Alkoholkonsum in hoher Konzentration nachweisen können?

A3 Bei einer Methanolvergiftung wird dem Patienten sofort längere Zeit Ethanol verabreicht. Mutmaße, warum der Vergiftete durch diese Therapie gerettet werden kann.

Ursachen des Katers. Nicht nur die berauschende Wirkung des Ethanols ist auf das zwischenzeitlich gebildete Ethanal zurückzuführen, sondern wahrscheinlich auch die „Katerstimmung". Ethanal ist, wie Ethanol auch, ein *Zellgift*. Es beeinflusst die Informationsübertragung im Zentralnervensystem.

Neben Ethanol sind in Spirituosen meist auch geringste Mengen an *Methanol* enthalten. Dieser kann beim Gärungsprozess in kleinen Mengen entstehen. Er wird zwar über die gleichen Enzyme abgebaut. Allerdings entstehen dabei der wesentlich giftigere *Formaldehyd* und *Ameisensäure*. Ihre Giftwirkungen führen unter anderem auch zu *Sehstörungen* bis hin zur *Blindheit* und *Tod durch Atemstillstand*. Der nach dem Abbau von Alkohol einsetzende *Entzug von schmerzhemmenden Glückshormonen* (Endorphinen), welche vom eigenen Körper produziert werden, und ein *erniedrigter Blutzuckerspiegel* werden ebenso als mögliche Ursachen für die Entstehung eines Katers angesehen. Eine Folge von übermäßigem Alkoholgenuss ist der sogenannte *Nachdurst*. Dieser entsteht dadurch, dass Alkohol dem Körper Wasser entzieht. Dadurch werden wasserlösliche Vitamine mit ausgeschwemmt und Verschiebungen im Salzhaushalt verursacht. Um diesen Mangel wieder auszugleichen, entsteht am nächsten Morgen das Verlangen des Körpers nach salzhaltigen Speisen, wie z. B. einem Salzhering [B4].

B4 Salzhering

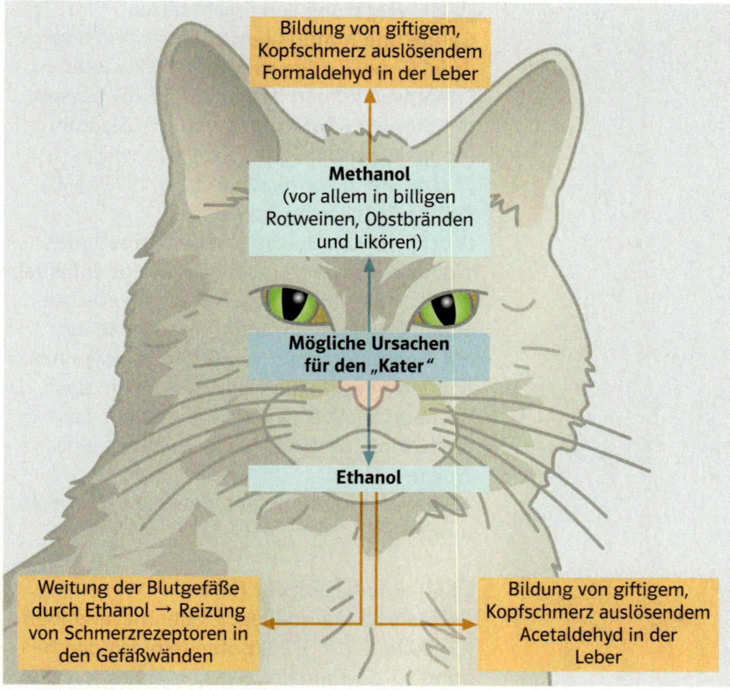

B5 Mögliche Ursachen für den Kater

Neueren Untersuchungen zufolge hat ein übermäßiger Genuss von Alkohol ebenfalls negative Auswirkungen auf die notwendige Traumschlafphase.

A4 Recherchiere, ob folgende Aussagen Gültigkeit besitzen und begründe:
a) Alkohol sollte nicht auf leeren Magen getrunken werden.
b) Alkohol soll vor dem Essen den Appetit anregen und nach dem Essen die Verdauung fördern.
c) Männer sind trinkfester als Frauen.

A5 Lies einige Tage aufmerksam die Tageszeitung und sammle Meldungen über Verkehrsunfälle und Verbrechen, die unter Alkoholeinfluss stattgefunden haben.

4.6 Praktikum Alkoholische Gärung

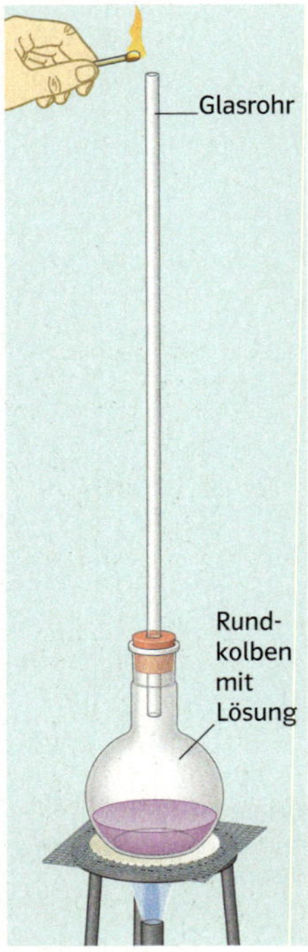

B1 Zu Versuch 3

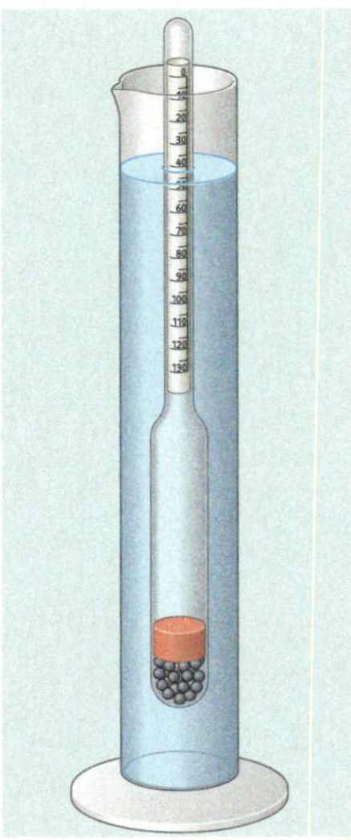

B2 Dichtebestimmung

V1 Vergärung von Fruchtsäften
Geräte und Materialien: Weintrauben oder Äpfel (jeweils ungewaschen), Kalkwasser, Erlenmeyerkolben (Enghals, 250 ml), passender Stopfen (einfach durchbohrt), Glasrohr (doppelt gewinkelt, U-Form), Becherglas (100 ml, hohe Form), Reibschale mit Pistill, Reibe mit Teller für Äpfel.
Durchführung: Drücke in einer Reibschale Weintrauben oder geriebenen Apfel mit einem Pistill aus und fülle den Saft dieser Früchte in den Erlenmeyerkolben. Verschließe ihn mit einem durchbohrten Gummistopfen mit doppelt gewinkeltem Glasrohr, das in das Becherglas mit Kalkwasser eintaucht. Lass die Lösung für Versuch 3 mindestens eine Woche stehen.
Aufgabe: Beschreibe und deute die Beobachtungen.

V2 Bedeutung der Hefe
Geräte und Materialien: 2 Erlenmeyerkolben (Enghals, 250 ml), 2 Stopfen (einfach durchbohrt), 2 Gärröhrchen, Waage, Kalkwasser, Wasser, Hefe, Traubenzucker.
Durchführung: Gib jeweils 15 g Traubenzucker und 150 ml Wasser in die Erlenmeyerkolben. Füge einer der Lösungen noch 2 g Hefe zu, schwenke gut um und markiere diesen Kolben. Verschließe die Kolben mit Stopfen und Gärröhrchen mit Kalkwasser. Stelle die Kolben für etwa eine Woche an einen warmen Ort.
Aufgabe: Beschreibe und deute die Beobachtungen.

V3 Brennprobe auf Alkohol
Geräte und Materialien: Schutzbrille, Stativ, Doppelmuffe, Universalklemme, Dreifuß mit Keramik-Drahtnetz, Gasbrenner, Holzspan, Siedesteinchen, Rundkolben (100 ml), Glasrohr (ca. 80 cm), Stopfen (einfach durchbohrt), Ansätze von Versuch 1 und 2.
Durchführung: Baue die Apparatur nach B1 zusammen und befülle den Rundkolben etwa zur Hälfte mit dem Ansatz von Versuch 1. Setze einige Siedesteinchen zu und erhitze langsam bis zum Sieden. Versuche, die Dämpfe mit einem brennenden Holzspan am Ende des Steigrohres zu entzünden. Führe die Probe ebenso mit den Ansätzen von Versuch 2 durch.
Aufgabe: Beschreibe und deute deine Beobachtungen.

V4 Bestimmung des Zuckergehalts von Fruchtsäften
Das Ausmaß der Alkoholbildung bei der Gärung hängt ab vom Zuckergehalt der eingesetzten Lösung. So ist es z. B. im Weinbau sehr wichtig, den Zuckergehalt des Traubensafts zu kennen. Die Bestimmung erfolgt mithilfe eines Aräometers (Senkwaage). Durch Zucker und einige andere Inhaltsstoffe besitzen die Lösungen höhere Dichten als reines Wasser (ϱ = 1000 g/l). Als Maß für den Zuckergehalt, v. a. von vergärbarem Fruchtsaft (Most), wird häufig das „Mostgewicht" in der Einheit Oechslegrad (Zeichen: °Oe) angegeben:

$$\text{Mostgewicht} = \left(\frac{\varrho(\text{Lösung})}{\text{g/l}} - 1000\right) \text{°Oe}$$

Aus dem Mostgewicht lässt sich die Zuckerkonzentration β(Zucker) und die maximal bei vollständiger Vergärung erreichbare Alkoholkonzentration σ(Alkohol) nach folgenden Beziehungen grob abschätzen:

$$\beta(\text{Zucker}) \approx \frac{\text{Mostgewicht}}{\text{°Oe}} \cdot 2\,\frac{\text{g}}{\text{l}}$$

$$\sigma(\text{Alkohol}) \approx \frac{\text{Mostgewicht}}{8\ \text{°Oe}}\ \%$$

Geräte und Materialien:
Aräometer mit Standzylinder („Oechslewaage"), verschiedene klare Mostsorten.
Durchführung: Fülle den Standzylinder mit Most und tauche das Aräometer langsam ein. Lies die Skala, wenn das Aräometer frei schwimmt, an der Grenzfläche Luft – Flüssigkeit ab.
Aufgabe: Schätze aus den Messwerten die Zuckerkonzentration der Moste sowie die erreichbare Alkoholkonzentration ab.

4.7 Wichtige Aldehyde und Ketone

Die technisch wichtigsten Aldehyde sind *Methanal (Formaldehyd)* und *Ethanal (Acetaldehyd)*. Vor allem Methanal wird industriell in großen Mengen produziert (Kap. 4.4, B2). Beide Aldehyde sind wichtige Ausgangsprodukte für Synthesereaktionen, die unter bestimmten Sicherheitsbedingungen ablaufen müssen, denn beide Aldehyde sind gesundheitsschädlich bis giftig.

Methanal (Formaldehyd, HCHO) wird in großen Mengen durch katalytische Oxidation von Methanol mit Luftsauerstoff hergestellt. Wegen seiner guten Reaktionsfähigkeit kann Methanal zu einer Vielzahl von Produkten weiterverarbeitet werden. Der größte Teil wird jedoch zur *Herstellung von Kunststoffen* benötigt. Auch der erste vollsynthetische Kunststoff, Bakelit (benannt nach seinem Erfinder LEO HENDRIK BAEKELAND), wurde aus Formaldehyd hergestellt. Er diente z. B. zur Herstellung von Gehäusen von Telefonapparaten, Radios oder Lichtschaltern, die oft braun bis schwarz gefärbt waren [B1]. Ein bedeutendes Einsatzgebiet von Methanal ist die Synthese von *Bindemitteln für die Herstellung von Spanplatten.*
Methanal entsteht in geringen Mengen auch bei der *unvollständigen Verbrennung von Holz, Kohle* und anderen organischen Stoffen. Die desinfizierende Wirkung des Räucherns wird auf geringe Anteile von Methanal im Holzrauch zurückgeführt. Auch der Rauch von Zigaretten enthält Methanal.

Methanal kann Allergien auslösen und bereits in geringer Konzentration die Augen, die Atemwege und die Haut reizen. Es steht im *Verdacht krebserzeugend* zu sein, da bei hohen Konzentrationen an Formaldehyd bei Ratten entsprechende Symptome festgestellt wurden. Zum Schutz der Gesundheit werden daher für die Verwendung von Formaldehyd Grenzwerte festgelegt, so darf z. B. in Wohnräumen ein Grenzwert von 0,1 ml/m³ nicht überschritten werden. Beim Möbelbau müssen entsprechend Spanplatten verwendet werden, die nur sehr wenig Formaldehyd freisetzen können.

B1 Gerätegehäuse aus Bakelit

Exkurs Duft- und Aromastoffe

Der Duft einer Blume, der Geruch oder Geschmack von Gewürzen und Früchten wird durch Stoffe verursacht, die meist schon in geringen Mengen den jeweiligen Sinneseindruck bewirken. Das Gesamtaroma entsteht häufig durch Kombination vieler Stoffe. Die Moleküle dieser Stoffe besitzen meist polare funktionelle Gruppen. Eine dieser „geruchsgebenden" Gruppen ist auch die Carbonylgruppe. Unter den Duft- und Aromastoffen finden sich deshalb viele Aldehyde.

	Vorkommen	Verwendung	Sonstiges
Vanillin 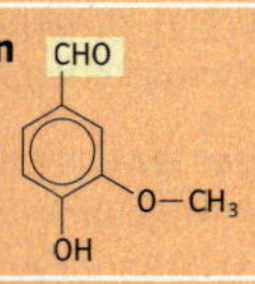	In Vanilleschoten und Gewürznelken	Synthetisch hergestelltes Vanillin als Aromastoff für Schokolade, Backwaren und Vanillinzucker	Verzögert den Verderb von Lebensmitteln durch Schimmelpilze, Hefen und Sauerstoff
Zimtaldehyd 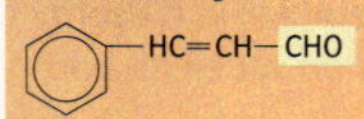	Bestandteil der Myrrhe, in Zimtöl	In Gewürzen, zur Parfümierung von Seifen	Wirkt als Insektizid
2-Hexenal (Blätteraldehyd) $CH_3(-CH_2)_2-CH=CH-CHO$	In grünen Blättern, z. B. auch Tee, wesentlicher Bestandteil des Olivenöl- und Apfelaromas	Für Parfümöl	Stoff, an dem Heuschrecken ihr Futter erkennen, Geruch nach grünem Gras

Ethanal (Acetaldehyd, CH_3-CHO) ist der zweite Vertreter der homologen Reihe der Alkanale. Es stellt eine leicht verdunstende Flüssigkeit mit stechendem, betäubendem Geruch dar, die wegen ihrer geringen Siedetemperatur im Kühlschrank aufbewahrt werden muss. Ethanal ist ein Zwischenprodukt des Stoffwechsels von Pflanzen, Tieren und Menschen. Nach Alkoholgenuss läuft in der Leber des Menschen mithilfe des Enzyms *Alkoholdehydrogenase* die Oxidation des Ethanols zu Ethanal ab, das die Leberzellen schädigt. Einige Symptome des „Katers" führt man darauf zurück.
In der chemischen Industrie wird Ethanal zu Essigsäure, Farbstoffen, Arzneimitteln sowie zu synthetischem Kautschuk verarbeitet.
Wie *Methanal* steht auch *Ethanal* im Verdacht, *krebserregend* zu sein.

Aceton (Propanon, $CH_3-CO-CH_3$), der einfachste und wichtigste Vertreter in der Reihe der Alkanone, ist eine Flüssigkeit mit einer Siedetemperatur von 56 °C und einem angenehmen aromatischen Geruch. Aceton ist in Spuren im menschlichen Harn enthalten. Bei Zuckerkrankheit (Diabetes) wird es vom Körper in größeren Mengen ausgeschieden. Da sowohl hydrophile als auch hydrophobe Stoffe in Propanon löslich sind [V1], ist es in Industrie und Technik ein viel verwendetes *Lösungsmittel* [V2], vor allem für Lacke, Harze und Klebstoffe. In Aceton lässt sich auch der beim Komprimieren explosionsartig zerfallende ungesättigte Kohlenwasserstoff Ethin (C_2H_2) unter Druck lösen. Er wird vor allem zum Betrieb von Schweiß- und Schneidbrennern benötigt. Auf diese Weise kann man Ethin, in Aceton gelöst, in Stahlflaschen aufbewahren und transportieren.
Auch in Abbeizmitteln für Lack- und Ölfarben ist Aceton enthalten. Früher verwendete man diesen Stoff auch zum Entfernen von Nagellack [B3]. Heute wird Aceton meist durch Essigsäureethylester ersetzt. Beide Stoffe sind *leicht entzündlich* und reizen die Haut und die Schleimhäute.

B2 Aceton als Bestandteil von Nagellackentfernern

Butan-2-on ($CH_3-CH_2-CO-CH_3$). Zur Kennzeichnung geruchloser Stoffe oder um Stoffe für den Verzehr unbrauchbar zu machen, setzt man *Vergällungsmittel* ein. Beispielsweise wird auf Trinkalkohol eine wesentlich höhere Alkoholsteuer erhoben als auf vergälltes Ethanol. Stoffe, die zur Vergällung eingesetzt werden, haben meist einen unangenehmen Geruch oder Geschmack. Das Entfernen des beigemengten Stoffes aus dem Gemisch ist entweder zu aufwendig oder zu teuer. Butan-2-on wird als Vergällungsmittel für Ethanol verwendet. Man erhält *Brennspiritus* [B2]. Weiterhin eignet sich Butan-2-on auch als Lösungsmittel für Harze und Lacke.

V1 Versuche Wasser, Benzin, Ethanol und Fett in Aceton (Propanon) zu lösen.

V2 Gib in ein kleines Becherglas zu wenig Propanon einige Styroporstückchen.

V3 Gib in zwei Reagenzgläser jeweils etwas Nagellack. Versuche den Nagellack in **a)** etwas Aceton **b)** etwas Ethanol zu lösen.

A1 Erstelle die Strukturformeln der in diesem Unterkapitel vorkommenden Aldehyd- und Ketonmoleküle.

4.8 Essig und Essigsäure

Wein, dem keine konservierenden Stoffe zugesetzt wurden und der einige Zeit in einem offenen Gefäß an der Luft gestanden hat, schmeckt sauer und riecht nach Essig [B2, V1]. An der Oberfläche der Flüssigkeit hat sich eine dünne, graue Haut von Essigsäurebakterien gebildet. Enzyme dieser Bakterien katalysieren die Oxidation des im Wein enthaltenen Ethanols mit dem Sauerstoff der Luft zu Essigsäure.

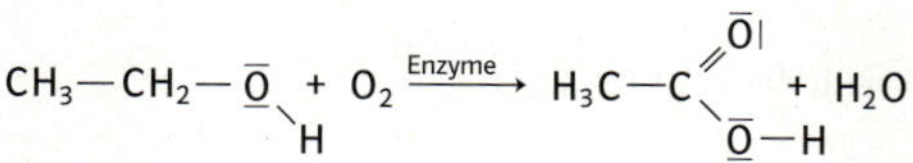

Industrielle Essig- und Essigsäureherstellung. Essig wird auch heute noch durch enzymatische Oxidation von Ethanol gewonnen. Dazu lässt man aus einem Spritzrad Wein, Most (Obstwein) oder andere Flüssigkeiten, die Ethanol enthalten, über Buchenholzspäne rieseln, die mit Essigsäurebakterien geimpft sind. Von unten strömt im Gegenstrom die zur Oxidation benötigte Luft ein [B1]. Die Flüssigkeit wird mehrmals umgepumpt, bis das gesamte Ethanol zu Essigsäure oxidiert worden ist. Vor dem Abfüllen wird der Essig so verdünnt, dass der Massenanteil der Essigsäure 5 % bis 6 % beträgt.
Im modernen Verfahren sind die Buchenholzspäne durch Schaum ersetzt, der durch Einblasen von Luft erzeugt wird. Da der Schaum eine größere Oberfläche als die Buchenholzspäne besitzt, können darauf mehr Essigsäurebakterien angesiedelt werden. Dadurch verläuft die Oxidation des Ethanols schneller.

V1 Stelle ein Glas mit vergorenem Traubensaft einige Tage offen an einen warmen Ort. Prüfe den Geruch und teste vorher und nachher mit Universalindikatorpapier.

A1 Welche Rolle spielt die eingeblasene Luft bei der industriellen Gewinnung von Essig?

A2 Beschreibe die Schritte, die bei der Herstellung von Branntweinessig, ausgehend von Getreide, ablaufen.

Der überwiegende Teil der Essigsäure wird durch Oxidation von Kohlenwasserstoffen aus Erdöl hergestellt. Der größte Teil der Essigsäure dient der chemischen Industrie zur Herstellung von Lösungsmitteln, Kunstseide, Kunststoffen und Medikamenten.

Verwendung von Essig. Haushaltsessig ist eine verdünnte Lösung von Essigsäure. Vor allem auf der Säurewirkung beruht die Verwendung von Essig als Konservierungsstoff von Nahrungsmitteln, z. B. Gewürzgurken und Heringen. In 2 %iger bis 3 %iger Essigsäurelösung sind viele Bakterien nicht mehr lebensfähig.

Exkurs Teures Getränk

Der römische Geschichtsschreiber Plinius d. Ä. berichtet von einer Wette Kleopatras mit Antonius. Danach behauptete Kleopatra, die sich über dessen tägliche Schlemmereien lustig machte, sie könne eine Mahlzeit im Wert von 10 Millionen Sesterzen verzehren. Sie gewann die Wette, indem sie eine der beiden wertvollsten Perlen der damaligen Zeit in ein Gefäß mit Essig warf. Warum konnte Kleopatra die „Perle" trinken?

B2 Essig aus Wein. Wein wird an der Luft sauer

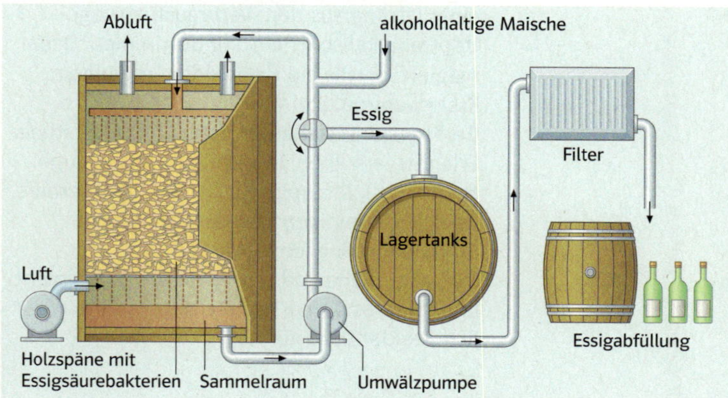

B1 Industrielle Herstellung von Speiseessig. Ethanol wird durch Essigsäurebakterien mithilfe von Luftsauerstoff zu Essigsäure oxidiert

4.9 Praktikum Essig im Alltag

Essig wird im Haushalt nicht nur zum Würzen von Speisen verwendet, sondern findet auch in anderen Bereichen Verwendung, z. B. als Bestandteil von Essigreinigern, zum Entkalken und als Rostentferner.

V1 Essig als Entkalker

Grundlagen: Kalk reagiert mit vielen sauren Lösungen unter Bildung von wasserlöslichen Verbindungen und Kohlenstoffdioxid. Die Verwendung von Essig zu diesem Zweck ist daher besonders preiswert und umweltfreundlich.

Geräte und Materialien: Becherglas (100 ml), Objektträger mit Kalkflecken (vorbereitet durch Eintauchen in Kalkwasser und Trocknen an der Luft), Essig oder Essigreiniger, Indikatorpapier.

Durchführung:

a) Prüfe Essig und Essigreiniger mit einem Indikatorpapier.

b) Tauche den Objektträger zur Hälfte einige Minuten in die saure Lösung, spüle anschließend mit Wasser ab und betrachte das Glas.

V2 Bestimmung des Essigsäuregehalts in Essig, Essigreiniger und Essigessenz

Grundlagen: Essigsäure reagiert mit alkalischen Lösungen zu Wasser und Acetaten. Bei Verwendung einer alkalischen Lösung bekannter Konzentration kann man mit einem geeigneten Indikator den Essigsäuregehalt einer Lösung aus dem Verbrauch an zugetropfter alkalischer Lösung bestimmen. Dabei reagiert jeweils ein Hydroxidion mit einem Essigsäuremolekül.

Geräte und Materialien: Schutzbrille, Weithals-Erlenmeyerkolben, Bürette mit Natronlauge (c = 1 mol/l), Messpipette (10 ml), Pipettierhilfe, Essig, Essigreiniger, Essigessenz, Phenolphthaleinlösung, dest. Wasser.

Aufgabe: Plane und entwickle das Experiment und führe es durch. Notiere die einzelnen Schritte der Durchführung.

Auswertung: Berechne zunächst den Verbrauch an Natronlauge in Milliliter und mithilfe der Beziehung $n = c \cdot V$ die Stoffmenge $n(OH^-)$. Diese ist identisch mit $n(CH_3COOH)$ in der Probe. Mit der Beziehung $m(\text{Essigsäure}) = M(CH_3COOH) \cdot n(CH_3COOH)$ erhält man die Masse der Essigsäure in der Probe. Berechne die Masse der Essigsäure in der 100-ml-Probe und daraus den Massenanteil der Essigsäure, w(Essigsäure), in %:

$$w(\text{Essigsäure}) = \frac{m(\text{Essigsäure})}{m(\text{Probe})}$$

Nimm dazu vereinfacht an, dass die Probe eine Dichte von ρ = 1 g/ml besitzt.

V3 Essig als Rostentferner

Grundlagen: Essigsäure bildet mit Rost wasserlösliche Salze.

Geräte und Materialien: kleines Becherglas, rostiges Eisenstück (Nagel, Schraube, Blech usw.), Pinzette, (Papier-)Tuch, Essig oder Essigessenz.

Durchführung: Gib den rostigen Gegenstand in Essig oder Essigessenz. Schüttle nach einigen Minuten vorsichtig und beobachte. Lass den Versuchsansatz bis zur nächsten Chemiestunde stehen. Entnimm dann den Gegenstand mit der Pinzette, spüle ihn mit Wasser und reibe ihn mit dem Tuch ab.

B1 Für die Zubereitung von Salat wird Essig verwendet

4.10 Carbonsäuren

Ethanol kann zu einer Carbonsäure, der Ethansäure (Essigsäure) oxidiert werden. Die bei der *Oxidation von Alkanolen* entstehenden Carbonsäuren nennt man **Alkansäuren.**

Methansäure (Ameisensäure). Hierbei handelt es sich um die Carbonsäure mit den am einfachsten gebauten Molekülen. Der Name Ameisensäure deutet bereits darauf hin, dass das Sekret der Ameisen diese Säure enthält [B1]. Bei manchen Ameisenarten besteht die Körpermasse bis zu 20 % aus Ameisensäure. Auch das Gift vieler Insekten, wie das der Bienen und das Gift in den *Nesselkapseln mancher Hohltiere* (Quallen) sowie die *Brennhaare der Brennnesseln* enthalten diese Säure [V1]. Ameisensäure riecht stechend und wirkt ätzend. Im Haushalt kann Methansäure zum *Entkalken* von Warmwasserbereitern, Wasserkesseln u. a. [V2] verwendet werden. Sie wurde auch als *Konservierungsmittel* für Fruchtsäfte und Silofutter eingesetzt.

Propansäure (Propionsäure). Die Propansäure wird z. B. von *Bakterien* gebildet, die den *Dickdarm des Menschen* besiedeln und bei der Verdauung helfen. Auch bei der *Reifung mancher Hartkäsesorten* [B2] sind Propionsäurebakterien beteiligt. Bei diesem Prozess entsteht neben Propionsäure Kohlenstoffdioxid, das für die Lochbildung verantwortlich ist. Unter der Bezeichnung *E 280* wird diese Carbonsäure als *Lebensmittelzusatzstoff* zur Verhinderung von Schimmelbildung verwendet.

Butansäure (Buttersäure). Die Buttersäure wird beim *Ranzigwerden der Butter* frei und verursacht den typischen unangenehmen Geruch. Auch der *Schweiß* von *Säugetieren* enthält Buttersäure. Ihr Geruch wird selbst noch in geringen Konzentrationen von blutsaugenden Insekten, Zecken und vielen anderen Tieren wahrgenommen. Ein Hund riecht noch ein Billionstel Gramm (10^{-12} g) Buttersäure in einem Kubikmeter Luft. Buttersäure entsteht z. B. aus *Stärke durch Buttersäurebakterien* [V3].

Salicylsäure. Der Inhaltsstoff der *Weidenrinde* [B3], das Salicin, wird in der Leber zu Salicylsäure [B4] umgewandelt. Bereits im 5. Jahrhundert vor Christus beschrieb Hippokrates die heilende Wirkung der Rinde. Salicylsäure dient z. B. der *Schmerzlinderung*, kann *Fieber senken* und *Entzündungen hemmen.* Salicylsäure kommt vielfach in der Natur vor: z. B. in *Myrtenblättern*, *Spierstrauch* und *Kamillenblüten*.

Fettsäuren. Alkansäuren, deren Moleküle sehr lange Ketten aus Kohlenstoffatomen aufweisen, sind bei Zimmertemperatur fest. Viele dieser Säuren können aus Fetten gewonnen werden und heißen deshalb Fettsäuren. Es sind dies z. B. die *Dodecansäure* (*Laurinsäure*), die *Hexadecansäure* (*Palmitinsäure*) und die *Octadecansäure* (*Stearinsäure*). Technisches Stearin ist im Wesentlichen ein Gemisch aus Palmitin- und Stearinsäure und wird z. B. zur Herstellung von Kerzen sowie in der Seifen- und Gummiindustrie verwendet.

B2 Emmentaler Käse. Bei der Reifung entstehen Propionsäure und Kohlenstoffdioxid

V1 Zerreibe Brennesseln in Wasser. Destilliere und prüfe das Destillat mit Universalindikator.

V2 Gib zu einer Spatelspitze Magnesium- oder Calciumcarbonat verdünnte Methansäure. Beschreibe und deute die Beobachtungen.

V3 Schneide aus einer Kartoffel einen Kegel und gib in die Vertiefung Erde. Setze den Kegel wieder ein, lege die Kartoffel in ein Einmachglas, dessen Boden mit Wasser bedeckt ist, und schließe den Deckel. Teste nach einigen Tagen den Geruch.

A1 Beschreibe, wie die Löcher in manche Käsesorten kommen.

B3 Die Silberweide (Salix alba) gehört zur Familie der Salicaceae

B1 Ameisen produzieren Ameisensäure

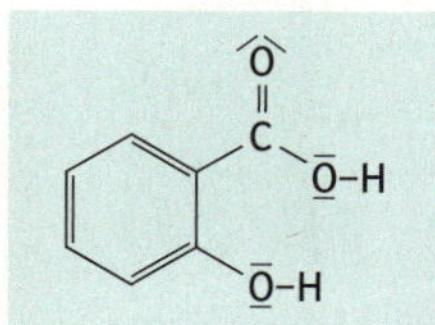

B4 Molekül der Salicylsäure

4.11 Exkurs Carbonsäuren als Lebensmittelzusatzstoffe

E 200	Sorbinsäure
E 210	Benzoesäure
E 211	Natriumbenzoat
E 220	Schwefeldioxid
E 260	Essigsäure
E 270	Milchsäure
E 296	Äpfelsäure
E 300	Vitamin C
E 330	Citronensäure
E 334	Weinsäure
E 420	Sorbit
E 422	Glycerin

B1 E-Nummern von Lebensmittelzusatzstoffen

B2 Sorbinsäure hemmt das Wachstum von Schimmelpilzen (Mitte: mit Sorbinsäure behandeltes Brot)

Organische Säuren sind nicht nur Bestandteile vieler Naturprodukte, sondern finden auch in vielen Bereichen des Alltags und der Technik Verwendung. Außer als Bestandteil z. B. von Entkalkern und industriellen Reinigern für Metalloberflächen in der Elektronikindustrie (Citronensäure) oder Rost- und Tintenfleckentfernern (Oxalsäure) werden organische Säuren wegen ihrer besonderen Eigenschaften vielen Lebensmitteln zugesetzt [B3]. Auswahl und erlaubte Mengen sind durch das Lebensmittelgesetz geregelt. Die zugesetzten Stoffe müssen entweder durch die Stoffnamen oder ihre E-Nummern [B1] auf der Verpackung angegeben werden.

Organische Säuren als Konservierungsstoffe. Viele leicht verderbliche Nahrungsmittel können durch Zusatz von organischen Säuren länger haltbar gemacht werden. Sie sollen verhindern, dass z. B. durch Fäulnisbakterien und Schimmelpilze Giftstoffe in diesen Lebensmitteln entstehen können. Zur Verhinderung der Schimmelbildung in Brot wird vielfach Sorbinsäure (Formel: C_5H_7COOH) zugesetzt [B2], eine ungesättigte Carbonsäure, die im Körper des Menschen vollständig abgebaut wird. Benzoesäure (Formel: C_6H_5COOH) ist für saure Lebensmittel zugelassen und wird z. B. Fleischsalat und Fischkonserven zugesetzt. Propionsäure (Propansäure) als **Konservierungsstoff** wird wegen der erforderlichen hohen Dosierung und der dadurch entstehenden Geschmacksveränderung zunehmend durch Sorbinsäure ersetzt.

B3 Warensortiment. Vielen Lebensmittel werden organische Säuren zugesetzt

Säuerungsmittel. Sauer schmeckende Getränke wirken besonders erfrischend. Zu diesem Zweck werden Fruchtsaftgetränken, Nektaren und Limonadengetränken organische Säuren als Säuerungsmittel zugesetzt. Hierbei finden vor allem die Citronensäure, Weinsäure und Äpfelsäure Verwendung. In Brausepulver dient der Zusatz von Citronen- bzw. Weinsäure sowohl dem Geschmack als auch der Entwicklung von Kohlenstoffdioxid durch die Reaktion mit Natriumhydrogencarbonat. Da es sich um feste Säuren handelt, erfolgt diese Reaktion erst nach Zusatz von Wasser. Dadurch ist eine lange Lagerfähigkeit in trockenem Zustand gewährleistet.

Oxidationshemmer. Beim Stehen an der Luft verändern viele Lebensmittel ihre Farbe und bekommen ein unappetitliches Aussehen (z. B. „Grauwerden" von Fleisch und Wurst, Dunkelfärbung von Apfelmus). Dies ist auf eine Reaktion von natürlichen Inhaltsstoffen mit Sauerstoff zurückzuführen. Da der Sauerstoff der Luft vor allem an die Oberfläche der Lebensmittel gelangt, finden hier die erwähnten Reaktionen statt. Durch Zusatz von **„Antioxidantien"**, z. B. Vitamin C (Ascorbinsäure), kann die Bildung solcher (z. T. farbiger) Oxidationsprodukte verhindert werden [V1]. Vitamin C wirkt reduzierend.

V1 Reibe einen Apfel und/oder eine Kartoffel zu Mus und verteile dies auf zwei Schälchen. Vermische eine der beiden Proben sofort nach dem Reiben mit ca. zwei Messerspitzen Vitamin C. Beurteile das Aussehen der beiden Proben nach 20 – 30 Minuten.

A1 Überlege, warum nach dem Lebensmittelgesetz Höchstwerte für den Zusatz von Konservierungsstoffen in Lebensmitteln festgelegt werden.

A2 Brausepulver wird in Wasser gegeben. Stelle eine mögliche Gleichung für eine Reaktion auf, die dabei zur Entwicklung von Kohlenstoffdioxid führt.

4.12 Exkurs Carbonsäuren in der Natur und im Alltag

Außer den Alkansäuren, wie z. B. Essigsäure und Buttersäure, kommen in der Natur noch viele weitere Carbonsäuren vor. Ihre Moleküle sind meist komplizierter gebaut und dadurch gekennzeichnet, dass sie nicht nur *eine funktionelle Gruppe* tragen [B1]. Häufig sind zusätzlich weitere Carboxylgruppen (*Di-* und *Tricarbonsäuren*) sowie Hydroxylgruppen (*Hydroxycarbonsäuren*) vorhanden. Man spricht dann von mehrfunktionellen Verbindungen. Viele dieser Säuren findet man in Pflanzen bzw. Pflanzenteilen, z. B. Früchten (*Fruchtsäuren*). Auch im Stoffwechsel von Tieren und Menschen sind solche Säuren zu finden.

Milchsäure. Sie entsteht bei der Vergärung von Zuckern durch bestimmte Bakterien, z. B. beim Sauerwerden von Milch, und befindet sich deshalb in Produkten wie Joghurt, Kefir und Buttermilch. Auch bei der Herstellung von Sauerkraut und Silofutter bildet sich Milchsäure, ferner tritt sie beim anaeroben Abbau des Kohlenhydrats Glykogen im arbeitenden Muskel auf.

Oxalsäure. Sie ist die Dicarbonsäure mit den am einfachsten gebauten Molekülen und bildet farblose Kristalle. Da jedes Oxalsäuremolekül zwei Protonen abspalten kann, gibt es zwei Reihen von Salzen, die Hydrogenoxalate und die Oxalate. Der saure Geschmack von Sauerklee (Oxalis acetosella), Sauerampfer, Rhabarber und Stachelbeeren wird überwiegend durch Kaliumhydrogenoxalat ($K^+ \ ^-OOC-COOH$) hervorgerufen. Oxalsäure ist giftig. 5 g davon können tödlich wirken, da sich mit Calciumionen schwer lösliches Calciumoxalat bildet, das die feinen Nierenkanälchen verstopfen kann. Auch Harn- und Nierensteine enthalten häufig Calciumoxalat.

Fruchtsäuren sind Feststoffe, die in Früchten in gelöster Form vorliegen. Die meisten haben ihren Namen nach einer Frucht erhalten, in der sie überwiegend vorkommen. So kommt **Weinsäure** in Weintrauben vor. Als Dicarbonsäure kann auch sie zwei Reihen von Salzen bilden, die *Hydrogentartrate* und die *Tartrate* (von frz. tartre, Weinstein). Der sich beim Lagern von Wein abscheidende Weinstein ist ein Gemisch aus Kaliumhydrogen- und Calciumtartrat. **Citronensäure** kommt nicht nur in Zitronen vor (im Saft: *w*(Citronensäure) = 5 % bis 7 %), sie ist als eine der häufigsten Fruchtsäuren auch in vielen anderen Früchten wie Orangen, Ananas und Preiselbeeren enthalten. Zudem kommt im menschlichen Stoffwechsel Citronensäure vor. Die Salze der Citronensäure heißen *Citrate*. Die **Äpfelsäure** ist neben der Citronensäure die verbreitetste Fruchtsäure. Sie kommt in vielen Obstarten wie Äpfeln, Birnen, Quitten, Aprikosen, Kirschen und Pflaumen vor. Die Salze der Äpfelsäure sind die *Malate* (von lat. malum, Apfel).

Vitamin C gegen Skorbut

Vitamin C, auch Ascorbinsäure genannt, ist eine organische Säure mit kompliziertem Molekülbau. Sie ist für den menschlichen Körper unentbehrlich, kann von ihm jedoch selbst nicht gebildet werden und muss in der Nahrung enthalten sein. Besonders Hagebutten, Sanddorn, schwarze Johannisbeeren, Kiwi, Paprika, Petersilie und Grünkohl sind reich an Vitamin C. Eine unzureichende Versorgung mit Vitamin C führt zu speziellen Mangelkrankheiten. Eine Folge extremen Vitamin-C-Mangels, der Skorbut, war in den früheren Jahrhunderten bei Seefahrern eine gefürchtete Krankheit. Sie war darauf zurückzuführen, dass vor allem wegen fehlender Konservierungsmöglichkeiten auf langen Reisen kein frisches Obst und Gemüse zur Verfügung standen. Später wurde dem Skorbut z. B. durch Verzehr von Sauerkraut oder Zitronensaft begegnet.

Schilderung von Skorbut (Scharbock) während einer Schiffsreise (1740):
Drittens hatten auch viele den Scharbock, welcher eine schmerzliche Krankheit ist und auf dem Land selten gefunden wird. Es fanget zuerst in denen Zähnen an, daß das Zahnfleisch gantz faul wird, und man den gantzen Kiefer wegnehmen kan; sie werden gantz steiff an dem gantzen Leib, daß sie sich weder wenden noch regen können; sie bekommen auch faul Fleisch an dem Leib, daß man gantze Stücker ausschneiden kan.

B1 Verschiedene Carbonsäuren

4.13 Praktikum Organische Säuren in Lebensmitteln

V1 Fällung der Calciumsalze

Grundlagen: Oxalsäure (Gesundheitsschädlich), Weinsäure und Citronensäure bilden mit Calciumionen schwer lösliche Salze.

Geräte und Materialien: Reagenzgläser, Bechergläser (250 ml), Spatel, Dreifuß, Keramik-Drahtnetz, Gasbrenner, 2 Messpipetten (10 ml), Pipettierhilfe, Siedesteinchen, Oxal-, Wein- und Citronensäure, Calciumchloridlösung (w = 20 %), Kalkwasser, Rhabarbersaft, Zitronensaft, Brausepulver.

Durchführung:

a) Löse eine Spatelspitze Oxalsäure in wenig Wasser und gib etwas Calciumchloridlösung zu. Gib auch zu ca. 5 ml Rhabarbersaft (zuvor filtriert) etwas Calciumchloridlösung.

b) Löse jeweils eine Spatelspitze Wein- bzw. Citronensäure in wenig Wasser und füge jeweils 40 ml Kalkwasser zu. Gib zu dem Ansatz mit Citronensäure Siedesteinchen und koche auf.

c) Prüfe entsprechend (b) ca. 5 ml Brausepulverlösung (zur Entfernung von Kohlenstoffdioxid vorher auskochen) auf Weinsäure und ca. 1 ml Zitronensaft auf Citronensäure.

V2 Säuregehalt von Milch und Milchprodukten

Grundlagen: Milchsäurebakterien bauen Milchzucker zu Milchsäure ab. Bei Frischmilch gibt der Milchsäuregehalt einen Hinweis auf Alter und Lagerung der Milch. Bei Sauermilchprodukten ist ein bestimmter Milchsäuregehalt erwünscht. Da Milch außer Milchsäure in geringem Umfang andere Säuren enthält, gibt man zur Beurteilung die Gesamtsäurekonzentration an, die durch Titration mit Natronlauge bestimmt wird.

Geräte und Materialien: Schutzbrille, Weithals-Erlenmeyerkolben (200 ml), Stativmaterial, Bürette, Messzylinder, Natronlauge (c = 0,1 mol/l), Phenolphthaleinlösung (w = 2 %), verschiedene (flüssige) Milchprodukte.

Aufgabe: Plane und entwickle ein Experiment zur Bestimmung der Säurekonzentration. Notiere die einzelnen Schritte der Durchführung. Führe das Experiment mit verschiedenen Milchprodukten durch. Notiere die Ergebnisse und werte sie aus.

B1 Bestimmung des Säuregehalts von Lebensmitteln durch Titration

V3 Bestimmung des Vitamin-C-Gehalts

Grundlagen: Vitamin C wirkt reduzierend. Durch Reaktion mit Iod wird dieses zu Iodid reduziert. Der Gehalt an Vitamin C kann somit durch den Verbrauch an Iod ermittelt werden. Der Endpunkt der Titration wird durch die Iod-Stärke-Reaktion angezeigt (Blaufärbung).

Geräte und Materialien: Schutzbrille, Stativmaterial, Bürette, Messzylinder, 2 Messpipetten (10 ml), Pipettierhilfe, Weithals-Erlenmeyerkolben (200 ml), Iodlösung (2,5 g Iod und 5 g Kaliumiodid in 1 l Lösung; $c \approx$ 0,01 mol/l), Salzsäure ($c \approx$ 1 mol/l), Stärkelösung (w = 1 %), Vitamin-C-Teststäbchen, Ascorbinsäure oder Vitamin-C-Tablette, Zitronensaft (frisch und Konserve), Orangensaft, Apfelsaft, Kiwisaft, Vitamin-C-Bonbons (vorher zu 25 ml Lösung in Wasser lösen), evtl. weitere Vitamin-C-haltige Getränke.

Durchführung:

a) Bestimme den Vitamin-C-Gehalt der Proben mit Teststäbchen.

b) Gib 2 ml Salzsäure und 5 ml Stärkelösung zu 25 ml der Probe und titriere mit der Iod-lösung.

c) Stelle mit Ascorbinsäure oder einer Vitamin-C-Tablette (Gehaltsangabe auf der Packung beachten) eine Standardlösung her, die 100 mg Ascorbinsäure in 100 ml Lösung enthält. Titriere diese Lösung wie in (b).

Auswertung:

Zu c): Trage in ein Diagramm (Abszisse: V(Iodlösung) in ml; Ordinate: m(Vitamin C) in der Probe in mg) die Werte für die Standardlösung ein. Zeichne eine Ursprungsgerade durch diesen Punkt. Ermittle aus dieser Eichkurve den Vitamin-C-Gehalt der übrigen Proben unter Verwendung der Ergebnisse von (b).

Zu a) und b): Vergleiche die verschiedenen Proben hinsichtlich der Gehaltsangaben (Teststäbchen) und aufgrund des Verbrauchs an Iodlösung.

4.14 Verwendung von Esterverbindungen

Der durch die Reaktion eines *Alkohols* mit einer *Säure* formal unter Wasserabspaltung gebildete *Ester* (Kap. 3.12) ist vielfältig nutzbar.

Aromastoffe. Der Geruch oder Geschmack eines Stoffes ist oft auf leicht flüchtige *Esterverbindungen* zurückzuführen. Diese kommen als **Aromastoffe** in unseren Lebensmitteln wie beispielsweise Früchten natürlicherweise vor. Das Gesamtaroma, z. B. einer Erdbeere, entsteht meist durch ein Gemisch von vielen verschiedenen Stoffen [B3].
Aber auch ein Ester als Reinstoff kann einen typischen Geruchseindruck erzeugen.
Manchen Lebens- und Genussmitteln dürfen Aromastoffe zugesetzt werden. Dabei lassen sich drei mögliche Gruppen unterscheiden:

1. **Natürliche Aromastoffe**: Sie werden aus entsprechenden Pflanzenteilen gewonnen. Es handelt sich meist um Stoffgemische.
2. **Naturidentische Aromastoffe**: Sie werden künstlich hergestellt, kommen aber auch in der Natur vor.
3. **Künstliche Aromastoffe**: Sie werden in Labors entwickelt und sind nur als Zusatz für bestimmte Lebensmittel erlaubt (z. B. Pudding).

Medikamente. Eines der bekanntesten Schmerzmittel wird durch Veresterung von *Salicylsäure* (Kap. 4.10) mit *Essigsäure* hergestellt. Das Produkt ist Acetylsalicylsäure (ASS, [B5]). Es ist nicht nur bei Kopfschmerzen hilfreich, sondern wird beispielsweise auch zur Prävention von Herz-Kreislauf-Erkrankungen eingesetzt, da es eine Blut verdünnende Wirkung hat.

B1 REM der Blattoberfläche einer Kalanchoe (Kalanchoe blossfeldiana)

B2 Bienenwachs besteht aus Estern

Weiteres Vorkommen bzw. weitere Verwendungsmöglichkeiten. Ester können auch als *Lösungsmittel* für organische Stoffe eingesetzt werden. Sie dienen zum Verdünnen von Lacken und Anstrichfarben.
Ester von Carbonsäuren und Alkoholen mit jeweils langkettigen Molekülen sind *Wachse*, die in der Natur als *Schutzschicht* auf *Laubblättern* [B1], *Rollblättchen* („*Nadeln*"), *Blüten* oder *Früchten* vorkommen.
Der Hauptbestandteil des *Bienenwachses* [B2] ist ein Ester aus Palmitinsäure und einem Alkohol mit langkettigen Molekülen ($C_{30}H_{61}OH$). Wachse werden in *Pflegemitteln* für Schuhe, Böden, Möbeln und als *Salbengrundlagen* verwendet.
Fette sind die *Ester des Propantriols* (Glycerin) mit Fettsäuren. Fettmoleküle sind maßgeblich am Aufbau von Lecithin beteiligt, welches das Grundgerüst für die Bildung von *Biomembranen* darstellt.

V1 Man mischt in einem Reagenzglas 2,5 ml Essigsäure mit 2 ml Pentan-1-ol. Die Lösung wird mit einigen Tropfen konz. Schwefelsäure versetzt. Nun erhitzt man im schwach siedenden Wasserbad. Den Inhalt gießt man nach 10 min in stark verdünnte Natronlauge.
Prüfe den Geruch und zeichne die Strukturformel des Produkts.

V2 Man mischt in einem Reagenzglas etwa 0,5 g Salicylsäure mit 2 ml Methanol, versetzt das Gemisch mit 1 ml Schwefelsäure und erhitzt den Ansatz.
Prüfe den Geruch.

A1 Essigsäurehexylester ist ein Bestandteil des Birnenaromas. Nenne einen dazu isomeren Ester.

B3 Am Aroma der Erdbeere sind mehr als 300 Stoffe beteiligt

Eine Biomembran ist die Abgrenzungsstruktur einer lebenden Zelle

B4 Kalottenmodell eines Moleküls der Acetylsalicylsäure

B5 Handelsübliche Form von ASS

4.15 Praktikum Herstellung von Gummibärchen

B1 Gummibärchen – ob gelb, grün, rot oder farblos – sie schmecken so oder so fast unwiderstehlich gut

Auch Gummibärchen enthalten Aromastoffe und damit Carbonyl- und/oder Esterverbindungen.

V1 Wir stellen Gummibärchen her
Weingummi und insbesondere sein typischer Vertreter, das Gummibärchen, sind bei Jung und Alt sehr beliebt. Die Herstellung erfordert ein wenig Zeit, macht aber auch Spaß. Allerdings muss man sich bei den einzelnen Arbeitsschritten genau an die Vorschriften halten. Besonders genau müssen die Temperaturbedingungen eingehalten werden, denn die verwendeten Stoffe können durch zu starke Erwärmung leicht zersetzt werden. **Alle Geräte und Materialien müssen sehr sauber sein.**

Geräte und Materialien: Heizplatte, (evtl. Wasserbad), 3 Bechergläser (1 x 400 ml; 2 x 200 ml), Waage, Messzylinder (50 ml oder 100 ml), Glasstab, Thermometer (bis 120 °C), kleines Backblech mit Rand, Backofen oder Trockenschrank, Holzleiste, Pinzette, kleiner Trichter, Spatel, Mais- oder besser Weizenstärke als Trennmittel, Muster-Weingummi oder Formstempel aus selbsthärtender Modelliermasse oder Salzteig, Haushaltszucker, Weinsäure, Natriumhydrogencarbonat (Natron), Gelatine (am besten Blattgelatine), Fruchtaromen (z. B. Apfelaroma, Orangenaroma) oder Colaaroma; Lebensmittelfarben.

Durchführung:
a) *Vorbereitung des Stärkebetts:*
Fülle ein Backblech mit Stärke und trockne sie einige Stunden bei ca. 100 °C im Backofen (oder Trockenschrank). Verteile die Stärke mithilfe einer Holzleiste so, dass eine glatte Oberfläche auf der Höhe der Kanten entsteht. Halte ein Gummibärchen oder ein anders geformtes Weingummi von hinten mit einer Pinzette und drücke reihenweise Negativformen in das Stärkebett. Hierzu kann auch ein Formstempel mit einem selbst gestalteten Motiv oder aber nur ein Reagenzglasboden verwendet werden. Alternativ können auch Konfektförmchen aus Metall, Einsätze von Pralinenschachteln oder temperaturbeständige Eiswürfelbehälter zum Einsatz kommen, jeweils eingepudert mit Stärke.

b) *Herstellung von Invertzucker:*
Gib 67 g Haushaltszucker mit einer Spatelspitze Weinsäure in ein 200-ml-Becherglas und gieße 33 ml Wasser hinzu. Erhitze unter Rühren auf 70 °C bis 80 °C und halte das Gemisch ca. 30 Minuten auf dieser Temperatur. Gib danach zur Neutralisation eine Spatelspitze Natriumhydrogencarbonat hinzu. Nach dem Aufschäumen ist der Sirup fertig. Man kann diesen Arbeitsschritt einsparen, wenn man gleich Invertzucker (m = 100 g) verwendet. Das Gemisch kann auch einige Tage vor der Bärchen-Bereitung hergestellt werden.

c) *Herstellung der Gießmasse:*
Verrühre in dem 400-ml-Becherglas 30 g Gelatine mit 50 ml Wasser und lass sie 15 Minuten quellen. Mische in dem zweiten 200-ml-Becherglas 80 g Haushaltszucker mit 25 ml Wasser, erhitze das Gemisch auf genau 115 °C und nimm es dann sofort von der Platte.

Schmilz jetzt die Gelatine vorsichtig unter Rühren auf der Heizplatte (alternativ in einem 80 °C heißen Wasserbad). Kontrolliere, dass die Temperatur 75 °C nicht überschreitet. Nimm das Becherglas mit Gelatine von der Heizplatte und gieße den Sirup aus Invertzucker und danach die Zuckerlösung zur Gelatine und verrühre gut. Gib einige Tropfen Fruchtaroma und einige Spatelspitzen Äpfelsäure zu dem Gemisch, um ihm einen fruchtigen Geschmack zu verleihen, und färbe es mit 1 bis 2 Tropfen passendem Lebensmittelfarbstoff. Lass die Masse etwas abkühlen und schöpfe den evtl. entstandenen Schaum ab.

d) *Gießen der Gummibärchen:*
Fülle den mit heißem Wasser sauber gespülten Trichter mit der fertigen Gießmasse, während du den Auslauf mit dem Finger verschließt. Halte den gefüllten Trichter über die Formen, öffne den Auslauf und lass sie volllaufen. Die Stärke des Stärkebetts darf auf keinen Fall wärmer sein als Zimmertemperatur. Spüle den Glastrichter, wenn er leer ist, mit heißem Wasser aus und befülle ihn erneut im warmen Zustand. Nach einigen Stunden, am besten über Nacht, sind die Gummibärchen ausgehärtet. Wenn man die Oberfläche der Bärchen mit wenig Stärke bestäubt, kleben sie nicht zusammen. Hinweis: Lege das gebrauchte Geschirr sofort in warmes Wasser und säubere es anschließend.

V2 Bereitung von Rote-Rüben-Saft

Geräte/Materialien: Becherglas (200 ml), Mixer, Messer, Leinentuch, Teller, 1 Rote Rübe
Durchführung: Schäle die Rote Rübe und schneide sie in kleine Würfel. Zerhacke diese nicht zu fein im Mixer und presse den Saft der Masse durch ein feines Leinentuch in ein Becherglas.

V3 Variationen:

a) Geräte: Zusätzlich 2 Bechergläser (200 ml)
Durchführung: Untersuche die Wirkung der Zutaten, indem du nach dem Eingießen von Sirup und Zuckerlösung zur Gelatine [V1c] die Masse in drei Portionen teilst (weitere Bechergläser vorher mit heißem Wasser ausspülen). Gehe wie folgt vor:
Portion 1: Zusatz von Aromen und Äpfelsäure
Portion 2: Zusatz von Aromen
Portion 3: Keinerlei weitere Zusätze
Auswertung: Beschreibe Aussehen und Geschmack der Gummibärchen.

b) Geräte: Zusätzlich 2 Bechergläser (200 ml) Blaubeersaft, Rote-Rüben-Saft
Durchführung: Setze der in [V1c] hergestellten Gießmasse keine Lebensmittelfarbstoffe zu und teile die Masse in drei Portionen (weitere Bechergläser vorher mit heißem Wasser ausspülen).
Portion 1: Ohne Zusatz von Farbstoff
Portion 2: Zusatz einiger Tropfen Blaubeersaft
Portion 3: Zusatz einiger Tropfen Rote Rüben-Saft (Bereitung siehe [V3]).
Auswertung: Beschreibe Aussehen und Geschmack der Gummibärchen.

c) Geräte/Materialien: Becherglas (100 ml), Fruchtsirup.
Durchführung: Gehe vor wie in [V1c] beschrieben, verwende jedoch nur 40 g Haushaltszucker in 15 ml Wasser. Rühre nach dem Zusammengeben von Gelatine und Zuckerlösung 20 g Fruchtsirup ein.
Auswertung: Beschreibe Aussehen und Geschmack der Gummibärchen.

d) Stelle z. B. rote Gummibärchen mit Zitronengeschmack oder gelbe mit Erdbeer- oder Himbeergeschmack her. Koste selbst und lass Mitschüler kosten. Was fällt dir auf?

c) Herstellen der Gießmasse
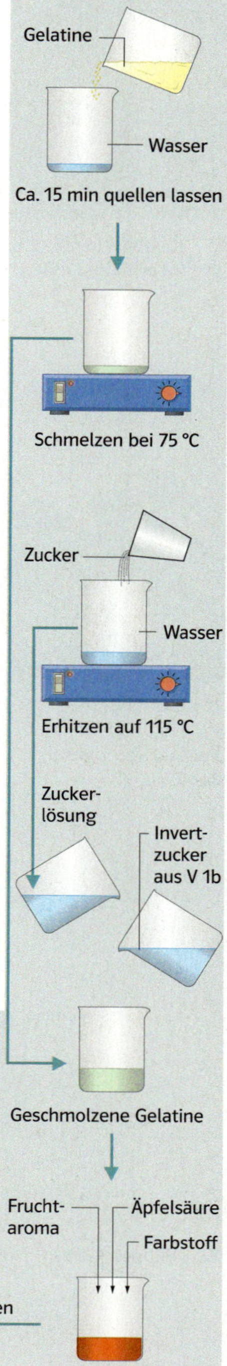

d) Gießen der Gummibärchen

4.16 Riesenmoleküle durch Esterbildung

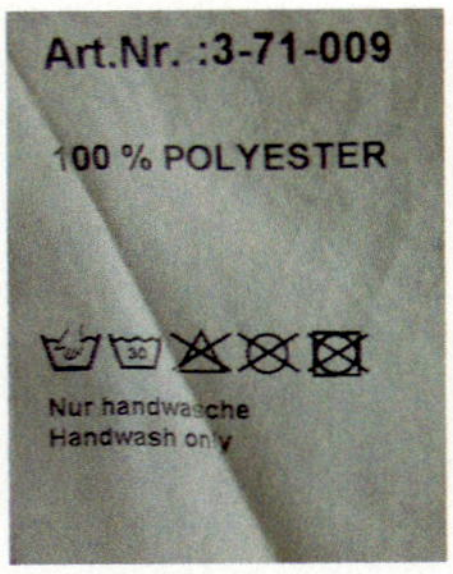

B1 Pflegehinweis für Polyestertextilien

B2 PET-Flaschen (Polyester aus Ethandiol und Terephthalsäure)

Alkansäurealkylester erhalten wir durch die Reaktion von Alkansäuren mit Alkanolen. Dabei entsteht aus jeweils einem Molekül mit einer Carboxylgruppe bzw. Hydroxylgruppe ein Estermolekül. Wie reagieren Moleküle miteinander, die sowohl *Carboxyl-* als auch *Hydroxylgruppen* besitzen?

Polyester. Erwärmt man Milchsäure, eine Hydroxycarbonsäure, längere Zeit, so beobachtet man, dass die eingesetzte Stoffportion zunehmend zähflüssiger wird. Am Ende erhält man ein festes, klebriges Reaktionsprodukt [V1]. Ein Milchsäuremolekül reagiert zunächst mit einem zweiten zu einem Estermolekül. Dieses besitzt noch jeweils eine Carboxylgruppe und eine Hydroxylgruppe. Mit zwei weiteren Milchsäuremolekülen kann das zunächst gebildete Estermolekül zu einem Molekül mit vier Baueinheiten reagieren, die durch drei Estergruppen miteinander verbunden sind. In gleicher Weise reagieren weitere Milchsäuremoleküle unter Abspaltung von Wassermolekülen zu Makromolekülen [B3].

Kettenförmige Makromoleküle bilden sich auch, wenn *Dicarbonsäuren* mit *Diolen* reagieren. An beiden Carboxylgruppen der Säuremoleküle und an beiden Hydroxylgruppen der Alkoholmoleküle bilden sich Estergruppen unter Abspaltung von Wassermolekülen.

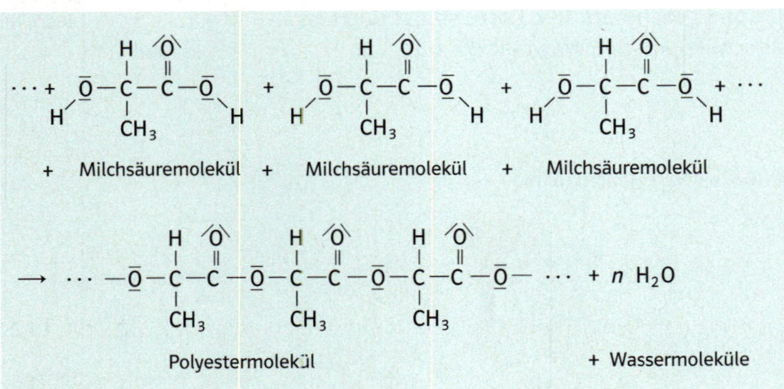

B3 Bildung eines Polyestermoleküls

Enthalten Moleküle mehr als zwei funktionelle Gruppen (bei Polyestern nur Hydroxyl- oder Carboxylgruppen), so entstehen durch Abspaltung von Wassermolekülen Produkte mit vernetzten Makromolekülen [V2 und V3]. Polymere (Kap. 2.12), die durch Esterbildung vieler Moleküle hergestellt wurden, heißen Polyester. Die Bildung von Polyestermolekülen durch vielfache Abspaltung von Wassermolekülen zwischen kleinen Molekülen ist eine *Polykondensation*. Polyester zählen zu den Kunststoffen.

Verwendung von Polyestern. Zur Herstellung von Textilfasern werden Dicarbonsäuren und Diole verestert. Handelsnamen für Textilien aus Polyester sind z. B. Trevira und Diolen. Polyestertextilien sind immer mit einem Pflegehinweis versehen [B1].
Aus dem Polyester PET werden leichte und bruchsichere Flaschen hergestellt [B2]. Die Produkte aus vernetzten Polyestermolekülen bezeichnet man nach ihren Eigenschaften als Polyesterharze. Sie sind wichtige Rohstoffe für Lacke und Beschichtungen.

V1 Eine Teelichthülle wird mit Milchsäure gefüllt und 24 Stunden bei einer Temperatur von ca. 200 °C in den Trockenschrank gestellt.

V2 Gib in einem Reagenzglas zu 3,5 g Bernsteinsäure 1 ml Glycerin und erhitze drei Minuten lang mit kleiner Flamme.

V3 Gib in einem Reagenzglas zu 3 g Äpfelsäure 1,4 ml Glycerin. Erhitze das Gemisch, neige dazu das Reagenzglas. Lass nach fünf Minuten abkühlen.

A1 Zeichne einen Ausschnitt aus einem Polyestermolekül, das durch Polykondensation aus Bernsteinsäure (Butandisäure) und Butan-1,4-diol gebildet wird.

A2 Was muss bei der Pflege von Polyestertextilien berücksichtigt werden [B1]? Nenne Beispiele für Textilien aus Polyester.

4.17 Durchblick Zusammenfassung und Übung

Ethanol
Der wichtigste Alkohol ist Ethanol. Er wird beispielsweise bei der alkoholischen Gärung aus Traubenzucker gewonnen.

$$C_6H_{12}O_6 \longrightarrow 2\,CO_2 + 2\,C_2H_5OH$$

Verwendung als:
- Lösungsmittel
- Desinfektionsmittel, Konservierungsmittel
- Treibstoff (Bioethanol)

Alkoholkonsum
Durch zu hohen Konsum an Alkohol wird dieser leicht zum Suchtmittel. Physiologisch wirkt Ethanol auf unseren Körper auch als Zellgift. Alkohol beeinträchtigt in Abhängigkeit von seiner Konzentration die Sinne, sodass z. B. stets mit einem erhöhten Unfallrisiko nach Alkoholgenuss zu rechnen ist. Die Abgabe von Alkohol ist zum Schutz der Jugendlichen bis zu einem Alter von 16 Jahren gesetzlich untersagt.

Carbonylverbindungen
Aldehyde und Ketone werden vor allem als Lösungsmittel verwendet. Daneben dienen sie als Zusatzstoffe, z. B. in Harzen, Lacken und Klebstoffen.

Carbonsäuren
Die bekannteste Carbonsäure ist die Essigsäure. Sie dient im Haushalt zum Würzen von Speisen und zur Konservierung [B1]. Unser Haushaltsessig wird aus Weinen hergestellt.

B1 Säuren machen haltbar

Ester
In einer Kondensationsreaktion, bei der Carbonsäuremoleküle mit Alkoholmolekülen reagieren, entstehen Esterverbindungen. Dabei werden Wassermoleküle abgespalten. Ester sind als Aromastoffe in Früchten enthalten. Durch die Esterkondensation lassen sich wichtige Medikamente herstellen, z. B. Acetylsalicylsäure (ASS).
Biodiesel, z. B. Rapsölmethylester, gehört auch zu dieser Stoffklasse.

Polyester
Aus Molekülen, die sowohl eine Carboxylgruppe, als auch eine Hydroxylgruppe enthalten, können durch Polykondensation Polyestermoleküle hergestellt werden. Die Kettenlänge der Komponenten ist dabei unerheblich. Auch Dicarbonsäuren reagieren mit Diolen zu Polyestern [B2]. Dies sind Makromoleküle. Polyester zählen zu den Kunststoffen.

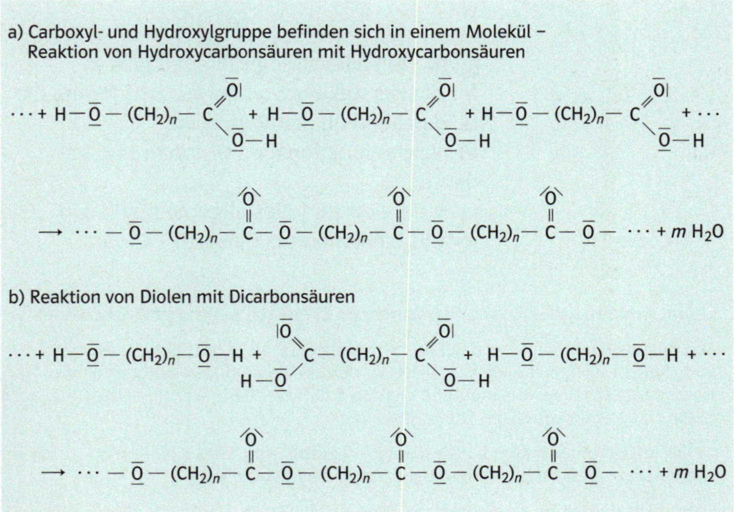

B2 Herstellung eines Polyesters durch Polykondensation – allgemeines Schema

A1 In Brasilien ist die Verwendung von Ethanol als Treibstoff für Automotoren stark verbreitet. Der Alkohol wird durch Vergären von Zucker aus Zuckerrohr [B4] gewonnen.
a) Welche Vorteile soll die Verwendung von Ethanol dem Land bringen?
b) Zähle Nachteile und Probleme auf, die damit verbunden sind.
c) Welche Vorteile bringt die Verwendung von nachwachsenden Rohstoffen gegenüber Treibstoffen aus fossilen Energieträgern mit sich?

A2 Ab und zu kann man Berichte darüber lesen, dass bei einer Feier der Genuss von Hochprozentigem, wie z. B. Wodka, zur Erblindung von mehreren Personen führte.
a) Welcher Stoff ist dafür verantwortlich?
b) Was sollte daher bei der Herstellung von Hochprozentigem, wie z. B. Wodka, beachtet werden?

A3 Informiere dich darüber, wie und aus welchen Grundstoffen Essigessenz hergestellt wird.

A4 **a)** Welche Möglichkeiten gibt es für die Herstellung von Polyestern? Nenne die beiden allgemeinen Prinzipien.
b) Welche funktionellen Gruppen sind bedeutend?
c) Notiere dir für jedes allgemeine Prinzip jeweils ein konkretes Beispiel.

„Immerwährender Essigkrug" der Landleute in einigen Gegenden Deutschlands

Man hat zwei beliebig große Gefäße, von Holz oder nicht mit Blei glasiertem Steinzeug (A und B), die leicht zugedeckt werden. Diese Gläser sind mit einem Hahn zum Abziehen versehen und werden an einen mäßig warmen Ort, z. B. in die Nähe eines geheizten Ofens, gestellt.

Gefäß A wird mit starkem fertigen Essig vollgefüllt. In Gefäß B gießt man ebenfalls fertigen Essig, macht dasselbe aber nicht voll damit.

Gebraucht man Essig, so zieht man ihn vom Gefäß B ab, und gießt wieder eben so viel von Gefäß A in Gefäß B. Im Gefäß A aber ersetzt man das Weggenommene durch essiggebende Flüssigkeit, z. B. Überreste von Wein, Bier, Branntwein, Obst oder eine Mischung von 1 Teil Weingeist und 12 Teilen Wasser. Auf diese Art kann man Jahre, ja Jahrhunderte lang in diesen Gefäßen Essig erzeugen.

(Text von 1863)

B3 Zu Aufgabe 6

B4 Zu Aufgabe 1

A5 **a)** Welche funktionelle Gruppe charakterisiert die Moleküle des Biodiesels?
b) Worin besteht der Unterschied zwischen „normalem" Dieselkraftstoff und Biodiesel?
c) Warum trägt Biodiesel nicht so stark zur Erhöhung des Kohlenstoffdioxidanteils der Atmosphäre bei wie „normaler" Diesel?
d) Die Herstellung von Biodiesel geschieht nicht umweltneutral. Stelle Beispiele aus dem Produktionsprozess zusammen, bei denen Energie aus anderen Energiequellen benötigt wird.

A6 Im Jahre 1863 wurde ein „Immerwährender Essigkrug" beschrieben [B3], der in einigen Gegenden Deutschlands in Gebrauch war. Erläutere die Funktionsweise.

A7 ASS ist in Schmerztabletten enthalten und ist ein Reaktionsprodukt aus Essigsäure und Salicylsäure (s. auch Kap. 4.10 und 4.14).
a) Formuliere die Reaktionsgleichung für die Herstellung dieses Stoffes mit Strukturformeln und gib an, zu welcher Stoffgruppe er gehört.
b) Bei längerer unsachgemäßer Lagerung solcher Tabletten riechen diese nach Essig. Erkläre.

A8 Wie könnte man aus einem primären Alkohol über mehrere Reaktionsstufen einen Ester synthetisieren? Beschreibe einen Weg und gib die erforderlichen Reaktionstypen an.

5 Biomoleküle

Viele biologisch wichtige Verbindungen zählen zu den Fetten, Kohlenhydraten oder Proteinen. Daher nennt man die Moleküle dieser Stoffklassen Biomoleküle. Die drei genannten Stoffklassen werden auch als Nährstoffe bezeichnet.

Zu den Kohlenhydraten gehören alle Zucker, wie z. B. Traubenzucker oder Milchzucker, aber auch die Polysaccharide wie Stärke oder Cellulose. Die Kohlenhydrate sind wichtige Energielieferanten für körperliche und geistige Leistungen.

Die Fette sind ebenfalls für den Stoffwechsel unentbehrlich, u. a. als Energielieferanten. Zu ihren Bestandteilen zählen die Fettsäuren, die bekanntesten sind die Omega-3-Fettsäuren. Fettmoleküle sind aber auch am Aufbau von Membranen oder Hormonen beteiligt. Zudem können aus Fetten Seifen hergestellt werden.

Proteine, auch Eiweiße genannt, sind Biomoleküle, die aus einzelnen Aminosäuren gebildet werden. Sie gelten als Baustoffe des Körpers. Beispielsweise sind die Haare und die Fingernägel aus Proteinen aufgebaut. In Sehnen ist das Protein Kollagen enthalten, das als Gerüstsubstanz auch in Knochen vorkommt.

5.1 Aufbau und Eigenschaften von Fetten

B1 Fettmolekül. Kalottenmodell

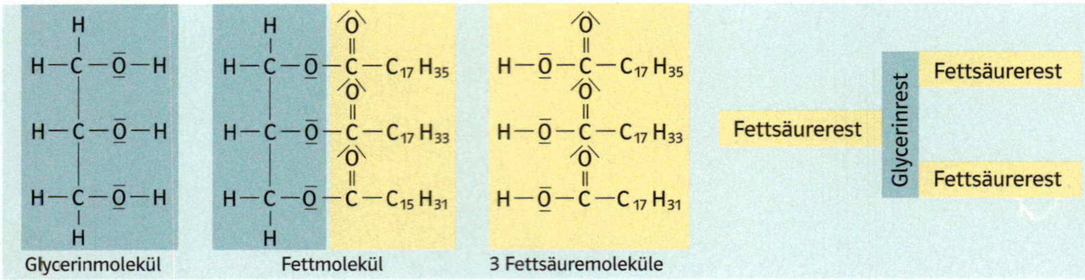

B3 Aufbau eines Fettmoleküls. Rechts: Aufbauschema

Sowohl in pflanzlichen als auch in tierischen Zellen findet man Fette, welche als Bau- und Speicherstoffe dienen. Da Lebensmittel in aller Regel pflanzlicher oder tierischer Herkunft sind, enthalten auch sie mehr oder weniger große Mengen an Fetten.

Aufbau eines Fettes. So unterschiedlich Fette bezüglich ihrer Herkunft auch sein mögen [B4], in ihrem Molekülbau sind sie sich sehr ähnlich. Alle Fette sind Ester aus dem dreiwertigen Alkohol *Glycerin* und *langkettigen Carbonsäuren* [B1, B3]. Meistens sind alle drei Hydroxylgruppen des Glycerinmoleküls verestert, daher bezeichnet man Fette als **Triacylglycerine** oder als **Triglyceride**.

Mineralöle werden durch Destillation von Braunkohle, Steinkohle, Torf, Erdöl oder anderen mineralischen Rohstoffen hergestellt

Triacyl- von griech. tris, dreimal und lat. acidus, sauer

Fettsäuren. Die Kettenlänge der in natürlichen Fetten veresterten Carbonsäuremoleküle variiert von C_4 bis C_{24}. Die Anzahl der Kohlenstoffatome ist aber fast immer geradzahlig. Dies kommt daher, dass diese sogenannten **Fettsäuren** in der pflanzlichen oder tierischen Zelle aus C_2-Bausteinen zusammengesetzt werden. Nicht alle benötigten Fettsäuren können von Tieren selbst hergestellt werden. Fettsäuren, die der Körper aufnehmen muss, werden als **essenzielle Fettsäuren** bezeichnet. Dies sind oft **ungesättigte Fettsäuren**, also Fettsäuren mit einer oder mehreren Doppelbindungen im Alkylrest des Moleküls. B7 gibt einen Überblick über häufig vorkommende Fettsäuren.

B2 Molekülmodelle von Stearinsäure (links) und Ölsäure (rechts)

Schmelztemperaturbereich. Fette werden nach ihrem Aggregatzustand bei Zimmertemperatur in feste, halbfeste und flüssige Fette eingeteilt. Letztere nennt man auch *fette Öle*. Speiseöle, z. B. Olivenöl und Sonnenblumenöl, sind fette Öle und somit Fette. **Mineralöl** hingegen ist ein Gemisch aus langkettigen Alkanmolekülen (Kap. 1.6) und folglich kein Fett.

Kokosfett oder Schweineschmalz sind keine im chemischen Labor hergestellten Reinstoffe, sondern aus Pflanzen bzw. Tieren gewonnene Stoffgemische. Diese setzen sich aus unterschiedlichen Triglyceridmolekülen zusammen. Das zeigt sich auch bei der Bestimmung der Schmelztemperatur: Ein Fett hat keine scharfe Schmelztemperatur, sondern einen *Schmelztemperaturbereich* [B6]. Es gelten folgende Zusammenhänge zwischen Molekülstruktur und Höhe des Schmelztemperaturbereichs:

Je langkettiger die Fettsäurereste in den Fettmolekülen sind, desto höher liegt der Schmelztemperaturbereich des Fettes.
Und: Je mehr C=C-Doppelbindungen in den Fettmolekülen vorkommen, desto niedriger ist der Schmelztemperaturbereich des Fettes.

B4 Einige Speisefette und -öle

Während die erste Regel leicht durch die mit der Zunahme der Moleküloberfläche wachsenden Van-der-Waals-Kräfte zu erklären ist, ist der Einfluss von Doppelbindungen auf das Schmelzverhalten nicht so offensichtlich. Betrachtet man Kalottenmodelle des Stearinsäure- und des Ölsäuremoleküls [B2], dann fällt auf, dass das Ölsäuremolekül an der Doppelbindung einen „Knick“ aufweist. Die Kohlenstoffkette ist hier in *Z*-Stellung fixiert, da um die Doppelbindung keine freie Drehbarkeit herrscht. Fettmoleküle mit vielen ungesättigten Fettsäureresten können sich nicht so eng aneinanderlagern, wie Fettmoleküle mit gesättigten, linear gebauten Alkylresten. Die Packung der Moleküle im Molekülgitter, im festen Aggregatzustand also, ist bei gesättigten Fetten dichter und damit sind die zwischenmolekularen Kräfte hier höher. Es erfordert mehr Wärmeenergie, um diese Anziehungskräfte zu überwinden.

V1 Nimm drei Reagenzgläser. Gib in das erste einige Milliliter Wasser, in das zweite die gleiche Menge Ethanol und in das dritte die gleiche Menge Hexan. Nun gib noch in alle drei Gläser etwas Speiseöl, verschließe sie mit Stopfen und schüttle sie einmal.

V2 Schabe von einem Stück Seife ein paar Flocken ab und gib diese zu der Wasser-Fett-Mischung von V1. Nun schüttle das verschlossene Reagenzglas nochmals.

A1 Zeichne die Strukturformel eines Fettmoleküls, das zwei Buttersäure- und einen Stearinsäurerest enthält.

A2 Welche Vermutungen kann man aufgrund der Lage der Schmelztemperaturbereiche [B6] bezüglich der Zusammensetzung von Olivenöl und Leinöl anstellen? Wie könnte man diese Vermutung experimentell überprüfen?

Teilchenebene	Stoffebene
polar	hydrophil oder lipophob
unpolar	hydrophob oder lipophil

B5 Begriffe der Stoff- und Teilchenebene

Schmelztemperaturbereich in °C	
Kokosfett	23 bis 28
Olivenöl	−3 bis 0
Sonnenblumenöl	−18 bis −11
Leinöl	−20 bis −16

B6 Schmelztemperaturbereiche einiger Fette

Löslichkeit. Fette sind, wie von Estern dieser Molekülgröße zu erwarten, in Lösungsmitteln mit polaren Molekülen (s. auch Kap. 3.3), wie Wasser und Ethanol, schlecht löslich. Dafür lösen sich Fette gut in Lösungsmitteln mit unpolaren Molekülen [B5], wie z. B. Hexan [V1]. Zum Entfernen von Fettflecken aus Kleidungsstücken verwendet man lipophile Stoffe wie „Fleckbenzin“. Auch chemische Reinigungen arbeiten mit lipophilen Lösungsmitteln. Hat man fettige Hände, so wäscht man sie mit Seife, dadurch wird das Fett im Waschwasser *emulgiert* [V2].

Emulgationsvermögen
Fähigkeit eines Stoffes, die Bildung einer Emulsion (Gemisch aus Fett und Wasser) zu begünstigen

	Name (Trivialname)	Halbstrukturformel Formel
gesättigte Fettsäuren	Butansäure (Buttersäure)	$CH_3-CH_2-CH_2-COOH$ C_3H_7COOH
	Hexadecansäure (Palmitinsäure)	$CH_3-(CH_2)_{14}-COOH$ $C_{15}H_{31}COOH$
	Octadecansäure (Stearinsäure)	$CH_3-(CH_2)_{16}-COOH$ $C_{17}H_{35}COOH$
ungesättigte Fettsäuren	(*Z*)-9-Octadecensäure (Ölsäure)	$CH_3-(CH_2)_7-\overset{10}{C}H=\overset{9}{C}H-(CH_2)_7-COOH$ $C_{17}H_{33}COOH$
	(*Z*,*Z*)-9,12-Octadecadiensäure (Linolsäure)	$CH_3-(CH_2)_4-\overset{13}{C}H=\overset{12}{C}H-CH_2-\overset{10}{C}H=\overset{9}{C}H-(CH_2)_7-COOH$ $C_{17}H_{31}COOH$

B7 In der Natur häufig vorkommende Fettsäuren

5.2 Verseifung von Fetten

B1 Seife

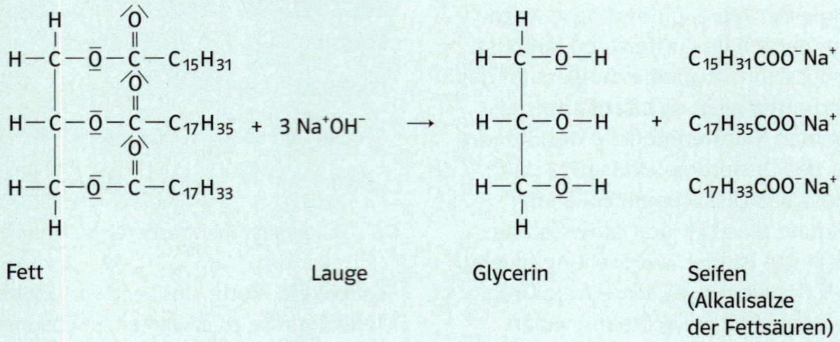

B2 Beispiel für eine Verseifung

Der Begriff **Verseifung** bezeichnete ursprünglich nur die bei der Seifenherstellung durchgeführte alkalische Hydrolyse von Fetten. Mittlerweile wird in vielen Veröffentlichungen dieses Fachwort aber auch für *hydrolytische Spaltungen aller Art* verwendet

Alkalische Fetthydrolyse. Fette lassen sich, wie alle Ester, hydrolysieren. Von großer wirtschaftlicher Bedeutung ist die alkalische Hydrolyse. Dabei werden Fette pflanzlicher oder tierischer Herkunft mit Alkalilauge zur Reaktion gebracht. Es entstehen Glycerin und die Alkalisalze der Fettsäuren [V1, B2].
Diese Salze dienen wegen ihres Emulgationsvermögens als waschaktive Stoffe und werden **Seifen** genannt.
Das allgemeine Schema dieser als **Verseifung** bezeichneten Reaktion lautet:

Fett + Lauge ⟶ Glycerin + Seifen

Da Fette immer Mischungen verschiedenster Glyceride sind, erhält man bei einer Verseifung stets ein Gemisch aus Alkalisalzen unterschiedlicher Zusammensetzung. Nach der Abtrennung des glycerinhaltigen Laugenwassers und dem Zusatz von Duft- und Farbstoffen kommt dieses Salzgemisch unter der Bezeichnung *Seife* in den Handel [B1]. Jedes Jahr werden weltweit etwa 10 Mio. Tonnen Seife produziert.

Die alkalische Hydrolyse eines Fettes bezeichnet man als Verseifung. Die dabei entstehenden Alkalisalze der Fettsäuren nennt man Seifen.

Weitere Möglichkeiten der Fettspaltung. Die Hydrolyse von Fetten kann auch ohne Zusatz von Lauge erfolgen.
Behandelt man Fett im Druckkessel mit 170 °C heißem Wasserdampf, so erhält man am Ende der mehrstündigen Reaktion eine Lösung von Glycerin in Wasser, auf der die unlöslichen Fettsäuren schwimmen.
Bei wesentlich niedrigeren Temperaturen verläuft die Fetthydrolyse mithilfe des Enzyms *Lipase*, das aus Ricinussamen isoliert werden kann.
Auch die Bauchspeicheldrüse vieler Wirbeltiere produziert Lipase für die Fettverdauung im Dünndarm.

V1 Fülle ein Reagenzglas etwa zur Hälfte mit Wasser. Nun gib einige Milliliter Olivenöl oder ein anderes Speiseöl zu, verschließe das Glas mit einem Stopfen und schüttle es einmal. Stopfen mit dem Daumen sichern! Beobachte nun, wie sich das Öl wieder auf dem Wasser absetzt. Pipettiere dann einige Tropfen Natronlauge (c = 1 mol/l) in das Reagenzglas (Schutzbrille!), verschließe es, schüttle wieder und beobachte erneut.

A1 Ein Fettmolekül enthält zwei Ölsäurereste und einen Palmitinsäurerest im Molekül. Die Ölsäurereste sitzen randständig am Glycerinrest. Formuliere den Abbau dieses Fettes im menschlichen Dünndarm als Reaktionsgleichung.

5.3 Bedeutung der Fette in der Ernährung

Für den Körper sind Fette eine wichtige Energiequelle. Sie sind in vielen Nahrungsmitteln enthalten, nicht nur als sichtbares Fett in Butter, Margarine oder Öl, sondern auch als verstecktes Fett, z. B. in Käse, Wurst, Kartoffelchips, Erdnüssen und Schokolade [B1].

Fette als Energiespender. Beim Abbau der Fette wird mehr als doppelt so viel Energie frei wie bei einer Kohlenhydrat- oder Eiweißportion gleicher Masse. Der tägliche Energiebedarf von Erwachsenen und Jugendlichen sollte nur zu etwa 30 bis 35 % durch den Verzehr von Fetten gedeckt werden. Dies entspricht je nach Körpergröße und Belastung einer Aufnahme von ca. 60 bis 80 g Fett pro Tag.
In Deutschland wird aber täglich pro Einwohner etwa das Doppelte des Bedarfs an Fett verzehrt. Der erhöhte Fettverzehr führt zum Aufbau von Reservefett und ist eine Ursache für das Übergewicht vieler Menschen.
Viele Krankheiten, z. B. Herzleiden, können als Folge von zu fettreicher Nahrung auftreten.

Weitere Aufgaben von Fetten. Fett stellt für den menschlichen Körper nicht nur ein Energiedepot dar. Es isoliert auch gegen Wärmeverlust und schützt empfindliche Organe vor Stößen.
Obwohl Fette als Energiespender durch Kohlenhydrate ersetzbar sind und auch Körperfett aus Kohlenhydraten aufgebaut werden kann, erkranken Menschen bei einer völlig fettfreien Ernährung. Einige der in den Fetten gebundenen Fettsäuren werden zur Aufrechterhaltung wichtiger Körperfunktionen benötigt, können aber nicht vom menschlichen Stoffwechsel hergestellt werden. Diese essenziellen Fettsäuren müssen mit der Nahrung aufgenommen werden. Zu ihnen gehört die Linolsäure zusammen mit anderen mehrfach ungesättigten Fettsäuren. Der tägliche Bedarf dieser essenziellen Fettsäuren wird mit 10 g angegeben. Es ist deshalb notwendig, dass in der Nahrung Fette vorhanden sind, in denen ein hoher Anteil an Glycerinestern mit essenziellen Fettsäuren vorliegt [B2].

Nahrungsmittel	Fettanteil in g/(100 g)	Spezifischer Brennwert in kJ/(100 g)
Erdnüsse	49,4	2450
Kartoffelchips	39,4	2254
Bratwurst	32,4	1433
Vollmilchschokolade	30,0	2200
Edamer (45 % Fett i. Tr.)	28,6	1481
Fleischwurst	27,1	1241
Schmelzkäse (45 % Fett i. Tr.)	23,6	1130
Rührkuchen	22,0	1747
Heringsfilet	15,0	842
Pommes frites	14,5	1105
Kotelett	13,0	808
Eiscreme	10,0	680

B1 Versteckte Fette. Fettanteil und Brennwerte einiger Lebensmittel (Durchschnittswerte)

Bestimmte Vitamine können nur zusammen mit Fetten aufgenommen werden, da sie fettlöslich, aber nicht wasserlöslich sind. Dazu gehören die Vitamine E, D, K und A.

A1 Nenne möglichst viele Funktionen von Fetten im menschlichen Körper.

A2 Welche Portionen von Erdnüssen, Kartoffelchips bzw. Vollmilchschokolade reichen für den täglichen Energiebedarf aus
a) von weiblichen (10 000 kJ),
b) von männlichen (12 500 kJ) Jugendlichen.
Berechne mithilfe von B1.

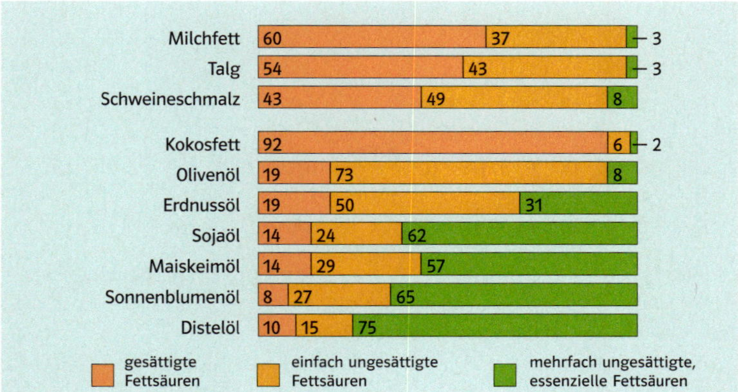

B2 Anteile gesättigter und ungesättigter Fettsäuren in Nahrungsfetten (in %)
Oben: Tierische Fette. Unten: Pflanzliche Fette

5.4 Bedeutung der Fette als nachwachsende Rohstoffe

B1 Rudolf Diesel (1858 – 1913). Deutscher Ingenieur. Erfinder des nach ihm benannten Motors

Pflanzenöl als Treibstoff. Der Personen- und Gütertransport erfolgt in den Industrienationen zum größten Teil mit benzin- und dieselgetriebenen Fahrzeugen. Die Begrenztheit förderwürdigen Erdöls einerseits und der in den letzten Jahrzehnten rasant gestiegene Bedarf an Treibstoffen andererseits haben dazu geführt, dass vermehrt nach nachwachsenden Alternativen zu den Treibstoffen auf Erdölbasis gesucht wird. In vielen Ländern setzt man große Hoffnungen in Pflanzenöl, das als Ersatz für Dieselkraftstoff dienen könnte. Der Anbau der Ölpflanze Raps erscheint in Mitteleuropa besonders erfolgversprechend. Optimistische Prognosen sehen manchen heute noch um seine Existenz kämpfenden Landwirt schon als „Rapsöl-Scheich" von morgen.

B2 Elsbett-Motor

Rapsöl als Dieselersatz. Rapsöl hat einen höheren Siedetemperaturbereich, eine höhere Viskosität und eine höhere Entzündungstemperatur als Diesel [V1]. Daher kann reines Rapsöl nicht einfach in für den Betrieb mit mineralischem Diesel konstruierten Kraftfahrzeugen als Treibstoff verwendet werden. Der fränkische Ingenieur Ludwig Elsbett baute in den 1970er Jahren einen Motor, der problemlos mit Pflanzenöl läuft [B2]. Dieser Motor steht heute im Museum. Will man ein modernes Dieselfahrzeug mit Rapsöl betreiben, dann muss entweder der Motor an den Treibstoff, oder der Treibstoff an den Motor angepasst werden.

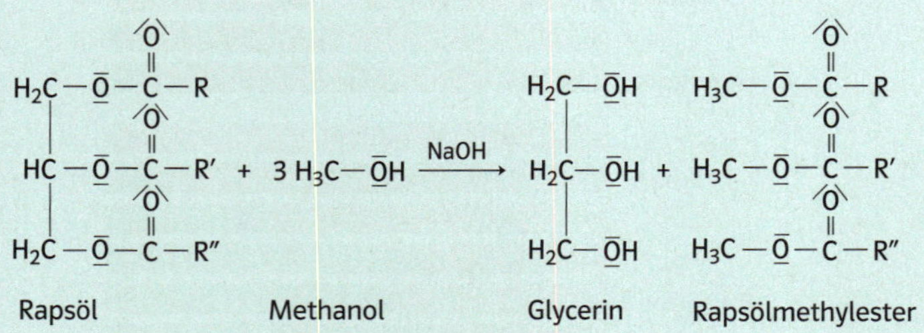

B3 Gewinnung von Rapsölmethylester (RME)

Umrüstung von Dieselfahrzeugen. Bei der Umrüstung eines Seriendiesels auf Pflanzenölbetrieb werden gewöhnlich die Treibstoffleitungen, der Dieselfilter und die Einspritzanlage modifiziert. Vor allem im Winterbetrieb empfiehlt sich eine Treibstoffvorheizung, damit das Rapsöl nicht „versulzt", was die Treibstoffzufuhr unterbrechen würde.

Umesterung von Rapsöl. Rapsöl kann mit Methanol bei einer Temperatur von 50 bis 80 °C und der Mitwirkung alkalischer Katalysatoren zur Reaktion gebracht werden [B3].
Bei dieser **Umesterung** entsteht aus dem Triglycerid der dreiwertige Alkohol Glycerin, den man abtrennt, und ein Gemisch verschiedener Fettsäuremethylester. Dieses Gemisch wird als Rapsölmethylester (RME) oder *Biodiesel* bezeichnet und hat ganz ähnliche Eigenschaften wie mineralischer Diesel. Allerdings sind bisher nur wenige Automobile von den Herstellern ausdrücklich für den Betrieb mit Biodiesel freigegeben worden.

V1 Man gibt in drei Porzellanschalen jeweils etwas Diesel bzw. Rapsöl bzw. RME. Mit dem Bunsenbrenner versucht man die drei Flüssigkeiten zu entzünden. Vorsicht! Brennstoffvorräte zur Seite stellen! Durch Überstülpen eines großen Becherglases können die stark rußenden Flammen gelöscht werden.

A1 Wie zutreffend ist die Bezeichnung „Biodiesel" für RME? Finde heraus, wie Methanol industriell hergestellt wird.

B4 Biodiesel, eine echte Alternative?

5.5 Impulse Treibstoff vom Acker – pro und contra

B1 Rapsfeld

B2 Sieht so die Zukunft aus?

Die Diskussionen um Fördergelder für die Produktion nachwachsender Rohstoffe und um Steuerbefreiungen für Biotreibstoffe werfen immer wieder die Frage nach Sinn oder Unsinn von Rapsöl und Rapsölmethylester als Treibstoff auf. Nachfolgend sind einige Argumente dazu aufgelistet.

Was ist deine Meinung zu diesen Aussagen?

1. *Die Verbrennung von Rapsöl ist CO_2-neutral. Es wird nur so viel Kohlenstoffdioxid freigesetzt, wie die Pflanze vorher durch die Fotosynthese gebunden hat. Der Treibhauseffekt wird, anders als bei der Verbrennung fossiler Treibstoffe, nicht erhöht.*

2. *Rapsöl ist ein Lebensmittel. Es ist ethisch bedenklich, dass bei uns ein Lebensmittel als Automobiltreibstoff verwendet wird, während andernorts Menschen hungern.*

3. *Naturdiesel und Biodiesel enthalten kein krebserregendes Benzol. Außerdem sind sie, anders als mineralischer Diesel, schwefelfrei. Daher enthalten die Abgase kein Schwefeldioxid. SO_2 wäre zum einen umweltschädlich und würde zum anderen den Oxidationskatalysator des Motors „vergiften".*

4. *Anbau, Düngung, Schädlingsbekämpfung, maschinelle Ernte und Verarbeitung von Raps erfordern einen hohen Energieaufwand. Um einen Liter Rapsölmethylester zu gewinnen, muss mehr als ein halber Liter Dieseltreibstoff aufgewendet werden.*

5. *Rapsöl und Rapsölmethylester sind biologisch abbaubar. Sie können ohne besondere Sicherheitsvorkehrungen gelagert und transportiert werden. Ihre Verwendung ist auch in Wasserschutzgebieten problemlos möglich.*

6. *Deutschland verbraucht pro Jahr über 50 Mio. Tonnen Diesel und chemisch verwandtes Heizöl. Im Inland stehen nicht genügend landwirtschaftlich nutzbare Flächen zur Verfügung, um eine entsprechende Menge an Pflanzenöl zu produzieren. Es müsste also Pflanzenöl importiert werden, wenn man ganz auf Biodiesel umsteigen wollte. In vielen asiatischen Ländern, z. B. in Malaysia, hat man Ölpalmen angepflanzt, um Palmöl zu exportieren. Dafür wurde großflächig Regenwald abgeholzt.*

7. *Verwendet man Naturdiesel oder Biodiesel als Ersatz für Mineraldiesel, dann wird damit die Abhängigkeit von Erdölimporten gemindert.*

8. *Raps benötigt für sein Wachstum viel Stickstoff, der der Pflanze durch Düngen zugeführt werden muss. Ein nicht unbeträchtlicher Teil des ausgebrachten Stickstoffdüngers kann allerdings nicht von den Rapspflanzen aufgenommen werden, da ihn Mikroorganismen im Boden in Lachgas (N_2O) umwandeln. Das Distickstoffmonooxid entweicht in die Atmosphäre und wirkt hier als Treibhausgas. Fataler Weise ist der Treibhauseffekt von Lachgas fast 300-mal so groß wie der von Kohlenstoffdioxid.*

Naturdiesel Chemisch unbehandeltes Pflanzenöl, z. B. Rapsöl

Biodiesel Umgeestertes pflanzliches (oder tierisches) Fett, z. B. Rapsölmethylester

5.6 Klassifizierung der Kohlenhydrate

B1 Vorkommen von Kohlenhydraten

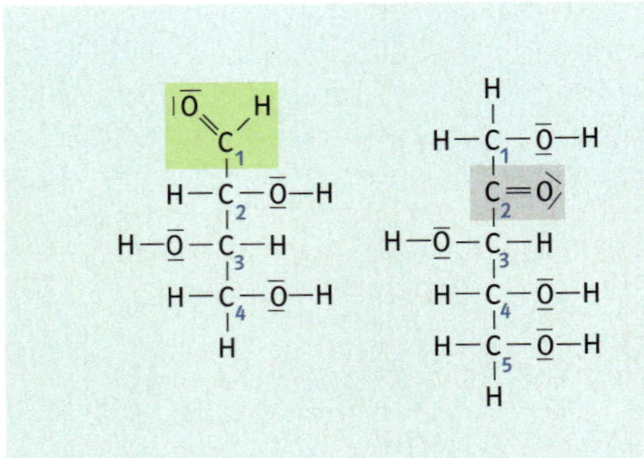

B4 Aldose (links); Ketose (rechts); Tetrose (links); Pentose (rechts)

Aldose von „ald-„ für Aldehyd, „-ose" ist das allgemeine Suffix für Kohlenhydrate

Traubenzucker und Fruchtzucker in Früchten, Lignin und Cellulose in Zellwänden von Pflanzen, Stärke in Getreidekörnern etc.: Kohlenhydrate machen mehr als 50 % der Trockenmasse der auf der Erde vorhandenen Biomasse aus.

Anzahl der C-Atome	Bezeichnung
3	Triose
4	Tetrose
5	Pentose
6	Hexose
7	Heptose

B2 Einteilung nach der Anzahl der Kohlenstoffatome

Unterscheidende funktionelle Gruppe. Betrachtet man die Kohlenhydrate auf Teilchenebene, so stellt man fest, dass es sich bei den Molekülen um **Polyhydroxyaldehyde** oder **Polyhydroxyketone** handelt. Ein Kohlenhydratmolekül besteht also immer aus einem Kohlenstoffgrundgerüst mit vielen Hydroxylgruppen und einer Aldehyd- oder einer Ketogruppe. Polyhydroxyaldehyde werden auch als **Aldosen**, Polyhydroxyketone als **Ketosen** bezeichnet [B4].

Einfache und komplexe Kohlenhydrate. Ist ein Kohlenhydratmolekül nur aus einem Zuckermolekül aufgebaut, so spricht man von **Einfachzuckern (Monosacchariden)**. Die Monosaccharide sind die Bausteine der Disaccharide und Polysaccharide. Bei den in B4 dargestellten Molekülen handelt es sich um Monosaccharide. Sind zwei Zuckereinheiten miteinander verbunden, so spricht man von **Zweifachzuckern (Disacchariden)**.

Besteht ein Kohlenhydratmolekül aus vielen miteinander verknüpften Zuckereinheiten, so handelt es sich um **Vielfachzucker (Polysaccharide)**.
Durch *Hydrolyse* können Disaccharide und Polysaccharide in Monosaccharide zerlegt werden [B3].

Anzahl der Kohlenstoffatome. Eine weitere Einteilung der Kohlenhydrate erfolgt nach der Anzahl der Kohlenstoffatome, die in einem Monosaccharidmolekül vorhanden sind [B2 und B4].

A1 Entscheide bei den folgenden Molekülen
a) ob es sich um eine Aldose oder Ketose handelt.
b) welche Bezeichnung aus B2 zutrifft.

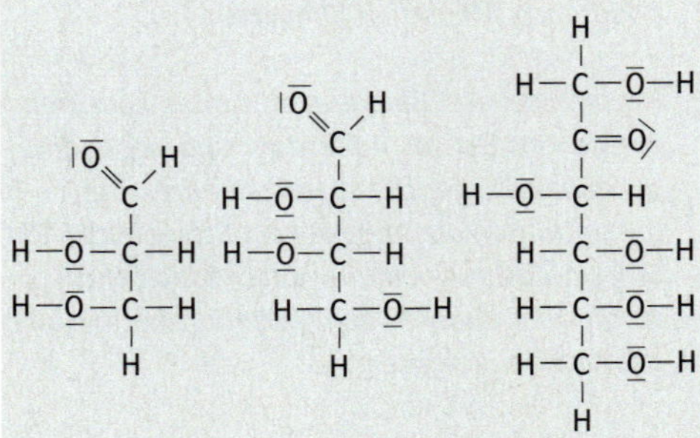

$$\text{M–M} \xrightarrow{\text{Hydrolyse}} 2\ \text{M}$$

$$\text{…–M–M–M–M–M–M–…} \xrightarrow{\text{Hydrolyse}} x\ \text{M}$$

B3 Hydrolyse eines Disaccharids (oben) und eines Polysaccharids (unten)

5.7 Glucose – eine mehrfunktionelle Verbindung

Der wichtigste in der Natur vorkommende Zucker ist die Glucose (Traubenzucker). Sie entsteht bei der Fotosynthese und ist unser primärer Energielieferant [B2]. Man findet Traubenzucker in süßen Früchten sowie gelöst im menschlichen Blut (Blutzuckerspiegel). Bei Erwachsenen beträgt der Normalwert 90 – 110 mg Glucose pro Deziliter Blut.

Aufbau eines Glucosemoleküls. Glucose, ein Monosaccharid, gehört zur Gruppe der Aldohexosen. Die Summenformel $C_6H_{12}O_6$ macht deutlich, dass das Atomanzahlverhältnis von Kohlenstoff zu Wasserstoff zu Sauerstoff 1 : 2 : 1 beträgt. Dies ist bei allen Hexosen der Fall.
Die Anordnung der Atome im Molekül führt zu zwei verschiedenen funktionellen Gruppen, die auch die Eigenschaften des Zuckers bestimmen [B3]. Zum einen handelt es sich um die *Aldehydgruppe*, die im Glucosemolekül einmal zu finden ist. Die Fehling´sche Probe wie auch die Silberspiegelprobe [V2] zeigen entsprechend einen positiven Nachweis. Zum anderen ist das Glucosemolekül durch die vielen *Hydroxylgruppen* polar gebaut und kann Wasserstoffbrücken ausbilden. Dadurch lässt sich die hydrophile Eigenschaft dieses Zuckers [V1] erklären.

A1 **a)** Erkläre, weshalb Glucose den Aldohexosen zugerechnet wird.
b) Überlege dir die exakte chemische Benennung der Glucose.

Offenkettige Form und Ringform eines Glucosemoleküls. Möchte man ein Molekülmodell eines offenkettigen Glucosemoleküls bauen, so steckt man zunächst die Kohlenstoffatome in der Weise zusammen, dass alle Kohlenstoffatome dieselbe Knickrichtung haben [B1, links]. Man fährt fort, indem man immer zwei Kohlenstoffatome anschaut. Dann müssen die anderen Kohlenstoffatome hinten liegen. Nun kann man die Hydroxylgruppen auf der entsprechenden Seite (links oder rechts), die durch die Strukturformel beschrieben wird, anbringen [B1, Mitte]. Auch mit den Wasserstoffatomen und der Aldehydgruppe verfährt man entsprechend, bis man das gesamte Molekül fertiggestellt hat [B1, rechts].

Mehrere experimentelle Ergebnisse sind mit der Kettenform der Moleküle der Glucose nicht erklärbar. So wird z. B. eine Lösung Fuchsinschwefliger Säure nicht rot gefärbt, obwohl ein solcher Farbwechsel typisch ist für Moleküle mit Aldehydgruppe [V3].

Durch genauere Untersuchung der Glucosemoleküle stellt man fest, dass diese aufgrund der vorhandenen Hydroxylgruppen und der Aldehydgruppe in der Lage sind, innerhalb eines Moleküls ein *Halbacetal* (Kap. 3.9) zu bilden (intramolekulare Halbacetalbildung). Dadurch liegen nicht ausreichend viele Moleküle offenkettig vor, um die Aldehydgruppe für die Nachweisreaktion [V3] zu präsentieren. Der Ringschluss erfolgt als nukleophile Addition zwischen dem *ersten* und *fünften* Kohlenstoffatom [B4].

B2 In den Blättern wird Traubenzucker aus CO_2 und H_2O mithilfe von Sonnenenergie gebildet

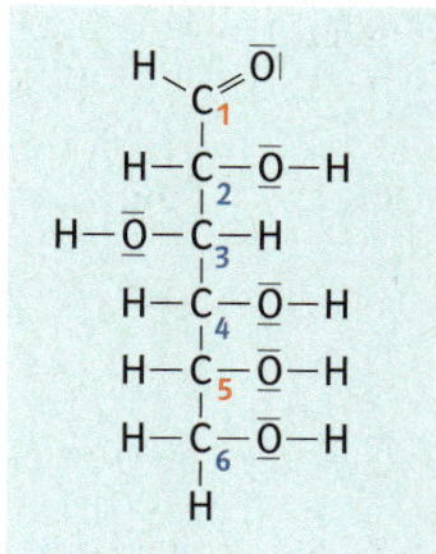

B3 Offenkettige Form von Glucose

B1 Bau eines Molekülmodells von Glucose: Zusammenstecken der C-Atome (links), Anbringen der Hydroxylgruppen (Mitte), Fertigstellen des Moleküls (rechts)

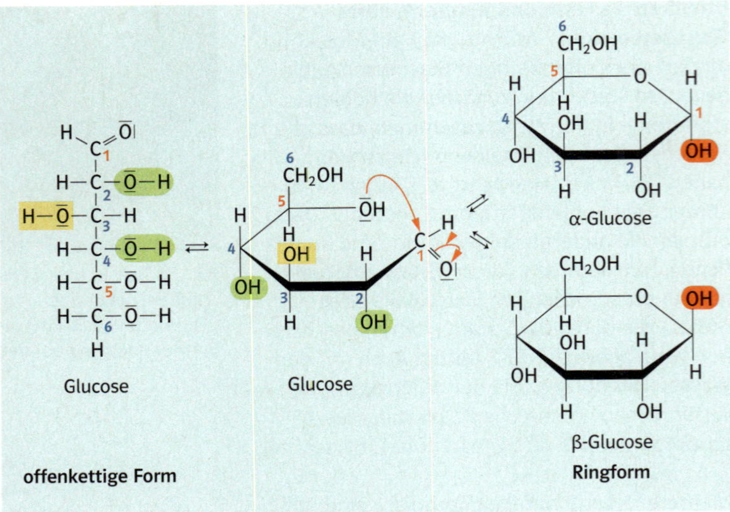

B4 Intramolekulare Halbacetalbildung bei einem Glucosemolekül

Glucosemoleküle liegen sowohl als offenkettige Moleküle als auch in Ringform vor. Der Übergang von der Ketten- in die Ringform ist durch intramolekulare Halbacetalbildung möglich.

α- und β-Glucose. Führt man mit einem offenkettigen Glucosemolekül eines Molekülbaukastens einen Ringschluss durch [A3], so stellt man fest, dass man zwei Konstitutionsisomere (Kap. 1.5) erhalten kann. Um diese beiden Isomere unterscheiden zu können, muss das Molekülmodell so positioniert werden, dass die Hydroxylgruppen, die im offenkettigen Molekülmodell nach *rechts* zeigten, nach *unten* ausgerichtet sind und, die nach *links* gezeigt haben, nun nach *oben* stehen. Diese Konvention ist auch für die „Übersetzung" der offenkettigen Schreibweise in die Ringform von Bedeutung.

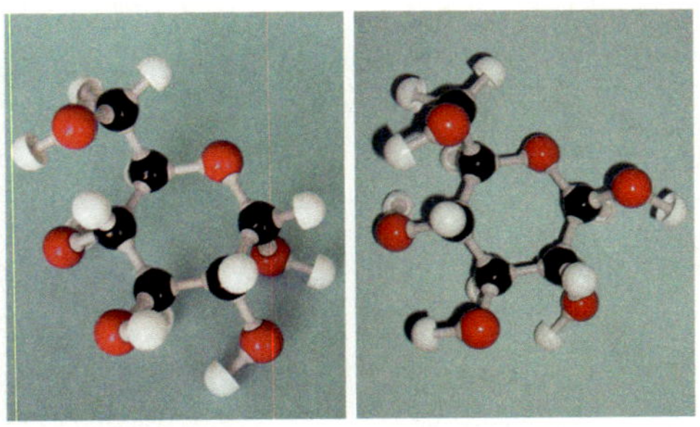

B5 Molekülmodell von α-Glucose (links) β-Glucose (rechts)

Nun ist die Stellung der Hydroxylgruppe am Kohlenstoffatom mit der Nummer eins wichtig, dem Kohlenstoffatom, an dem die Ringbildung erfolgte: Zeigt diese Hydroxylgruppe nach unten, so spricht man vom **α-Glucosemolekül**; ist das Gegenteil der Fall, so handelt es sich um ein **β-Glucosemolekül** [B4, B5].

Von der Glucose gibt es zwei Konstitutionsisomere, die sich durch die Stellung der Hydroxylgruppe am Kohlenstoffatom mit der Nummer 1 unterscheiden: die α- und β-Glucose.

V1 Gib je eine Spatelspitze Glucose in 10 ml Wasser, Ethanol bzw. Benzin und erwärme die Proben vorsichtig im Wasserbad.

V2 **a)** Führe zum Nachweis der Aldehydgruppe im Glucosemolekül die Fehling-Probe (Kap. 3.9) durch.
b) Führe die Silberspiegelprobe (Kap. 3.9) mit einer kleinen Portion Glucose durch.

V3 Ein Aldehyd (z. B. Ethanal) und eine Glucoselösung werden mit etwas Fuchsinschwefliger Säure versetzt.

A2 Baue mithilfe eines Molekülbaukastens ein Modell des offenkettigen Glucosemoleküls. Führe mit diesem Modell schrittweise den Ringschluss durch.

A3 Zeichne die Strukturformel einer Verbindung, die bei der Reaktion von Glucose mit Essigsäure entstehen kann.

5.8 Stärke

Der in Pflanzen durch die Fotosynthese gebildete Traubenzucker wird rasch weiter verarbeitet. Unter anderem bildet die Pflanze daraus *Stärke*.

Lösliche Stärke. Ein Teil der Stärke quillt in kaltem Wasser nur, während er in heißem Wasser löslich ist. Diese Lösung ist nicht klar, sondern trüb und opalartig schimmernd. Daraus lässt sich schließen, dass Stärke Teilchen enthält, die so groß sind, dass sie Licht streuen können (Tyndall-Effekt). Es handelt sich um Makromoleküle, die in Wasser eine *kolloide Lösung* bilden.

Bei hohem Massenanteil der Stärke entsteht mit Wasser ein Gel, das als Stärkekleister bezeichnet wird. Diese Stärkemoleküle werden aus *einigen hundert* miteinander verbundenen α-Glucosemolekülen gebildet. Dabei ist jeweils das C-Atom 1 des einen Moleküls mit dem C-Atom 4 des folgenden Glucosemoleküls verbunden [B2]. Die Bindung erfolgt formal unter Wasserabspaltung zwischen den Glucosemolekülen (Polykondensation). Das kettenförmige Makromolekül bildet eine schraubenförmige Struktur [B3], die durch Wasserstoffbrücken zusammengehalten wird.

Bedeutung der Stärke. Im Gegensatz zur Glucose besitzt Stärke eine geringere osmotische Wirksamkeit und ist damit eine gute Speicherform des energiereichen Stoffes Glucose. Die Speicherung der Stärke erfolgt vorwiegend in den Samen und unterirdischen Teilen, wie z. B. Knollen, der Pflanze. Bei der Keimung kann die Stärke dann wieder durch Hydrolyse in Glucosemoleküle gespalten werden. Diese werden als Energielieferanten zum Aufbau der neuen Pflanze genutzt. Auch der Mensch ist in der Lage, mithilfe des Enzyms *Amylase*, welches im Speichel vorkommt, Stärkemoleküle wieder zu spalten. Damit ist Stärke ein wichtiger Grundstoff unserer Ernährung.

Nachweis von Stärke. Ein empfindliches Reagenz auf Stärke ist Iod-Kaliumiodid-Lösung. Die Reaktion beruht auf der Entstehung einer Einschlussverbindung. Dabei werden Triiodidionen in die Windungen der schraubig gebauten Stärkemoleküle eingelagert [B3]. Dadurch entsteht eine intensiv blaue bis violette Färbung.

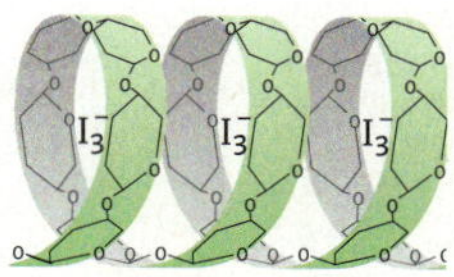

B3 Stärke bildet mit Triiodidionen eine Einschlussverbindung

Stärke besteht aus Makromolekülen. Diese werden durch Polykondensation aus vielen Glucosemolekülen gebildet.

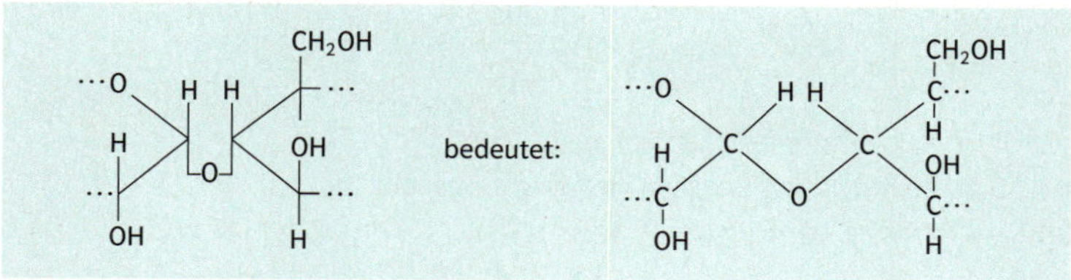

B1 Bedeutung der Schreibweise in B2

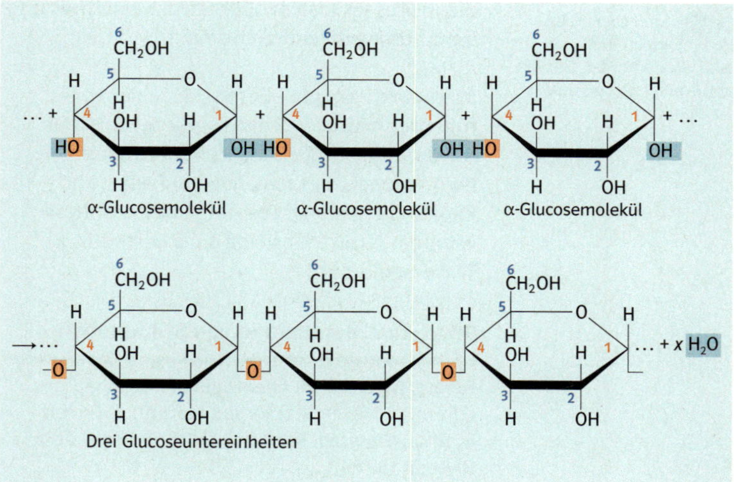

B2 Ausschnitt aus einem Molekül der löslichen Stärke

5.9 Exkurs Stärkefolien – Kunststofffolien

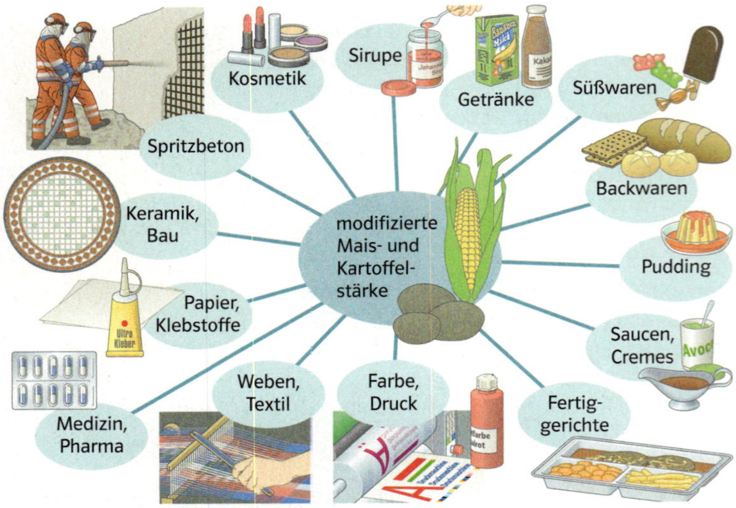

B1 Stärke wird in der Industrie vielfältig eingesetzt

Permeabilität von lat. permeare durchgehen

Silane sind chemische Verbindungen, die aus den Elementen Silicium und Wasserstoff gebildet werden

Non-food-Rohstoffe werden hauptsächlich zur Herstellung von Verpackungen eingesetzt, die in Wasser löslich oder leicht verrottbar und damit umweltfreundlich sind.

Stärketechnologie. Bereits 46 % der verfügbaren Stärke werden in der technischen Anwendung eingesetzt. In Deutschland wird Verpackungsmaterial wie Pappe und Papier auch aus Stärke hergestellt. Weitere wichtige Industriezweige sind Kosmetik, Textil und Bau [B1].

Praktikum Herstellung von Stärkefolien

Geräte, Materialien, Chemikalien: Becherglas (250 ml), Uhrglas, Wasserbad (400 ml), Brenner, Dreifuß, Glasstab, Kartoffelstärke aus Kartoffeln, Glycerin (50 %)
Durchführung: Trockne im Trockenschrank 2,5 g Stärke. Gib diese in ein Becherglas und mische sie mit 20 ml Wasser und 2 ml Glycerin. Decke das Becherglas mit dem Uhrglas ab und koche das Gemisch mindestens 15 min im Wasserbad. Rühre mit dem Glasstab ab und zu um. Gieße das Gel anschließend auf eine Kunststoffunterlage (umgedrehte Backschüssel, Backunterlage) und lass die Folie trocknen. Am nächsten Tag kannst du sie von der Unterlage abziehen.

Rohstoff Stärke. Pflanzen speichern Zucker in Form von Stärke in verschiedenen Pflanzenteilen, wie z. B. Samen. Zur industriellen Nutzung muss der Zugang zum Speicherort leicht möglich sein. Daher eignen sich Mais, Kartoffeln, Reis, Weizen und Maniok besonders gut. Die Kartoffelknolle besteht zu 18 % aus Stärke. Den Hauptanteil mit 75 % bildet Wasser. Daneben besitzt die Kartoffel noch viele Vitamine, Mineralstoffe, Proteine und andere Kohlenhydrate, die sie zu einem wertvollen Lebensmittel machen.

Vergleich Stärkefolie und Kunststofffolie. Ob bei einer Frischhaltefolie als Rohstoff Stärke verwendet wurde oder ein Kunststoff wie Polyethen, ist für den Verbraucher zunächst nicht ersichtlich. Chemisch betrachtet bestehen beide Folienarten aus Makromolekülen, die filmbildende Eigenschaften aufweisen. Im Wesentlichen soll eine Folie einen Gegenstand anschmiegsam umwickeln können, also entsprechend biegsam sein ohne zu reißen. Voraussetzung ist eine extreme Dehnbarkeit und eine sehr geringe Schichtdicke der Folie. Weiterhin ist die Verpackungsfolie isolierend und zeigt geringe Permeabilität. Im Unterschied zur Kunststofffolie ist die Stärkefolie darüber hinaus biologisch abbaubar und verursacht somit keine Rückstände. Wird eine Stärkefolie allerdings mit Silanen überzogen, um sie wasserunlöslich zu machen, ist diese nicht mehr kompostierbar.

B2 Aus nachwachsenden Rohstoffen lassen sich auch schwimmfähige Boote bauen

5.10 Exkurs Vielfalt der Zucker

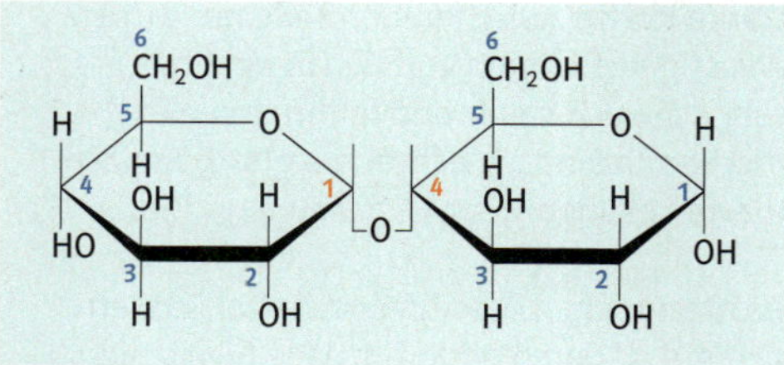

B1 Maltosemolekül

Umgangssprachlich wird unter Zucker meist nur der zum Süßen von Speisen verwendete Haushaltszucker verstanden. Dieser besteht aus Saccharose (Rohrzucker) und stellt aber nur eine mögliche chemische Verbindung dar aus der großen Vielfalt der Zucker.

Monosaccharide. Neben Glucose spielen auch andere Monosaccharide eine wichtige Rolle bei biologischen Prozessen. Man findet beispielsweise als zentrales Stoffwechselprodukt **Fructose** (**Fruchtzucker**) [B4]. Bei dieser handelt es sich um eine **Ketohexose**. Fructose kommt, wie Glucose, in süßen Früchten und Honig vor.

Disaccharide. Durch Kondensation zweier Glucosemoleküle entsteht das am einfachsten aufgebaute Disaccharidmolekül, die **Maltose** (**Malzzucker**) [B1]. Als ein Abbauprodukt der Stärke kommt Maltose in Gersten- und Kartoffelkeimen vor. Maltose besitzt eine geringere Süßkraft als normaler Haushaltszucker. Maltose wird bei der Herstellung von Backwaren und Kindernahrung verwendet. Auch **Saccharose** ist ein Disaccharid, welches aus einer Fructose- und Glucoseeinheit aufgebaut ist. Saccharose wird aus Zuckerrohr oder Zuckerrüben gewonnen. Durch verschiedenartige Aufbereitung des Rohstoffes Rohrzucker entstehen unterschiedliche Produkte wie Puderzucker, brauner Zucker oder Kandis. Letzterer wird aus reinen Zuckerlösungen durch langsames Auskristallisieren gewonnen.

A1 Nimm einen Molekülbaukasten zur Hand und baue ein β-Glucosemolekül. Positioniere es zunächst so, dass das Sauerstoffatom des Rings hinten rechts angeordnet ist und anschließend vorne rechts. Mache dir so die Darstellungsweise in B2 klar.

Polysaccharide. Neben Stärke als wichtigem in der Natur vorkommendem Polysaccharid, tritt noch **Cellulose** auf, welche ebenfalls aus Glucosemolekülen zusammengesetzt ist. Allerdings ist diese aus *β-Glucosemolekülen* aufgebaut, welche über β-1-4-glycosidische Bindungen miteinander verbunden sind. Cellulosemoleküle haben eine kettenförmige Struktur. In B2 wurde jedes zweite β-Glucosemolekül nach vorne gekippt [siehe auch B5]. Cellulose [B3] ist ein Baustoff der Pflanzenzellwände.
Bei der Papierherstellung, für die man vor allem Nadelholz verwendet, spielt Cellulose eine entscheidende Rolle. Aus dem Nadelholz wird Holzschliff gewonnen, der Fasern von 1 bis 4 mm Länge enthält. Durch Kochen, z. B. mit Calciumhydrogensulfitlösung, wird Lignin, welches ebenfalls ein Bestandteil der Zellwände von Pflanzen ist, in eine lösliche Verbindung überführt und abgetrennt.
Die so gewonnenen Cellulosefasern (Zellstoff) werden zur Herstellung von Papier verwendet.

B3 REM-Aufnahme von Cellulosefasern in Küchenrollenpapier

Zucker indogermanisch sarkara, Gemahlenes

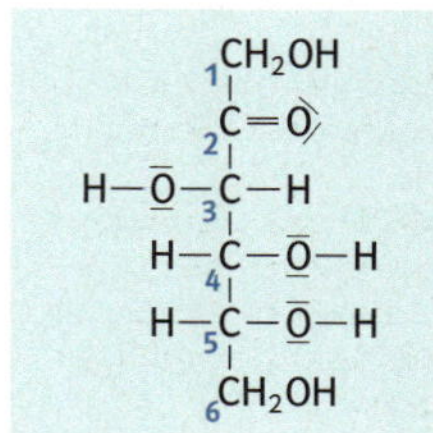

B4 Fructosemolekül

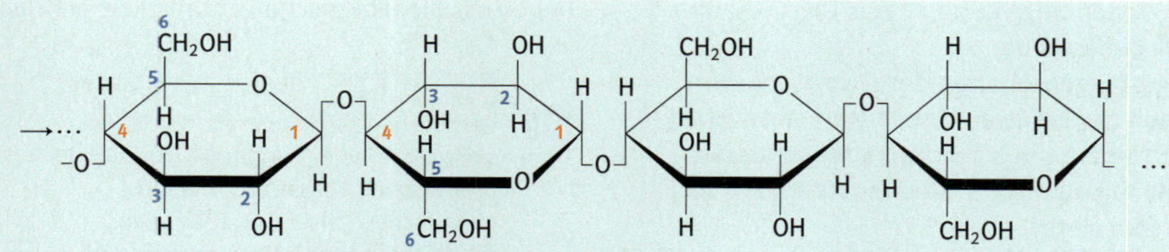

Vier β-Glucoseuntereinheiten eines Cellulosemoleküls

B2 Ausschnitt eines Cellulosemoleküls

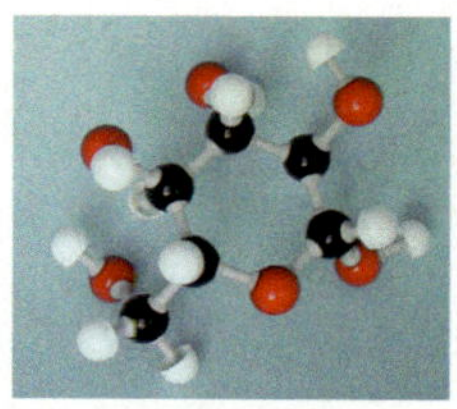

B5 Molekülmodell von β-Glucose, das nach vorne gekippt wurde

5.11 Aminocarbonsäuren

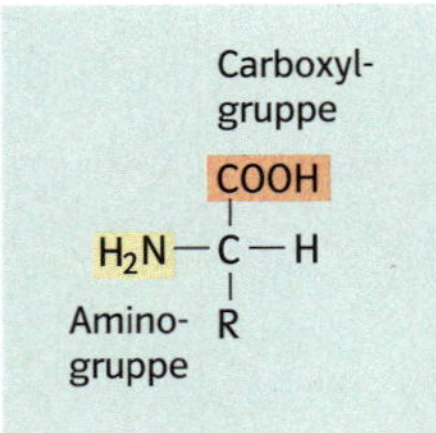

B1 Allgemeine Strukturformel einer Aminocarbonsäure

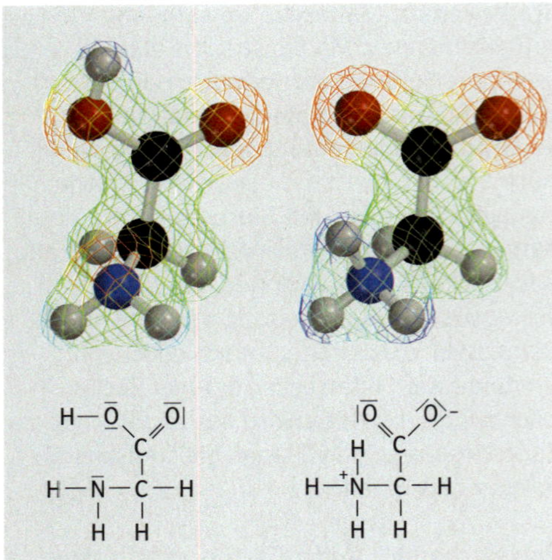

B2 Glycin. Links: Molekülbau und rechts: Zwitterion

Eiweiße oder Proteine sind lebensnotwendige Bestandteile der Zellen. Sie sind aus kleinsten Baueinheiten, den *Aminocarbonsäuren* aufgebaut. Verkürzt bezeichnet man diese einfach als **Aminosäuren**. Die Aminosäure mit dem einfachsten Molekülbau ist **Glycin** (Kap. 5.12, B1). Sie wurde 1820 zum ersten Mal aus Knochenleim durch Kochen mit Salzsäure gewonnen und isoliert.

Eigenschaften. Das Glycinmolekül enthält zwei funktionelle Gruppen, eine **Carboxylgruppe** —COOH (Säuregruppe) und eine **Aminogruppe** $—NH_2$ [B1]. Die Aminogruppe hat ein freies Elektronenpaar am Stickstoffatom. Dadurch reagiert die Aminogruppe basisch, d.h., sie kann ein Proton aufnehmen. Das Molekül in B2 (links) ähnelt formal dem der Ethansäure (Essigsäure), von dem es sich nur durch die Aminogruppe unterscheidet. Der systematische Name des Glycins lautet *Aminoethansäure*.
Es gibt Eigenschaften des Glycins, die von denen der Essigsäure sehr stark abweichen und mit dem in B2 (links) dargestellten Molekülbau nicht in Übereinstimmung zu bringen sind:
Glycin ist ein kristalliner Feststoff, der sich beim Erhitzen auf ca. 230 °C zersetzt ohne zu schmelzen. Dies weist darauf hin, dass starke Kräfte zwischen den Teilchen wirken. Wässrige Lösungen von Glycin sind nur sehr schwach sauer und leiten den elektrischen Strom schlechter als gleich konzentrierte Lösungen von Essigsäure.

Zwitterionen. Diese Eigenschaften lassen sich gut dadurch erklären, dass Glycin aus *Ionen* aufgebaut ist. Glycin besitzt also einen salzartigen Charakter, worauf der kristalline Bau zurückzuführen ist und auch die Tatsache, dass Glycin sich beim Erhitzen zersetzt ohne zu schmelzen. Im Unterschied zu z. B. Kochsalz liegen aber keine einzelnen positiv bzw. negativ geladenen Ionen vor, sondern Zwitterionen [B2, rechts]. Das bedeutet, dass sowohl die elektrisch positive als auch elektrisch negative Ladung innerhalb eines Ions vorhanden sind.

Die Anziehungskräfte zwischen benachbarten Zwitterionen im Gitter sind so stark, dass eine Zufuhr von Energie teilweise zur Spaltung von Atombindungen innerhalb der Zwitterionen führt, bevor die zwischenmolekularen Wechselwirkungen der Ionen überwunden werden.
Die Bildung einer sauren Lösung ist darauf zurückzuführen, dass die NH_3^+-Gruppe gegenüber Wassermolekülen als Protonendonator fungiert.

$$H_3N^+—CH_2—COO^- + H_2O \rightleftharpoons H_2N—CH_2—COO^- + H_3O^+$$

Zwitterionen bewegen sich im elektrischen Feld nicht zu der einen oder anderen Elektrode, sie richten sich lediglich aus, sodass ihre Ladungsenden den entsprechenden Elektroden zugewandt sind.
Da in der wässrigen Lösung von Glycin nur wenige Oxoniumionen und Glycinanionen vorliegen, ist die elektrische Leitfähigkeit gering.

A1 Vergleiche Essigsäure und Glycin hinsichtlich ihres Aggregatzustandes, ihres thermischen Verhaltens und der elektrischen Leitfähigkeit bzw. des pH-Wertes gleich konzentrierter wässriger Lösungen.

5.12 Proteinogene Aminosäuren

Neben Glycin gibt es eine Reihe weiterer Aminosäuren, die am Aufbau der Proteine beteiligt sind. Die Moleküle einiger Aminosäuren sind in B1 dargestellt. Es gibt jedoch zusätzlich etliche nicht proteinogene (proteinaufbauende) Aminosäuren.

Molekülbau und Einteilung. Alle Aminosäuren sind wie Glycin kristalline Substanzen, die aus Zwitterionen aufgebaut sind. Sie tragen die Aminogruppe an dem C-Atom, das der Carboxylgruppe benachbart ist. Es sind *2-Aminocarbonsäuren*, sie werden auch *α-Aminocarbonsäuren* genannt. Mit dem griechischen Buchstaben α wird das C-Atom gekennzeichnet, das in Nachbarstellung zur Carboxylgruppe steht.

Acht Aminosäuren kann der Körper des Menschen nicht selber synthetisieren. Diese Aminosäuren sind für den Menschen essenziell*, d.h. lebensnotwendig, und müssen daher mit der Nahrung aufgenommen werden [B1].

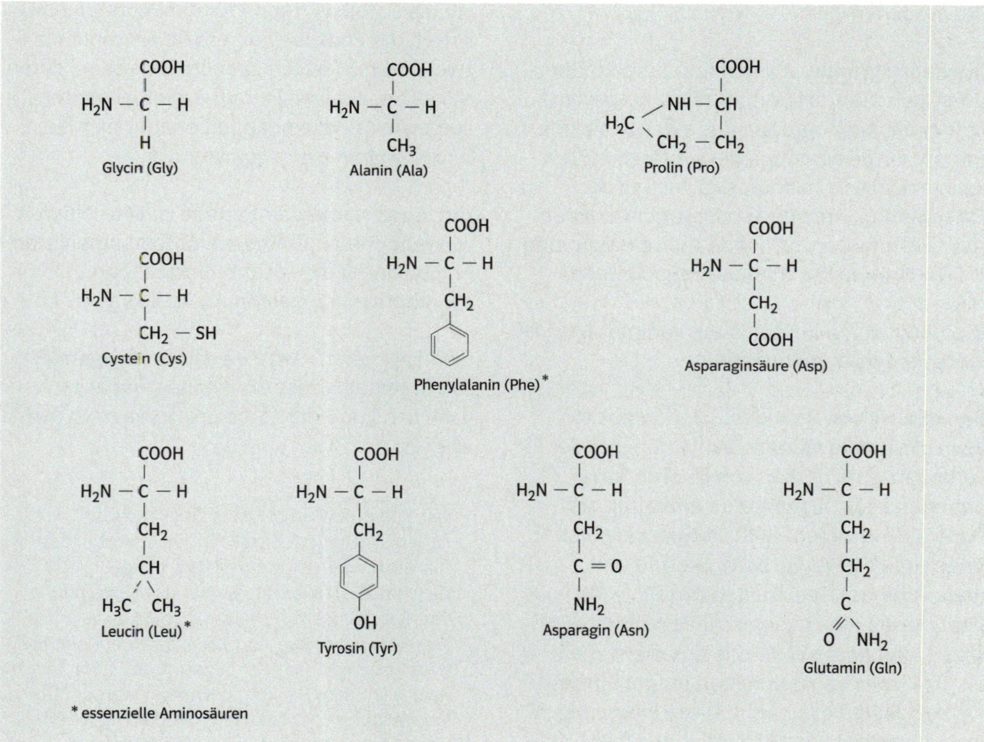

B1 Aminosäuren, die in Proteinen gebunden vorkommen

B2 Kalottenmodell von Glycin

B3 Kalottenmodell von Cystein

5.13 Peptide und Peptidbindung

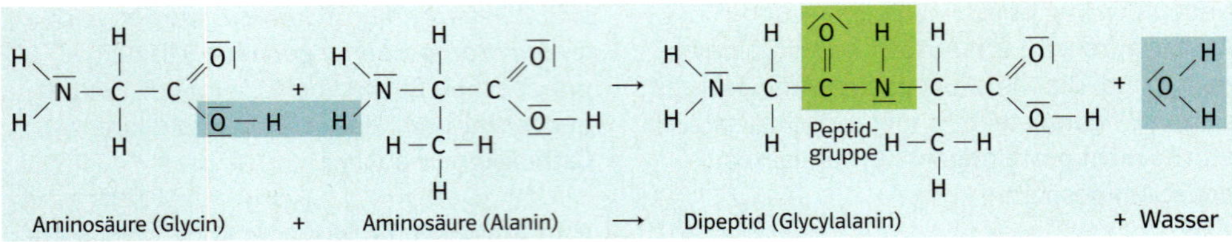

B1 Formale Bildung eines Dipeptids unter Wasserabspaltung

Protein von griech. proteuo, ich nehme den ersten Platz ein und griech. protos, erstes, wichtigstes. Die Bezeichnung wurde 1939 von Jöns Jakob Berzelius aus dem Griechischen abgeleitet. Die Bedeutung der Proteine für die Lebewesen sollte auf diese Weise unterstrichen werden

Aminosäureeinheit Da bei der Kondensationsreaktion Wassermoleküle austreten, liegen in den Peptidmolekülen nicht die vollständigen Aminosäuremoleküle vor. Den Teil eines Aminosäuremoleküls, den man im Peptidmolekül findet, bezeichnet man als Aminosäureeinheit

Bei der Hydrolyse von Proteinen in wässriger Lösung lassen sich außer den Aminosäuren keine weiteren Stoffe nachweisen. Proteine sind demnach aus miteinander verbundenen *Aminosäureeinheiten* aufgebaut.

Die Peptidgruppe. Formal entsteht die Bindung zwischen zwei Aminosäuremolekülen, indem die Aminogruppe des einen Moleküls mit der Carboxylgruppe des anderen Moleküls reagiert. Es handelt sich wie bei der Esterbildung um eine *Kondensationsreaktion* [B1]. Die dabei entstehende Atomgruppierung —CO—NH— nennt man die *Peptidgruppe*.

Die Bildung von Peptiden aus Aminosäuren ist eine Kondensationsreaktion.

Benennung von Peptiden. Sind zwei, drei, vier usw. Aminosäuremoleküle miteinander verknüpft, spricht man von **Di-, Tri-, Tetrapeptiden** usw. **Oligopeptide** enthalten als Bausteine weniger als 10, Polypeptide (von griech. oligos, wenig; polys, viel) 10 und mehr Aminosäureeinheiten pro Molekül. Polypeptide, die eine biologische Funktion besitzen, und deren Moleküle aus meist mehr als 100 Aminosäureeinheiten aufgebaut sind, werden *Proteine* genannt. Diese Einteilung wird allerdings nicht streng gehandhabt.

A1 Zeichne die Strukturformeln aller Dipeptide, die aus einem Gemisch von L-Alanin und L-Glycin hervorgehen können. Benenne die Moleküle.

A2 Gib an, welche Stoffe bei der vollständigen Hydrolyse von Aspartam [B2] im Magen entstehen, und formuliere die Reaktionsgleichung.

Proteine sind also, wie die Polysaccharide, aus Makromolekülen aufgebaut.
Der systematische Name eines Peptids wird gebildet, indem die Aminosäure, deren Molekül die Carboxylgruppe für die Peptidbindung liefert, die Endsilbe „-yl" erhält. So können z. B. zwei unterschiedlich gebaute Dipeptide, deren Moleküle aus Tyrosin- und Arginineinheiten aufgebaut sind, eindeutig benannt werden: Tyrosylarginin bzw. Arginyltyrosin.

Um lange Namen für Peptide zu vermeiden, verwendet man für die am Aufbau beteiligten Aminosäuren die aus drei Buchstaben bestehenden Kürzel (Kap. 5.12, B1).

Eine Peptidkette wird vereinbarungsgemäß so dargestellt, dass die Aminogruppe nach links und die Carboxylgruppe nach rechts zeigt.

Der Süßstoff (Zuckerersatzstoff) Aspartam ist ein synthetisch hergestelltes Dipeptid, das mit Methanol verestert ist. Um die gleiche Geschmacksintensität wie bei der Verwendung von Saccharose zu erhalten, genügt eine wesentlich kleinere Portion Aspartam. Beim Erhitzen zersetzt sich der Süßstoff und kann deshalb nicht zum Backen verwendet werden. Die Verwendung von Aspartam bei der Herstellung von Lebensmitteln muss deklariert werden.

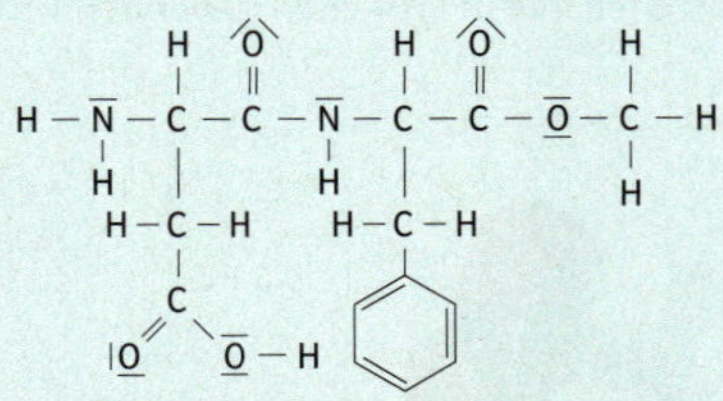

Aspartylphenylalaninmethylester

B2 Süßstoff Aspartam. Die Süßkraft ist ca. 150- bis 200-mal so hoch wie die von Saccharose

5.14 Vielfalt der Proteine

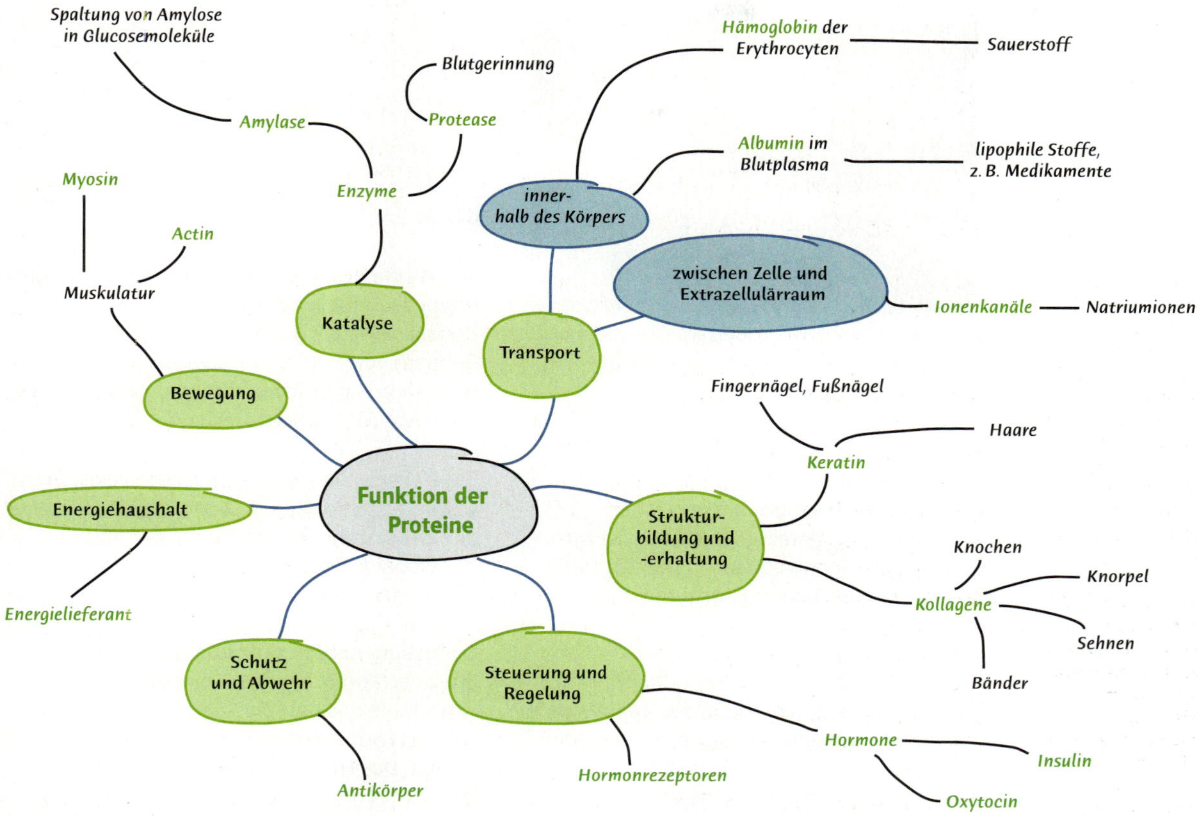

B1 Bedeutung der Proteine

Proteine zählen, wie Fette und Kohlenhydrate, zu den Grundbausteinen der Zelle. Proteine werden also von lebenden Organismen synthetisiert und haben eine biologische Funktion. Dies ist bei den Polypeptiden nicht der Fall.

Bedeutung der Proteine für den Organismus. Proteine sind Bestandteile von Geweben, so z. B. das *Actin* und *Myosin* der Muskulatur. Sie dienen hier als Grundlage für die muskuläre Kontraktion. Jeder Stoffwechselweg in einem Organismus ist auf *Enzyme*, welche auch Proteine sind, angewiesen. Als *Antikörper* sind Proteine wichtige Komponenten des Immunsystems. Weiterhin sind Transportproteine wichtig, z. B. das *Hämoglobin*, das dem Transport von Sauerstoff im Blut dient. *Blutgerinnungsfaktoren*, die bei einer Verletzung für den Wundverschluss zuständig sind, sind ebenfalls Proteine.
In Notzeiten, also bei Energiemangel, können Proteine sogar als Energielieferanten dienen. Weitere Funktionen der Proteine sind in B1 dargestellt.

A1 Nenne weitere Enzyme als die in B1 dargestellten und deren Funktion.

A2 Welche Proteine machen den größten Anteil der Körpermasse eines Menschen aus?

Extrazellulärraum
Der die Zellen umgebende Raum innerhalb eines Gewebes

B3 Oxytocin, ein Wehen auslösendes Hormon. Das Molekül ist aus 9 Aminosäuren aufgebaut:

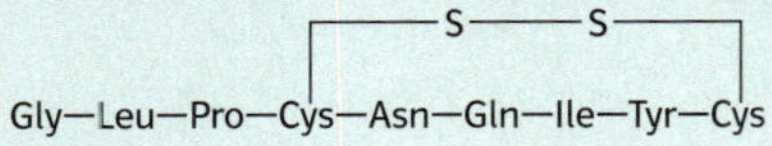

Oxytocin. Das Hormon Oxytocin ist am Geburtsvorgang beteiligt, indem es die Auslösung der Wehen verursacht. Das Oxytocin-Molekül ist aus neun Aminosäureeinheiten aufgebaut [B3].

Insulin. Das bekannteste Peptidhormon ist das Insulin, dessen Moleküle aus zwei Peptidketten mit insgesamt 51 Aminosäureeinheiten aufgebaut sind. Seine Funktion ist, die Einschleusung von Glucosemolekülen aus dem Blut in die Zellen zu ermöglichen. Das Fehlen von Insulin führt zu einem erhöhten Blutzuckerspiegel (Diabetes).

Krebstherapie. Auch in der Krebstherapie spielen Proteine eine Rolle. Es werden cyclische Pentapeptide erprobt, die Entstehung und Entwicklung von Tochtergeschwülsten (Metastasen) unterdrücken sollen.

Beispiel: Dipeptid, 3 verschiedene Aminosäuren

	Cystein	Leucin	Prolin
Cystein	Cys – Cys	Cys – Leu	Cys – Pro
Leucin	Leu – Cys	Leu – Leu	Leu – Pro
Prolin	Pro – Cys	Pro – Leu	Pro – Pro

Es ergeben sich 3^2 = 9 verschiedene Kombinationsmöglichkeiten

Anzahl der verschiedenen Aminosäuren

Anzahl der verknüpften Aminosäuren

B2 Kombinations-Beispiel

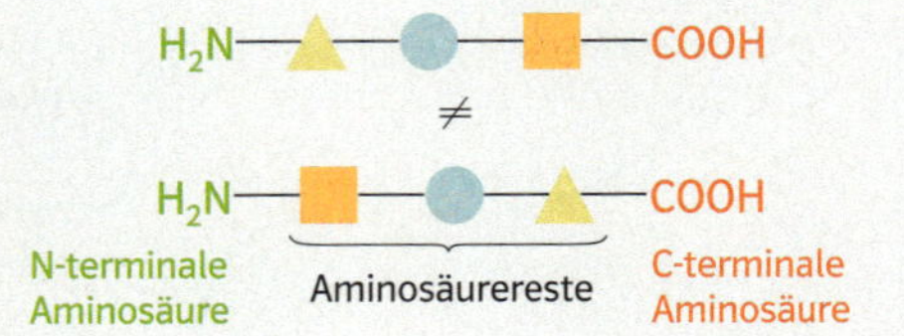

B4 N- und C-terminale Aminosäure

Wie ist die große Vielfalt möglich? Da jedes Aminosäuremolekül mindestens zwei funktionelle Gruppen besitzt, können aus einem Gemisch von zwei Aminosäuren vier verschiedene Dipeptide entstehen, z. B.: Gly — Gly, Gly — Ala, Ala — Gly, Ala — Ala.

Bei 20 verschiedenen Aminosäuren existieren sogar 20^2 verschiedene Dipeptide. Für Proteine gilt: Die Anzahl der Kombinationen beträgt 20^k, wobei *k* die Anzahl der verknüpften Aminosäuren darstellt [s. auch B2].

Ermittlung der Primärstruktur eines Peptids. Um zu erfahren, welche Aminosäuren am Bau eines Moleküls beteiligt sind, wird die Substanz vollständig durch saure Hydrolyse zerlegt. Das Hydrolysat wird anschließend in einem Aminosäureanalysator chromatografisch untersucht. Die Auswertung des Chromatogramms gestattet Rückschlüsse auf Art und Anzahl der Aminosäureeinheiten, die das Molekül aufbauen. Damit ist das betreffende Molekül aber noch nicht eindeutig beschrieben. Der nächste Schritt zur Strukturaufklärung ist deshalb die Ermittlung der **Aminosäuresequenz** (Primärstruktur), d. h. die Abfolge der Aminosäuren. Für die Bestimmung der *N-terminalen* bzw. *C-terminalen Aminosäure* – das sind die endständigen Aminosäureeinheiten mit der freien Amino- bzw. Carboxylgruppe [B4] – stehen mehrere Verfahren zur Verfügung.

A3 Berechne die maximal mögliche Anzahl an Molekülen, wenn 20 verschiedene Aminosäuren zur Verfügung stehen und ein Polypeptid mit 70 Aminosäuren entstehen soll.

5.15 Durchblick Zusammenfassung und Übung

Fette
sind Glycerintriester (Triglyceride) langkettiger Carbonsäuren (Fettsäuren).

Verseifung
Die alkalische Hydrolyse eines Fettes bezeichnet man als Verseifung. Die dabei entstehenden Alkalisalze der Fettsäuren heißen Seifen.

Naturdiesel und Biodiesel
Pflanzenöle, z. B. Rapsöl, können als nachwachsende Rohstoffe dienen. Pflanzenöle können in speziellen Motoren direkt als Treibstoff verwendet werden („Naturdiesel"). Oder sie werden zu einem Treibstoff mit dieselähnlichen Eigenschaften umgeestert („Biodiesel", z. B. Rapsölmethylester, RME), der auch in Seriendieselmotoren verbrannt werden kann.

Glucose
Bei der Glucose handelt es sich um eine Aldohexose mit der Summenformel $C_6H_{12}O_6$. Als funktionelle Gruppen liegen eine Aldehydgruppe und mehrere Hydroxygruppen vor. Das Glucosemolekül kann sowohl offenkettig als auch ringförmig vorliegen [B1].

Stärke
Stäke besteht aus Makromolekülen. Diese werden durch Polykondensation aus vielen Glucosemolekülen gebildet.

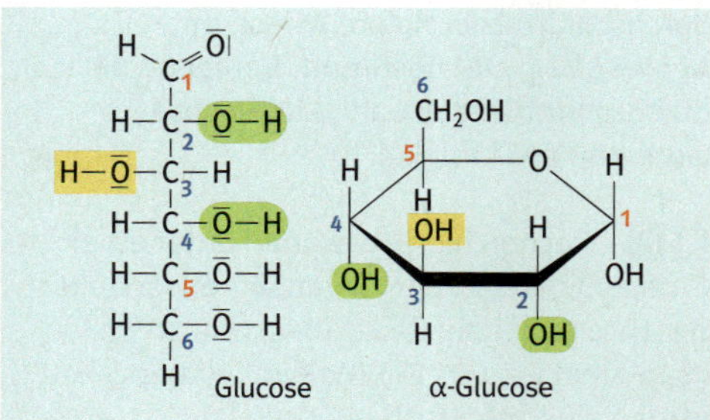

B1 Offenkettiges und ringförmiges Glucosemolekül

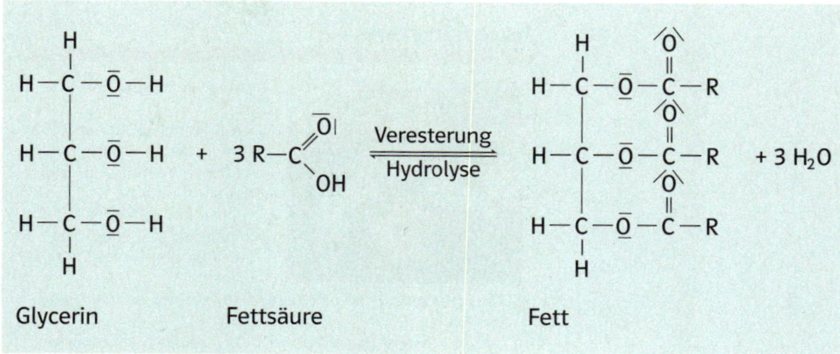

B2 Bildung bzw. Hydrolyse eines Fettes

Aminosäuren
Aminosäuremoleküle enthalten immer mindestens eine Amino- und eine Carboxylgruppe, sie sind bifunktionell. Normalerweise wird die Aminogruppe durch die Carboxylgruppe protoniert, sodass die Aminosäuremoleküle als Zwitterionen vorliegen. Daher sind Aminosäuren bei Zimmertemperatur fest.

Peptide und Proteine
sind Makromoleküle, die aus einzelnen Aminosäuremolekülen aufgebaut sind. Diese sind untereinander durch Peptidbindungen verbunden, welche durch Kondensationsreaktionen entstehen. Proteine kommen in Lebewesen vor und haben immer eine biologische Funktion [B3]. Dies ist bei Polypeptiden nicht der Fall.

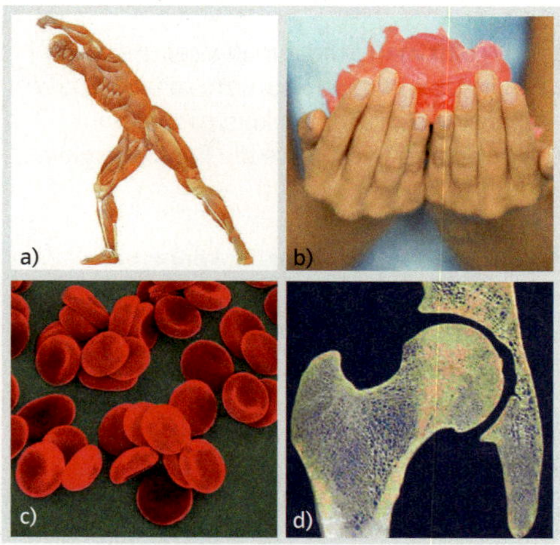

B3 Skelettmuskulatur (a), Fingernägel (b), Erythrocyten (c), Hüftgelenk (d)

KARAMELLBONBONS

Zutaten: Butter, Zucker, süße Sahne

1. Ein Eckchen Butter wird in einer kleinen Pfanne bei mittlerer Temperatur erhitzt, bis sie flüssig ist.
2. 1 Esslöffel Zucker wird hinzugefügt und gut mit der flüssigen Butter durchmischt.
3. Nun gibt man 2 Teelöffel süße Sahne hinzu und verrührt das Ganze gut.
4. Unter leichtem Schäumen wird das Gemisch allmählich braun und dickflüssig. (Immer gut rühren!) Es darf nicht zu dunkel werden, sonst wird Karamell bitter!
5. Wenn das Gemisch hellbraun und cremig geworden ist, gibt man es mit einem Löffel auf etwas Backpapier und lässt es erkalten.

B4 Rezept für Karamellbonbons zum Selbermachen

A1 Recherchiere über die Herstellung und Verwendung von Karamell [B4].

A2 **a)** Stelle die Reaktionsgleichung für die vollständige Verbrennung von Glucose auf.
b) Überlege, wo diese Reaktion (nur langsamer) ständig abläuft!

A3 Du erhältst von deiner Lehrkraft ein Modell eines beliebigen Zuckermoleküls. Schreibe die Strukturformel in dein Heft.

A4 Erkläre, worum es sich bei Stärke handelt und wo sie vorkommt.

A5 Gibt man Stärke in Wasser und setzt katalytisch wirkende Säure zu, so wird Stärke in einzelne Glucosemoleküle gespalten (hydrolysiert). Formuliere die Reaktionsgleichung.

A6 Welche Fettmoleküle können aus Glycerin, Ölsäure und Palmitinsäure hergestellt werden? Zeichne jeweils die Strukturformeln.

A7 Wovon hängt es ab, ob ein Fett bei Zimmertemperatur fest, halbfest oder flüssig ist?

A8 Wie würdest Du einen Fettfleck in einem deiner Kleidungsstücke entfernen?

A9 Eine Karotte sollte man nicht ohne Fett zu sich nehmen. Erkläre weshalb.

A10 Warum lassen sich für Fette nur Schmelztemperaturbereiche und keine konkrete Schmelztemperatur angeben?

A11 Nenne Früchte und Samen, aus denen sich pflanzliche Fette herstellen lassen.

A12 Die Fettmoleküle aus A6 werden mit Methanol umgeestert.
a) Welche Fettsäuremethylester entstehen dabei? Schreibe die Halbstrukturformeln der Moleküle auf.
b) Welche Reaktion läuft bei der vollständigen Verbrennung dieses Biodiesels im Motor ab? Erstelle die entsprechende Reaktionsgleichung mit einem Fettsäuremethylester deiner Wahl.

A13 Zeichne alle möglichen Dipeptide, die aus Cystein und Leucin aufgebaut sind.

A14 Threonin ist eine essenzielle Aminosäure. Was bedeutet „essenziell". In welchem Bezug hast du diesen Begriff auch schon in diesem Kapitel kennengelernt?

A15 Wodurch kommt die große Vielfalt der Proteine zustande?

A16 Bei einer Amylosesorte wurde die durchschnittliche molare Masse mit $M = 48\,600\ g/mol$ bestimmt. Berechne die durchschnittliche Anzahl von Glucoseeinheiten pro Molekül.

A17 Recherchiere, was man unter einer Omega-3-Fettsäure (ω-3-Fettsäure) versteht. Beachte dabei die Bedeutung von „α" in „α-Aminosäure". Die Moleküle der ω-3-Fettsäuren sind mehrfach ungesättigt.

Basiskonzepte

Basiskonzepte sind allgemeine Prinzipien, die sich wie ein roter Faden durch die Chemie ziehen. Sie sind also etwas Übergreifendes. Wir betrachten fünf Basiskonzepte:

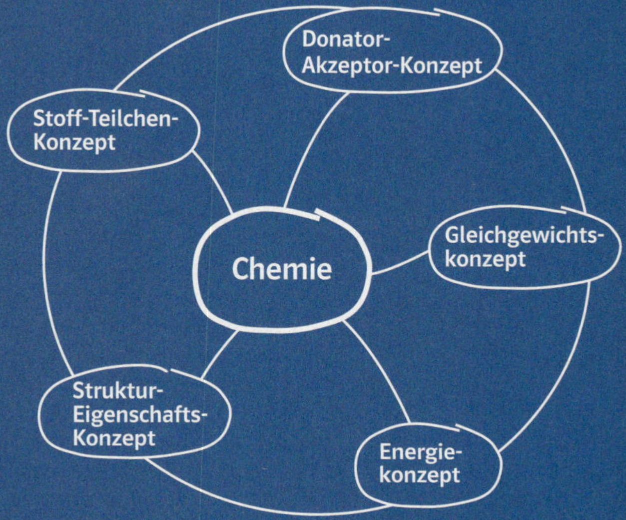

Um den Sinn von Basiskonzepten aufzuzeigen, kann man sich des folgenden Modells bedienen: Auf einem Markt gibt es mehrere Obst- und Gemüsestände. Nun könnte man einen neuen Stand einrichten, der nur mit den an allen Marktständen vorhandenen roten Frucht- und Gemüsesorten bestückt wird. An diesem neuen Stand wären also Himbeeren, Erdbeeren, Kirschen, rote Paprika, Tomaten und Radieschen erhältlich. Das neue „Standthema" wäre „Rotes Obst und Gemüse".

Die Obst- und Gemüsestände auf dem Markt entsprechen der gesamten Chemie. Schaut man sich die unterschiedlichen Sachverhalte wie sie z. B. in diesem Lehrbuch dargestellt werden, nochmals zusammenfassend an, so stellt man fest, dass bestimmte Prinzipien immer wieder auftreten, sich sozusagen ein „roter Faden" ergibt. Ordnet man die gemeinsamen Inhalte der verschiedenen Buchkapitel neu, so können sie unter dem Thema „Basiskonzepte" dargestellt werden.

Donator-Akzeptor-Konzept

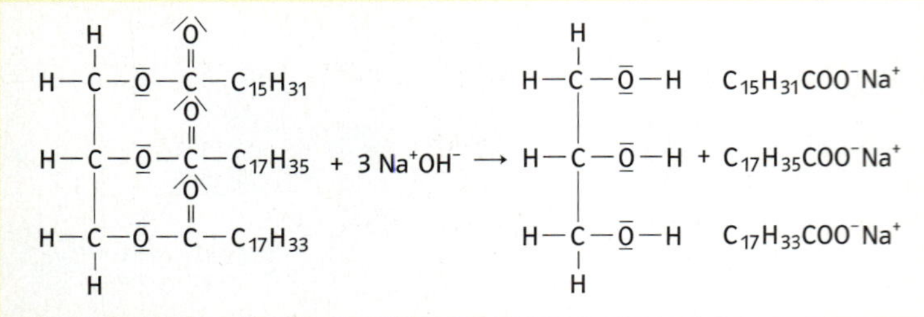

B1 Die Verseifung

Es gibt eine große Vielfalt von chemischen Reaktionen. Betrachtet man sie auf der Teilchenebene, so erkennt man, dass sich ein großer Teil davon zwei verschiedenen Reaktionstypen zuordnen lässt: den Säure-Base-Reaktionen und den Redoxreaktionen. Diese beiden Reaktionstypen wiederum können durch ein Basiskonzept, das Donator-Akzeptor-Konzept, beschrieben werden. Dies kann sowohl auf anorganische als auch auf organische Reaktionen angewandt werden.

Donator von lat. donare, geben, zur Verfügung stellen

Akzeptor von lat. acceptare, annehmen

Bei den Säure-Base-Reaktionen kommt es zu einem Protonenübergang. Die Brønstedsäure ist der Protonendonator, die Brønstedbase der Protonenakzeptor.

Redoxreaktionen zeichnen sich dadurch aus, dass Elektronen übertragen werden. Der Elektronendonator wird dabei oxidiert und ist Reduktionsmittel. Der Elektronenakzeptor wird reduziert und ist Oxidationsmittel [B2].

Die Carbonsäuremoleküle, wie Ameisen- oder Essigsäure, sind Protonendonatoren. Sie geben das Wasserstoffatom der Carboxylgruppe als Proton auf einen entsprechenden Akzeptor ab. Dabei entstehen die jeweiligen Salze der Carbonsäuren, z. B. die Formiate oder Acetate. Die Alkalisalze langkettiger Carbonsäuremoleküle bezeichnet man als Seifen, die zugrunde liegende Reaktion ist die Verseifung [B1].

Auch Redoxreaktionen spielen in der organischen Chemie eine wichtige Rolle. Anhand ihres unterschiedlichen Oxidationsvermögens können primäre Alkohole von sekundären bzw. tertiären Alkoholen unterschieden werden [B4].

Carbonylverbindungen können ebenfalls durch Redoxreaktionen unterschieden werden. Bei Aldehyden verlaufen die Fehling'sche Probe und die Silberspiegelprobe positiv, bei Ketonen tritt keine Reaktion ein [B3].

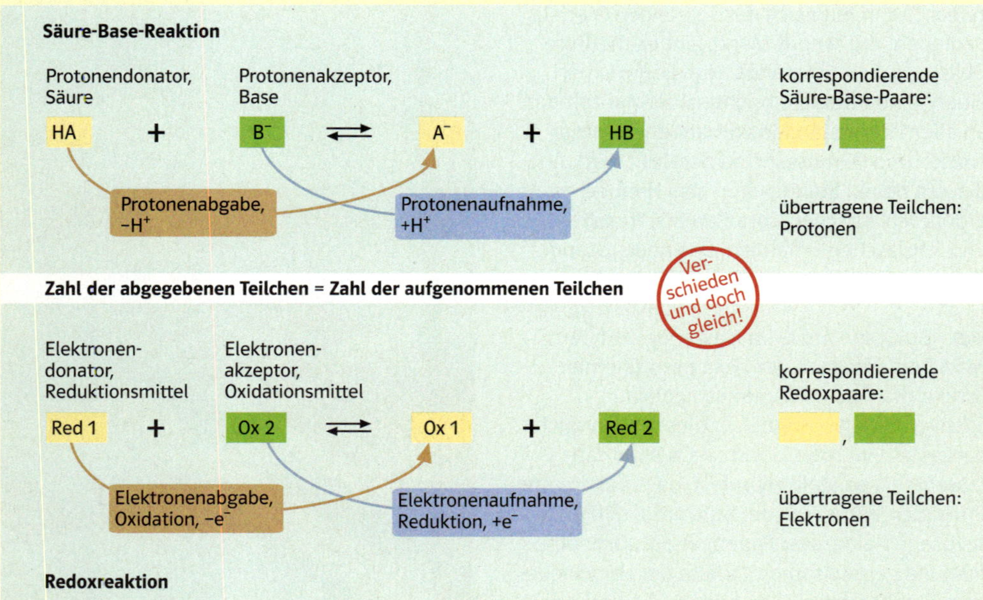

B2 Vergleich von Redoxreaktion und Säure-Base-Reaktion

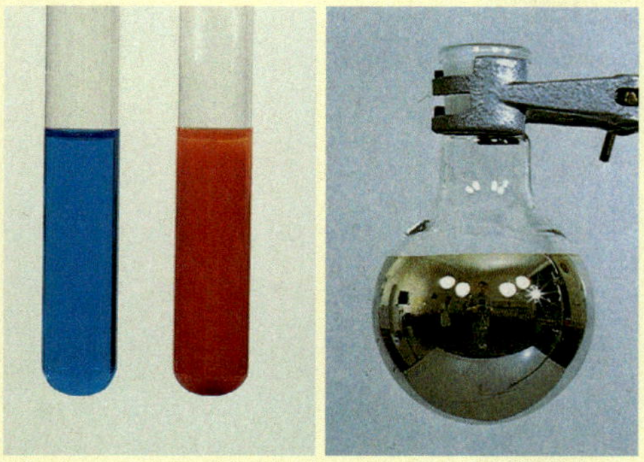

B3 Bei einer positiven Fehling'schen Probe und Silberspiegelprobe handelt es sich um Redoxreaktionen

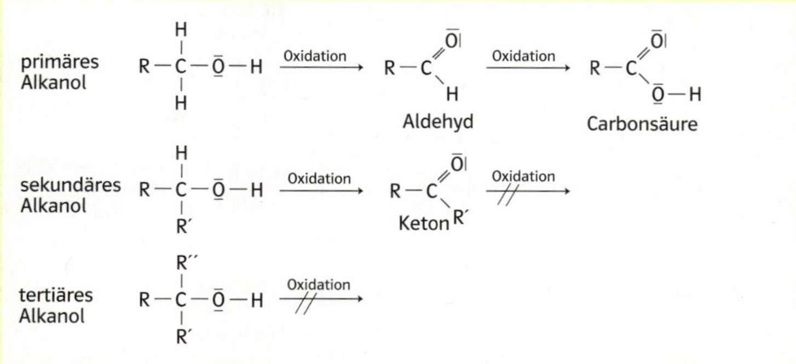

B4 Bei der Oxidation von primären und sekundären Alkoholen handelt es sich um Redoxreaktionen

A1 Erläutere an einem weiteren Beispiel aus der organischen Chemie das Protonendonator-Protonenakzeptor-Konzept.

A2 Ist die Ringbildung bei Glucosemolekülen ein Beispiel für das Donator-Akzeptor-Konzept? Begründe deine Antwort.

A3 Diskutiere, ob Kondensationsreaktionen auch zum Donator-Akzeptor-Konzept passen.

A4 Begründe, weshalb die Protolyse von Essigsäure eine Donator-Akzeptor-Reaktion ist.

A5 Notiere jeweils die Reaktionsgleichung für eine Säure-Base-Reaktion und für eine Redoxreaktion deiner Wahl. Ordne die Begriffe Protonendonator, Protonenakzeptor, Protonenaufnahme, Protonenabgabe, Elektronendonator, Elektronenakzeptor, Elektronenabgabe, Elektronenaufnahme den entsprechenden Teilchen oder Vorgängen zu.

A6 Bei der elektrophilen Addition an Alkenmoleküle gibt es mehrere Elektronenpaardonatoren und Elektronenpaarakzeptoren. Nenne einige Beispiele und erkläre deine Auswahl.

Betrachtet man die Additionsreaktionen, so stellt man fest, dass auch diese Donator-Akzeptor-Vorgänge sind. Allerdings sind diese nicht so offensichtlich wie bei den Redoxreaktionen und Säure-Base-Reaktionen.
Bei der elektrophilen Addition an Alkenmoleküle und der nukleophilen Addition der Carbonylverbindungen wird eine Bindung zwischen einem elektrophilen und einem nukleophilen Atom ausgebildet, das heißt, ein Elektronenpaar wird von dem elektronenreicheren Atom zur Verfügung gestellt. Dieses Elektronenpaar „gehört" am Ende formal zur einen Hälfte dem zur Verfügung stellenden nukleophilen Atom (Donator) und zur anderen Hälfte dem annehmenden, elektrophilen Atom (Akzeptor). Die beiden Reaktionspartner sind zu einem neuen Molekül zusammengetreten. Dies geschieht auch bei der Halbacetalbildung zwischen Aldehyd- und Alkoholmolekülen [B5].

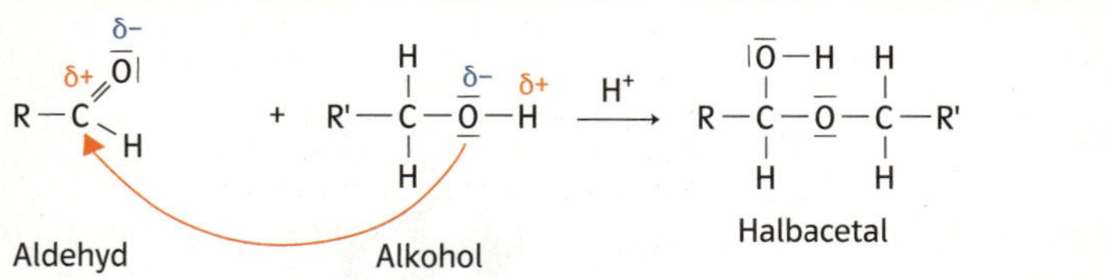

Halbacetalbildung: Das Alkoholmolekül mit dem Sauerstoffatom als nukleophilem Atom stellt ein Elektronenpaar zur Bindungsbildung zur Verfügung (Elektronenpaardonator). Das Aldehydmolekül, mit seinem elektrophilen Kohlenstoffatom, ist das annehmende Atom (Elektronenpaarakzeptor).

B5 Nukleophile Addition an die Carbonylgruppe

Struktur-Eigenschafts-Konzept

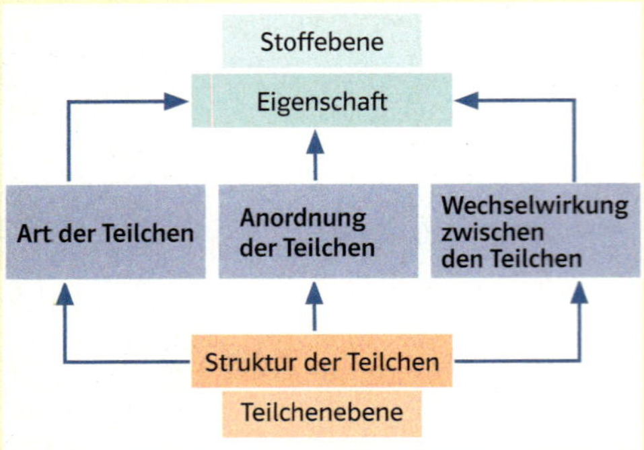

B2 Zusammenhang von Struktur und Eigenschaften

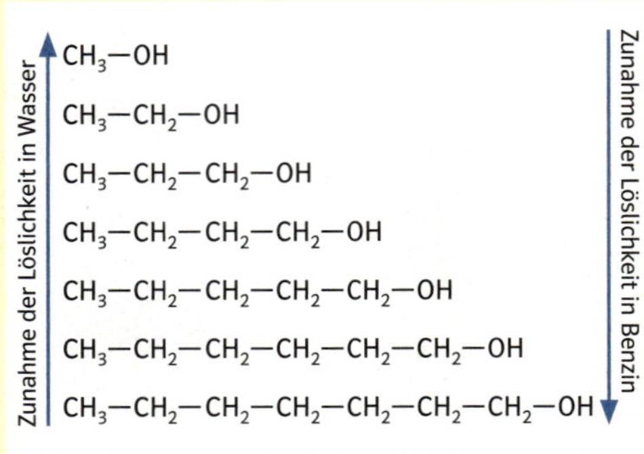

B3 Homologe Reihe der Alkanole

Die Chemie beschäftigt sich mit Stoffen und ihren Eigenschaften. Welche Eigenschaften ein bestimmter Stoff zeigt, ist abhängig von der Struktur der Teilchen, die den Stoff bilden, den Anziehungskräften, die zwischen den Teilchen eines Stoffes auftreten, und der Anordnung der Teilchen [B2]. Zwischen Teilchen können sich Van-der-Waals-Kräfte, Dipol-Wechselwirkungen oder Wasserstoffbrücken ausbilden. Welche zwischenmolekularen Wechselwirkungen auftreten, ist u. a. von der Polarität des Moleküls abhängig.

Name	Strukturformel	Kalottenmodell	ϑ_{sd} in °C
Pentan	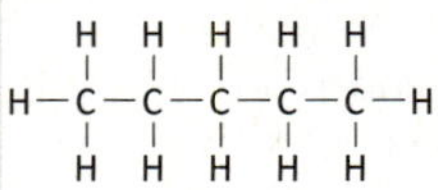	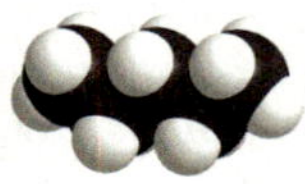	36
2-Methyl-butan	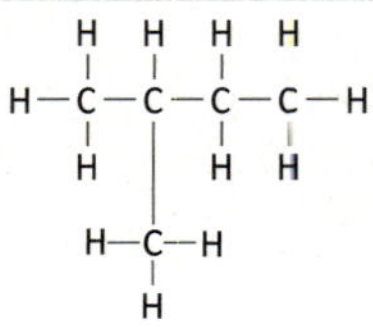		28
2,2-Dimethyl-propan	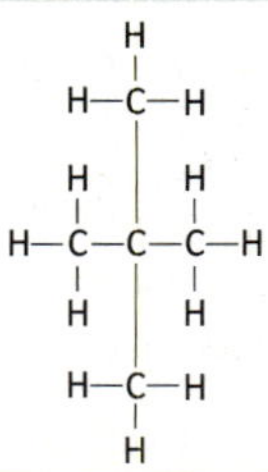	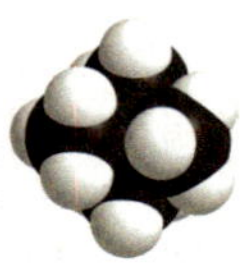	10

B1 Konstitutionsisomere mit der Summenformel C_5H_{10}

A1 **a)** Worin unterscheiden sich die in B1 dargestellten Moleküle? **b)** Erkläre die unterschiedlichen Siedetemperaturen von n-Pentan, 2-Methylbutan und 2,2-Dimethylpropan.

A2 Gib für Magnesium und Sauerstoff sowie für Magnesiumoxid typische Stoffeigenschaften an. Begründe anhand des strukturellen Aufbaus der Stoffe die jeweiligen Eigenschaften.

A3 **a)** Erkläre die Anordnung der „Blasen" in B4. **b)** Wähle unter den Sauerstoffverbindungen bzw. Kohlenwasserstoffen insgesamt fünf „Blasen" aus und erstelle jeweils die Strukturformel eines Moleküls, das als Beispiel der jeweiligen „Blase" zugeordnet werden könnte. Verwende andere Beispiele als die bereits gegebenen.

A4 Gib die jeweilige Stoffgruppe und die typischen Eigenschaften (Siedetemperatur, Lösungsverhalten) an von: Ethan, Propen, Methanal, Ethanol, Glucose, Essigsäure, Aceton, Propansäurepropylester.

A5 Beschreibe die Änderungen der Eigenschaften innerhalb der homologen Reihe der Alkane und Alkansäuren.

A6 Erstelle eine Mindmap, aus der für verschiedene Stoffe die Eigenschaften hervorgehen. Hinweis: Betrachte Salze, Metalle und flüchtige Stoffe.

A7 Essigsäure und Natriumacetat gehören unterschiedlichen Stoffklassen an. Begründe auf Teilchenebene ihre jeweilige Zugehörigkeit. Finde weitere Beispiele für diese beiden Stoffklassen.

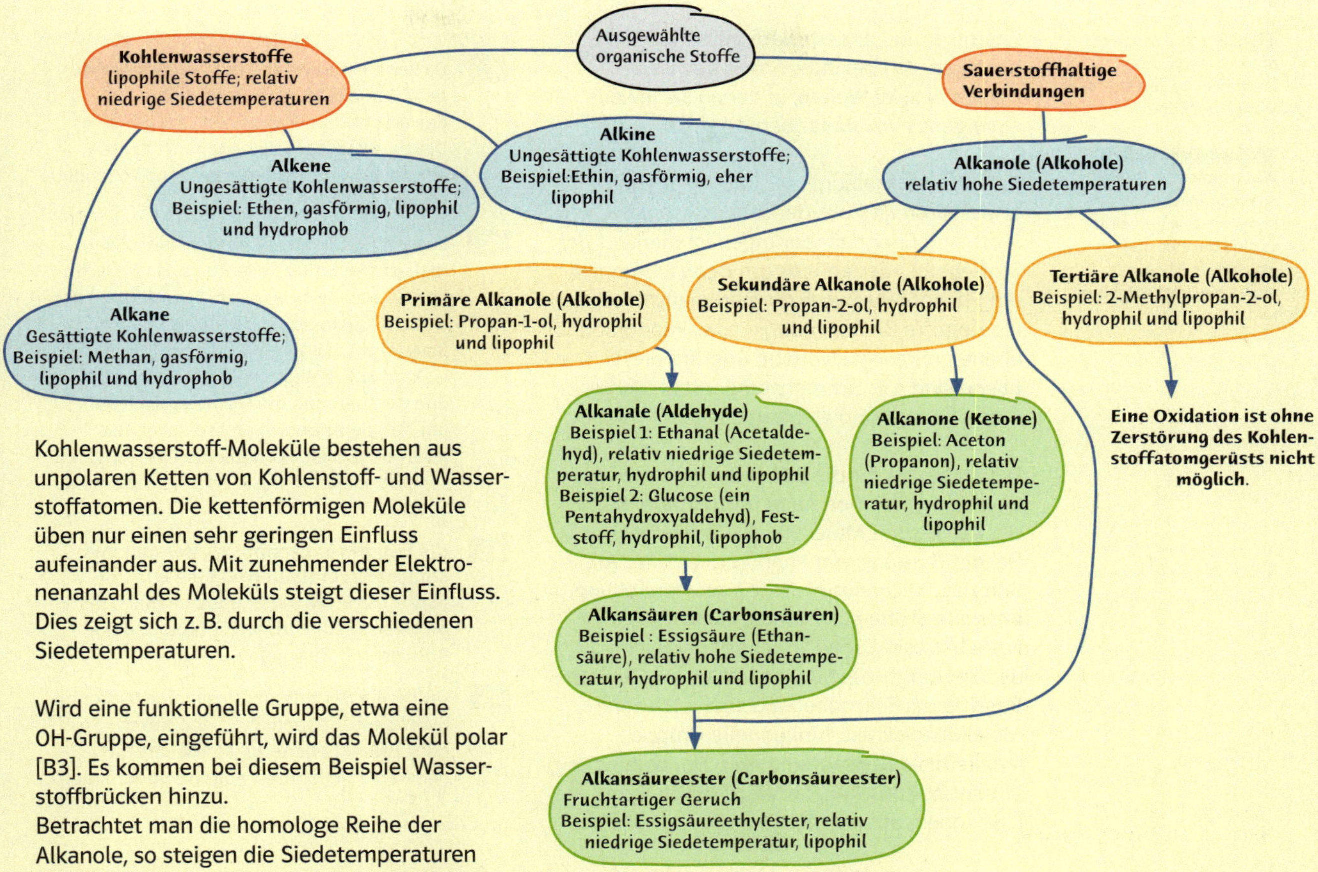

B4 Ausgewählte organische Stoffe

Kohlenwasserstoff-Moleküle bestehen aus unpolaren Ketten von Kohlenstoff- und Wasserstoffatomen. Die kettenförmigen Moleküle üben nur einen sehr geringen Einfluss aufeinander aus. Mit zunehmender Elektronenanzahl des Moleküls steigt dieser Einfluss. Dies zeigt sich z. B. durch die verschiedenen Siedetemperaturen.

Wird eine funktionelle Gruppe, etwa eine OH-Gruppe, eingeführt, wird das Molekül polar [B3]. Es kommen bei diesem Beispiel Wasserstoffbrücken hinzu.
Betrachtet man die homologe Reihe der Alkanole, so steigen die Siedetemperaturen kontinuierlich an, wenn stets eine CH_2-Gruppe eingefügt wird [B3]. Je größer der unpolare Kohlenwasserstoffanteil im Molekül ist, desto geringer ist die Löslichkeit des betreffenden Alkohols in hydrophilen Lösungsmitteln; die Löslichkeit in lipophilen Lösungsmitteln steigt dagegen. Entsprechende Zusammenhänge lassen sich für ähnliche homologe Reihen, z. B. Alkanale, Alkanone, Alkansäuren und Alkansäureester formulieren.

Aus der Summenformel allein kann keine Aussage über die Eigenschaft eines Stoffes getroffen werden. Bereits für C_5H_{12} gibt es drei Konstitutionsisomere [B1]. Die Struktur der einzelnen Teilchen ist also unterschiedlich. Daher haben auch die zugehörigen Stoffe unterschiedliche Eigenschaften.

A8 „Pflanzenöle sind für den Menschen wertvoller als feste Pflanzenfette". Stelle Unterschiede von Pflanzenöl und festem Pflanzenfett anhand selbst gewählter Beispiele zusammen. Recherchiere über den Nutzen von Pflanzenölen und festen Pflanzenfetten für unseren Körper.

A9 Nimm zu folgendem Satz, hinsichtlich des Struktur-Eigenschafts-Konzepts, Stellung: „Das Ganze ist mehr als die Summe seiner Teile."

A10 Die Isomere Octan und Isooctan zeigen unterschiedliche chemische Eigenschaften.
a) Leite einige dieser Eigenschaften aus der Struktur der Verbindungen ab.
b) Wo spielt Isooctan eine Rolle?

Stoff-Teilchen-Konzept

Phänomen von griech. phainomenon, das Erscheinende, das sich den Sinnen zeigende

Die kleinsten Teilchen
Was ist mit dem Begriff „kleinste Teilchen" in der Chemie gemeint? Es sind die kleinsten gleichen Teilchen, aus denen ein Stoff aufgebaut ist

Chemiker und andere Naturwissenschaftler bewegen sich bei ihrer Arbeit gewissermaßen in zwei Welten, in denen sie jeweils ein eigenes Vokabular benutzen.

Bei der Beschreibung der mit den Sinnen erfassbaren und mit Geräten messbaren Stoff- und Energieänderungen ist man auf der Stoffebene. Hier geht es um Beobachtungen, um Phänomene, weshalb man manchmal auch die Begriffe Beobachtungs- oder Phänomenebene gebraucht. Typische Begriffe dieser Ebene sind z. B. Schmelztemperatur, Dichte, Farbe, Geruch und elementarer Stoff.

Die Erklärung für die Beobachtungen liefert die mit dem bloßen Auge unsichtbare Welt der Atome und Moleküle, die Teilchenebene. Bei der Deutung von Phänomenen aller Art hilft das Teilchenmodell, also die Vorstellung, dass alle Stoffe aus kleinsten Teilchen aufgebaut sind. Man spricht daher auch von der Deutungs- oder der Modellebene. Typische Begriffe der Teilchenebene sind z. B. Atom, Molekül, Alkylrest, funktionelle Gruppe, langkettiges Fettsäuremolekül, Doppelbindung, Wasserstoffbrücken, Strukturformel, freies Elektronenpaar und Element.

A1 B5 zeigt einen verkalkten Tauchsieder, der gerade entkalkt wird. Beschreibe das erkennbare Phänomen und gib eine Deutung auf der Teilchenebene. Achte darauf, jeweils das angemessene Vokabular zu verwenden.

A2 Lea und Jan unterhalten sich. Jan: „Sag' mal, wie kommt es eigentlich, dass Fische im Wasser atmen können?" Lea: „Nun, ganz einfach. Sie nehmen mit ihren Kiemen Sauerstoff aus dem Wasser auf." Jan: „Ah, ja, klar! H_2O enthält ja O, also Sauerstoff, und den nehmen die Fische einfach auf …" Jan hat die Antwort von Lea scheinbar missverstanden. Formuliere Leas Antwort so, dass sie keine Missverständnisse mehr zulässt.

A3 Die Begriffe Sauerstoff, Wasserstoff und Kohlenstoff enthalten alle die Endung „-stoff". Sind sie daher ausschließlich der Stoffebene zugeordnet? Erläutere deine Antwort mit Beispielen.

A4 Ordne die Begriffe polar, unpolar, hydrophil, hydrophob, lipophil und lipophob der Stoff- oder Teilchenebene zu. Formuliere Sätze, in denen die genannten Begriffe vorkommen.

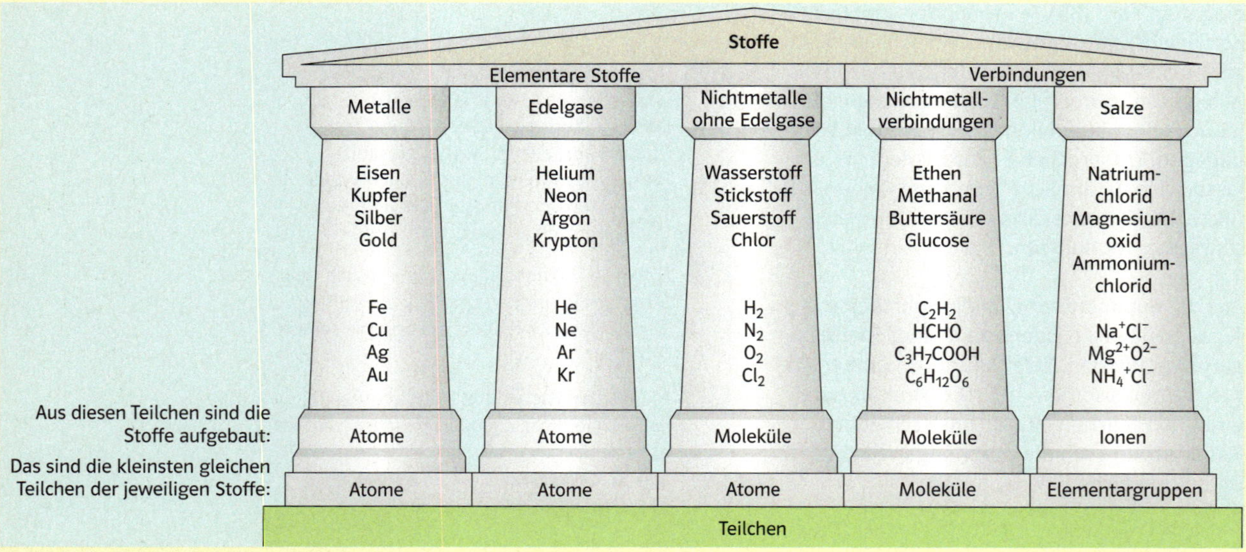

B1 Stoff- und Teilchenebene

Die meisten Stoffeigenschaften kann man also schlecht oder gar nicht den einzelnen Teilchen zuordnen. Damit man von der Stoffebene sprechen kann, sollten von der Größenordnung her gesehen ca. 10^{23} kleinste Teilchen vorliegen.

Auf der Stoffebene ist es schwierig, die chemische Reaktion zu charakterisieren und auch von der Herstellung eines homogenen Gemischs zu unterscheiden. Beispielsweise hat ein Ethanol-Wasser-Gemisch andere Stoffeigenschaften als der Reinstoff Wasser und der Reinstoff Ethanol. Trotzdem handelt es sich bei der Herstellung eines homogenen Gemischs nicht um eine chemische Reaktion. Schaut man sich das Ganze auf Teilchenebene an, so kommt man zu folgendem Ergebnis: Bei der Herstellung des homogenen Gemischs bleiben i.d.R. die kleinsten gleichen Teilchen erhalten, während sich bei einer chemischen Reaktion die Struktur der kleinsten gleichen Teilchen ändert.

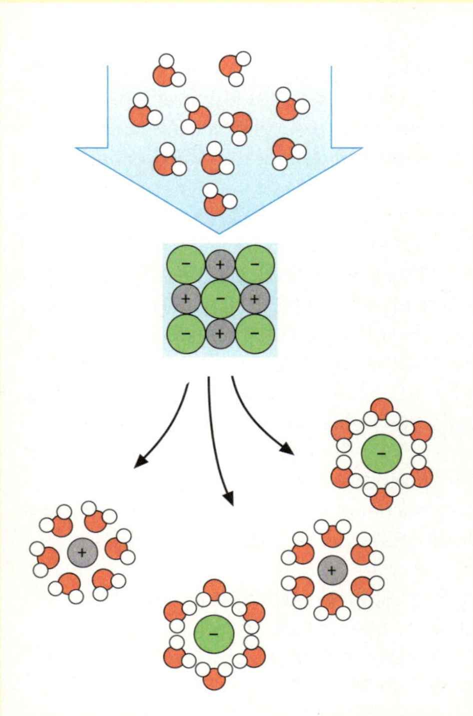

B2 Salze lösen sich in Wasser

B3 Wassermolekül-Cartoon

B5 Entkalken mit Ameisensäure

A5 Überlege dir eine einfaches Modell, das die chemische Reaktion und die Herstellung eines homogenen Gemischs zeigt.

A6 Bei der Herstellung einer Salzlösung muss die Aussage, dass die kleinsten Teilchen erhalten bleiben, eingeschränkt werden [B2]. Erkläre.

A7 Begründe, weshalb es sich beim Kohlenstoffkreislauf nicht um einen Stoffkreislauf handelt.

A8 Beschreibe, was Radikale sind, und nenne ein Beispiel für eine Reaktion, bei der Radikale entstehen.

A9 Nenne dir bekannte Stoffe, die aus Makromolekülen aufgebaut sind, und erkläre, was man unter einem Makromolekül versteht.

A10 **a)** Worum handelt es sich in B6 (es ist keine exakte chemische Benennung notwendig)? **b)** Aus welchen Edukten kann ein solches Molekül hergestellt werden (allgemeines Schema)? **c)** Notiere alle Details, die dir zur Stoffklasse, der dieses Molekül zugeordnet werden kann, einfallen.

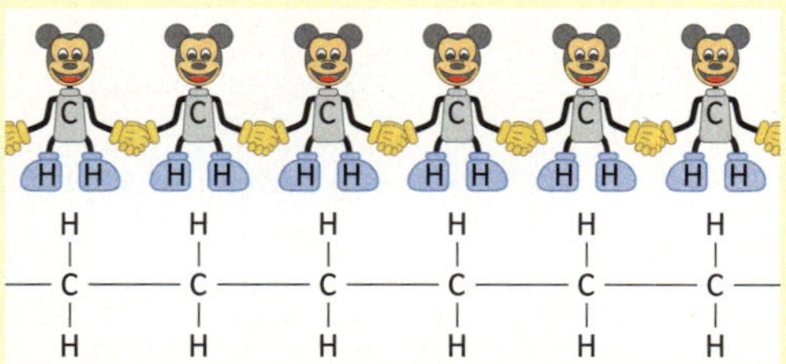

B4 Zu Aufgabe 9

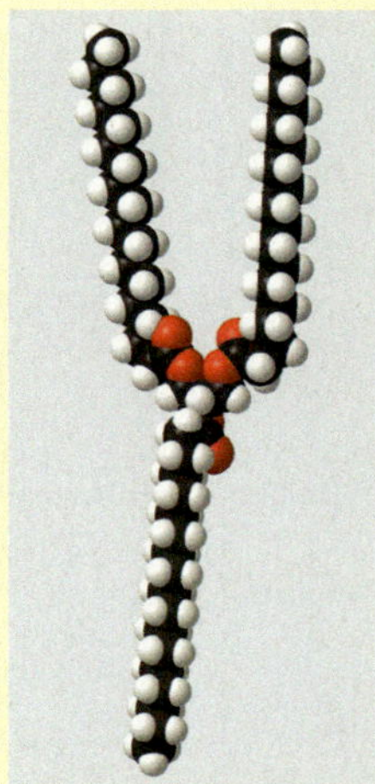

B6 Zu Aufgabe 10

Energiekonzept

System Unter „System“ versteht man einen abgegrenzten Materiebereich, für den eine Energiebilanz aufgestellt werden kann. Ein System kann z. B. der Inhalt eines Reagenzglases sein

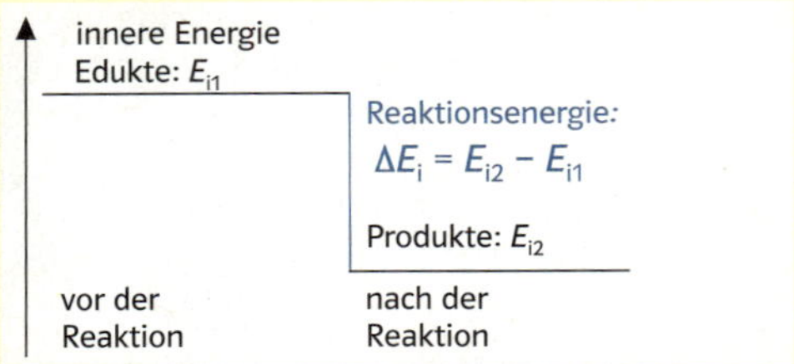

B2 Die Reaktionsenergie ist die Änderung der inneren Energie durch die Reaktion

In diesem Buch war von Energie nicht ausdrücklich die Rede. Dennoch ist die Energie in der Chemie immer im Spiel. Denn jedes Atom, jedes Molekül, jede Elementargruppe und jede Stoffportion hat einen bestimmten Energieinhalt. Man nennt ihn die **innere Energie E_i** des betreffenden Systems.
Bei einer *chemischen Reaktion* ändern sich die kleinsten Teilchen, und damit entstehen andere Stoffe auf Kosten der vorher vorhandenen. In der Regel hat das System nach der Reaktion eine andere innere Energie E_{i2} als vor der Reaktion (E_{i1}). Nimmt die innere Energie des Systems bei der Reaktion ab, so ist die Differenz $\Delta E_i = E_{i2} - E_{i1}$ negativ. Die Reaktion wird dann **exotherm** genannt.
Ist der Energieinhalt nach der Reaktion höher als vorher, so ist ΔE_i positiv. Die Reaktion heißt dann **endotherm**.

Insgesamt bleibt aber die **Energie erhalten**. Daher ist die Änderung der inneren Energie eines Systems immer mit einer Abgabe bzw. Aufnahme von Energie verbunden. Bei einer exothermen Reaktion wird Energie vom System an die Umgebung abgegeben. Bei einer endothermen Reaktion nimmt das System Energie aus der Umgebung auf. Obwohl die Ausdrücke „exotherm“ und „endotherm“ sprachlich von „thermische Energie“ abgeleitet sind, kann die Energieabgabe oder Energieaufnahme auch anders erfolgen, besonders durch Licht. So sind viele Verbrennungsvorgänge mit Lichterzeugung verbunden. Umgekehrt kann Lichteinwirkung zu chemischen Reaktionen führen. Ferner kann die innere Energie eines chemischen Systems auch in elektrische Energie umgewandelt werden und umgekehrt.
Da eine chemische Reaktion in einer **Teilchenumgruppierung** besteht, müssen in der Regel Bindungen gelöst werden, wenn andere Bindungen gebildet werden. Diese Trennung von ursprünglich miteinander verbundenen Atomen erfordert Energiezufuhr, während die Bildung einer neuen Bindung wieder Energie freisetzt. Dieser Gesamtvorgang der Bindungslösung und Neubildung einer Bindung verläuft deshalb über eine Energiebarriere, die **Aktivierungsenergie** heißt. Für eine reagierende Teilchengruppe kann man den Platzwechsel der Atome durch die Zunahme des Teilchenabstandes beschreiben, der zwischen zwei ursprünglich miteinander verbundenen Atomen des Eduktes besteht.

So wird bei der *radikalischen Substitution* zum Beispiel ein H-Atom eines CH_4-Moleküls durch ein Chloratom ersetzt. Das betreffende H-Atom wechselt also den Bindungspartner, wobei der C—H-Abstand bis zur vollständigen Trennung dieser beiden Atome vergrößert wird. Dieser C—H-Abstand, allgemeiner der Abstand zwischen denjenigen Eduktteilchen, die sich bei der Reaktion trennen, eignet sich zur Beschreibung des Reaktionsverlaufs auf der Teilchenebene. Man nennt einen solchen Teilchenabstand **Reaktionskoordinate**.

Auf der Stoffebene äußert sich das Vorhandensein der Energiebarriere darin, dass viele Reaktionen erst nach Zufuhr von ein wenig Energie, z. B. durch einen Zündfunken, in Gang kommen. Man sagt auch: Der Funke löst die Reaktion aus.

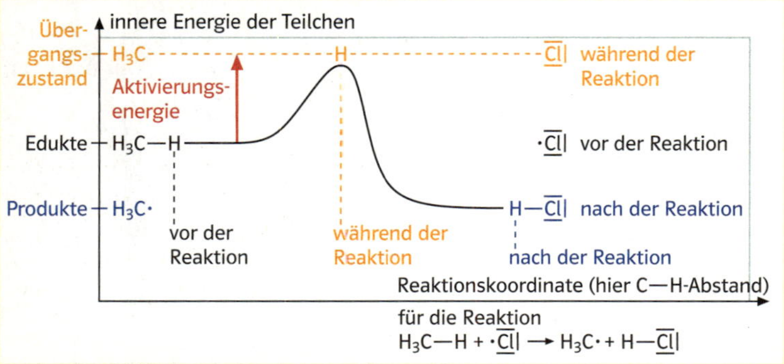

B1 Energiediagramm

Gleichgewichtskonzept

Beim Begriff „Gleichgewicht" kommt vielen Leuten sofort die Balkenwaage [B2] in den Sinn. Legt man in beide Waagschalen Stoffportionen der gleichen Masse, so ist die Waage im Gleichgewicht. Auf beiden Seiten wirken zwar Kräfte, diese heben sich aber gegenseitig auf.

Allgemein gesagt ist ein System dann im Gleichgewicht, wenn Einflüsse, die einzeln betrachtet eine Veränderung bewirken würden, sich in ihrer Wirkung gegenseitig aufheben.

Betrachten wir Alltagsbeispiele, so handelt es sich meistens um *statische* Gleichgewichte. Das chemische Gleichgewicht dagegen ist ein *dynamisches*. Der Unterschied zwischen beiden soll durch das folgende Beispiel verdeutlicht werden. Es gibt zwei Möglichkeiten im zeitlichen Mittel, in einem Sparschwein [B3] denselben Geldbetrag (dieselbe Anzahl an Euros) vorzufinden:

a) *Statisches Gleichgewicht*
Aus dem Sparschwein wird weder etwas entnommen noch wird Geld hineingeworfen.

b) *Dynamisches Gleichgewicht*
Aus dem Sparschwein wird im zeitlichen Mittel so viel entnommen wie hineingeworfen wird. Bei (a) verändert sich nichts, während es bei (b) zwar zwei Geldströme gibt, die sich aber gegenseitig ausgleichen.

Viele Reaktionen sind Gleichgewichtsreaktionen, z. B. die in Kapitel 3.12 behandelten Esterreaktionen. An einem Modell sollen die wichtigsten Kennzeichen des chemischen Gleichgewichts aufgezeigt werden.

Wir begeben uns auf Teilchenebene und stellen uns vor, blaue bzw. gelbe Kugeln seien die Teilchen des Stoffs A bzw. B und rote bzw. grüne Kugeln seien die Teilchen des Stoffs C bzw. D [B4].
100 gelbe Kugeln und 100 blaue Kugeln befinden sich in einem Gefäß. Man zieht nun immer zwei Kugeln (das soll die Zusammenstöße zwischen Teilchen bei einer chemischen Reaktion simulieren). Erwischt man die Kombination blau/gelb, so ersetzt man diese beiden Kugeln durch eine rote und eine grüne Kugel (wirksamer Zusammenstoß der Teilchen). Ansonsten legt man die beiden Kugeln wieder zurück ins Gefäß.
Ab dem Zeitpunkt, bei dem auch rote und grüne Kugeln im Gefäß sind, geht man prinzipiell wie bereits beschrieben vor. Allerdings legt man bei Ziehung einer Rot-Grün-Kombination statt dieser beiden Kugeln eine blaue und eine gelbe Kugel ins Gefäß.

Was ist zu beobachten? Am Anfang ist die Wahrscheinlichkeit der Ziehung einer Gelb-Blau-Kombination viel größer, als die der Rot-Grün-Kombination. Letztere Wahrscheinlichkeit erhöht sich mit fortschreitender Zeit, da immer mehr gelbe und blaue durch rote und grüne Kugeln ersetzt werden. Ist der Gleichgewichtszustand eingetreten, verändert sich auch nach mehreren Ziehungen nichts mehr an der Anzahl der jeweiligen Kugelsorte [B1]. Die Wahrscheinlichkeit der Ziehung einer Rot-Grün-Kombination ist nun genauso groß wie die der Gelb-Blau-Kombination.

Vorsicht! Das chemische Gleichgewicht ist nicht durch die gleiche Stoffmengenkonzentration der Edukte und Produkte gekennzeichnet. Im Zustand des chemischen Gleichgewichts können auf Edukt- und Produktseite durchaus unterschiedliche Stoffmengenkonzentrationen vorliegen. Vielmehr werden im Gleichgewicht gleich viele Teilchen einer Art (z. B. Teilchen C [B4]) gebildet wie zerfallen. Auf der Teilchenebene geschieht also etwas, während man auf der Stoffebene keine Veränderung mehr wahrnehmen kann.

Zeit	*N* blaue Kugeln	*N* gelbe Kugeln	*N* rote Kugeln	*N* grüne Kugeln
t_0	100	100	0	0
t_1	82	82	18	18
t_2	70	70	30	30
t_3	55	55	45	45
t_4	50	50	50	50
t_5	50	50	50	50
t_6	50	50	50	50

B1 Tabelle zum Gleichgewichtsmodell

B2 Balkenwaage

B3 Sparschwein

Edukte und Produkte bei Gleichgewichtsreaktionen
Bei Gleichgewichtsreaktionen kann man eigentlich nicht von Edukten und Produkten sprechen, da Produkte gleichermaßen Edukte sind und umgekehrt. Wir wollen die links des Gleichgewichtspfeils stehenden Stoffe trotzdem als Edukte und die rechts vom Pfeil stehenden als Produkte bezeichnen

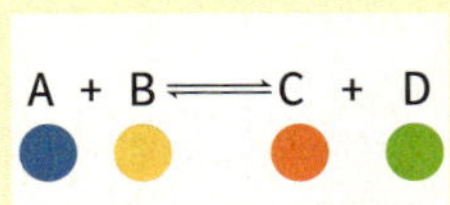

B4 Reaktionsgleichung zum Gleichgewichtsmodell

Tabellen

Name der chemischen Elemente	Zeichen	Ordnungszahl	Atommasse in u [4]	Dichte [1] in g/cm³ (Gase: g/l)	Schmelz-temperatur in °C	Siede-temperatur in °C
Actinium	Ac	89	227,0277	10,1	1050	3200
Aluminium	Al	13	26,981538	2,70	660	2467
Antimon	Sb	51	121,760	6,68	630	1750
Argon	Ar	18	39,948	1,66	−189	−186
Arsen	As	33	74,92160	5,72	613 s	—
Astat	At	85	219,9871	—	302	337
Barium	Ba	56	137,327	3,51	725	1640
Beryllium	Be	4	9,012182	1,85	1278	2970
Bismut	Bi	83	208,98038	9,8	271	1560
Blei	Pb	82	207,2	11,4	327	1740
Bor	B	5	10,811	2,34	2300	2550
Brom	Br	35	79,904	3,12	−7	59
Cadmium	Cd	48	112,411	8,65	321	765
Caesium	Cs	55	132,90545	1,88	28	669
Calcium	Ca	20	40,078	1,54	839	1484
Cer	Ce	58	140,116	6,65	799	3426
Chlor	Cl	17	35,4527	2,99	−101	−35
Chrom	Cr	24	51,9961	7,20	1857	2672
Cobalt	Co	27	58,933200	8,9	1495	2870
Eisen	Fe	26	55,845	7,87	1535	2750
Fluor	F	9	18,9984032	1,58	−219	−188
Francium	Fr	87	223,0197	—	27	677
Gallium	Ga	31	69,723	5,90	30	2403
Germanium	Ge	32	72,61	5,32	937	2830
Gold	Au	79	196,96655	19,32	1064	3080
Hafnium	Hf	72	178,49	13,3	2227	4602
Helium	He	2	4,002602	0,17	−272 p	−269
Indium	In	49	114,818	7,30	156	2080
Iod	I	53	126,90447	4,93	113	184
Iridium	Ir	77	192,217	22,41	2410	4130
Kalium	K	19	39,0983	0,86	63	760
Kohlenstoff	C	6	12,0107	2,25 [2]	3650 s [2]	—
Krypton	Kr	36	83,798	3,48	−157	−152
Kupfer	Cu	29	63,546	8,92	1083	2567
Lanthan	La	57	138,9055	6,17	921	3457
Lithium	Li	3	6,941	0,53	180	1342
Magnesium	Mg	12	24,3050	1,74	649	1107
Mangan	Mn	25	54,938049	7,20	1244	1962
Molybdän	Mo	42	95,94	10,2	2610	5560
Natrium	Na	11	22,989770	0,97	98	883

Name der chemischen Elemente	Zeichen	Ordnungszahl	Atommasse in u [4]	Dichte [1] in g/cm³ (Gase: g/l)	Schmelz-temperatur in °C	Siede-temperatur in °C
Neon	Ne	10	20,1797	0,84	−249	−246
Nickel	Ni	28	58,6934	8,90	1455	2730
Niob	Nb	41	92,90638	8,57	2468	4742
Osmium	Os	76	190,23	22,5	2700	5300
Palladium	Pd	46	106,42	12,0	1554	2970
Phosphor	P	15	30,973761	1,82 [3]	44 [3]	280
Platin	Pt	78	195,078	21,4	1772	3827
Polonium	Po	84	208,9824	9,4	254	962
Praseodym	Pr	59	140,90765	6,77	931	3512
Protactinium	Pa	91	231,03588	15,4	1840	4030
Quecksilber	Hg	80	200,59	13,55	−39	356
Radium	Ra	88	226,0254	5,0	700	1140
Radon	Rn	86	222,0176	9,23	−71	−62
Rhenium	Re	75	186,207	20,5	3180	5627
Rhodium	Rh	45	102,90550	12,4	1966	3727
Rubidium	Rb	37	85,4678	1,53	39	686
Ruthenium	Ru	44	101,07	12,3	2310	3900
Sauerstoff	O	8	15,9994	1,33	−219	−183
Scandium	Sc	21	44,955910	3,0	1541	2831
Schwefel	S	16	32,066	2,07 (rh)	119 (mo)	444
Selen	Se	34	78,96	4,81	217	685
Silber	Ag	47	107,8682	10,5	962	2212
Silicium	Si	14	28,0855	2,32	1410	2355
Stickstoff	N	7	14,00674	1,17	−210	−196
Strontium	Sr	38	87,62	2,60	769	1384
Tantal	Ta	73	180,9479	16,6	2996	5425
Technetium	Tc	43	97,9072	11,5	2172	4877
Tellur	Te	52	127,60	6,0	449	990
Thallium	Tl	81	204,3833	11,8	303	1457
Thorium	Th	90	232,0381	11,7	1750	4790
Titan	Ti	22	47,867	4,51	1660	3287
Uran	U	92	238,0289	19,0	1132	3818
Vanadium	V	23	50,9415	5,96	1890	3380
Wasserstoff	H	1	1,00794	0,083	−259	−253
Wolfram	W	74	183,84	19,3	3410	5660
Xenon	Xe	54	131,29	5,49	−112	−107
Yttrium	Y	39	88,90585	4,47	1522	3338
Zink	Zn	30	65,409	7,14	419	907
Zinn	Sn	50	118,710	7,30	232	2270
Zirconium	Zr	40	91,224	6,49	1852	4377

Die Elemente mit den Ordnungszahlen 60 bis 71 und ab 93 sind nicht aufgeführt.
Eine Zusammenstellung aller Elemente befindet sich im Periodensystem am Ende des Buches.

s = sublimiert
p = unter Druck
— = Werte nicht bekannt

1) Dichteangaben für 20 °C und 1013 hPa
2) Angaben gelten für Graphit; Diamant: Schmelztemperatur 3550 °C, Dichte 3,51 g/cm³
3) Angaben gelten für weißen Phosphor; roter Phosphor: Schmelztemperatur 590 °C (p), Dichte 2,34 g/cm³
4) Atommasseneinheit u: 1 u = 0,000 000 000 000 000 000 000 001 660 54 g

Kohlenstoffverbindungen mit funktionellen Gruppen

Namen der Stoffklassen	Beispiele
Strukturformeln und Namen der funktionellen Gruppen	**Namen und Strukturformeln**
Alkene ungesättigte Fettsäuren	Ethen 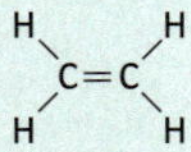
C=C-Doppelbindung (C=C-Zweifachbindung) 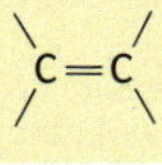	Ölsäure 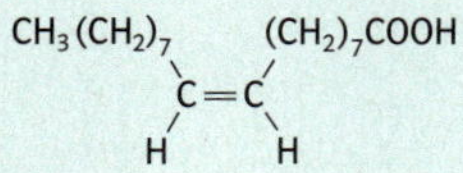
Alkohole	Ethanol 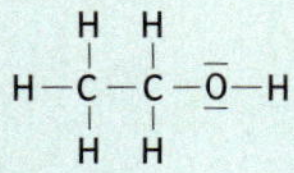
Hydroxylgruppe 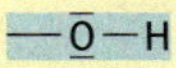	Propantriol 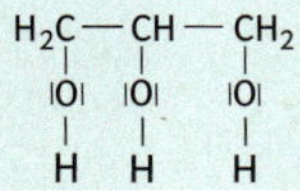
Aldehyde	Methanal (Formaldehyd) 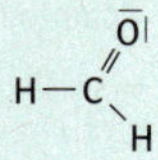
Aldehydgruppe 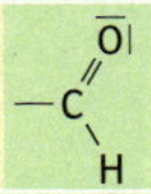	Ethanal (Acetaldehyd) 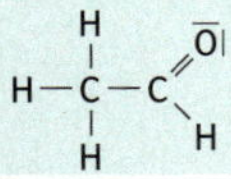
Ketone	Propanon (Aceton) 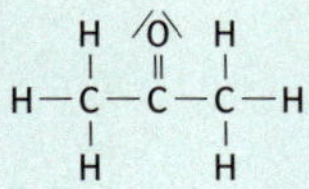
Carbonylgruppe 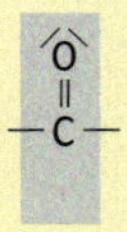	Butanon (Ethylmethylketon) 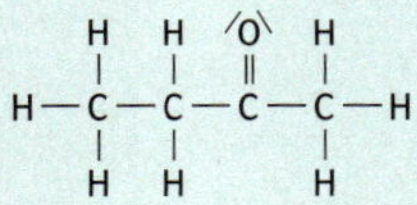
Carbonsäuren	Methansäure (Ameisensäure) 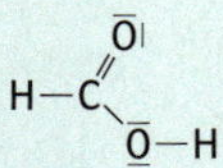
Carboxylgruppe 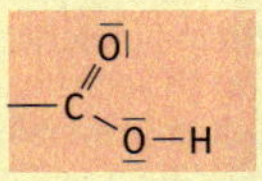	Ethansäure (Essigsäure) 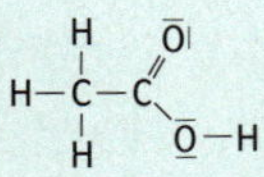
Ester Fette (Fettsäureglycerinester)	Ethansäurebutylester (Essigsäurebutylester) 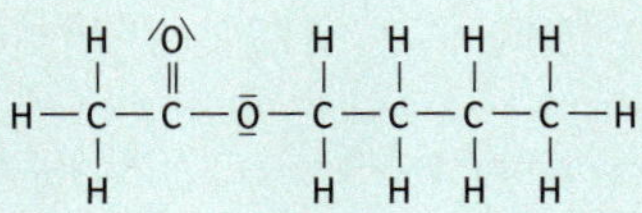
Estergruppe 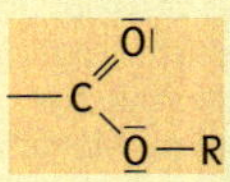	1-Ölsäure-2-linolsäure-3-linolensäure-glycerinester 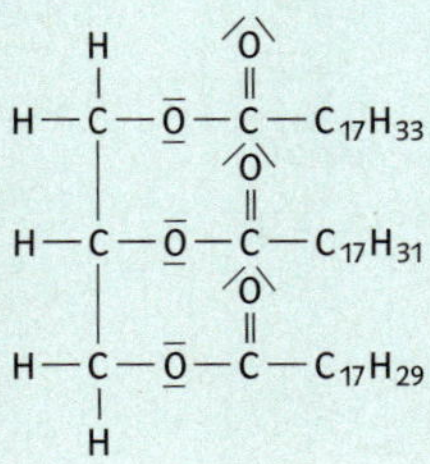

Griechisches Alphabet (nach chemischer Nomenklatur)

Α	α	Alpha
Β	β	Beta
Γ	γ	Gamma
Δ	δ	Delta
Ε	ε	Epsilon
Ζ	ζ	Zeta
Η	η	Eta
Θ	ϑ (θ)	Theta
Ι	ι	Jota
Κ	κ	Kappa
Λ	λ	Lambda
Μ	μ	My
Ν	ν	Ny
Ξ	ξ	Xi
Ο	ο	Omikron
Π	π	Pi
Ρ	ρ	Rho
Σ	σ(ς)	Sigma
Τ	τ	Tau
Υ	υ	Ypsilon
Φ	φ	Phi
Χ	χ	Chi
Ψ	ψ	Psi
Ω	ω	Omega

Griechische Zahlwörter (nach chemischer Nomenklatur)

½	hemi	11	undeca
1	mono	12	dodeca
2	di	13	trideca
3	tri	14	tetradeca
4	tetra	15	pentadeca
5	penta	16	hexadeca
6	hexa	17	heptadeca
7	hepta	18	octadeca
8	octa	19	enneadeca
9	nona	20	icosa (eicosa)
10	deca		

Dezimale Vielfache und Teile von Einheiten

Vorsatz		Faktor	Vorsatz		Faktor
y	Yocto	10^{-24}	da	Deka	10
z	Zepto	10^{-21}	h	Hekto	10^{2}
a	Atto	10^{-18}	k	Kilo	10^{3}
f	Femto	10^{-15}	M	Mega	10^{6}
p	Piko	10^{-12}	G	Giga	10^{9}
n	Nano	10^{-9}	T	Tera	10^{12}
μ	Mikro	10^{-6}	P	Peta	10^{15}
m	Milli	10^{-3}	E	Exa	10^{18}
c	Zenti	10^{-2}	Z	Zetta	10^{21}
d	Dezi	10^{-1}	Y	Yotta	10^{24}

Hinweise auf besondere Gefahren: R-Sätze

R 1	In trockenem Zustand explosionsgefährlich
R 2	Durch Schlag, Reibung, Feuer oder andere Zündquellen explosionsgefährlich
R 3	Durch Schlag, Reibung, Feuer oder andere Zündquellen besonders explosionsgefährlich
R 4	Bildet hoch empfindliche explosionsgefährliche Metallverbindungen
R 5	Beim Erwärmen explosionsfähig
R 6	Mit und ohne Luft explosionsfähig
R 7	Kann Brand verursachen
R 8	Feuergefahr bei Berührung mit brennbaren Stoffen
R 9	Explosionsgefahr bei Mischung mit brennbaren Stoffen
R 10	Entzündlich
R 11	Leicht entzündlich
R 12	Hochentzündlich
R 14	Reagiert heftig mit Wasser
R 15	Reagiert mit Wasser unter Bildung hochentzündlicher Gase
R 16	Explosionsgefährlich in Mischung mit Brand fördernden Stoffen
R 17	Selbstentzündlich an der Luft
R 18	Bei Gebrauch Bildung explosionsfähiger/leicht entzündlicher Dampf-Luft-Gemische möglich
R 19	Kann explosionsfähige Peroxide bilden
R 20	Gesundheitsschädlich beim Einatmen
R 21	Gesundheitsschädlich bei Berührung mit der Haut
R 22	Gesundheitsschädlich beim Verschlucken
R 23	Giftig beim Einatmen
R 24	Giftig bei Berührung mit der Haut
R 25	Giftig beim Verschlucken
R 26	Sehr giftig beim Einatmen
R 27	Sehr giftig bei Berührung mit der Haut
R 28	Sehr giftig beim Verschlucken
R 29	Entwickelt bei Berührung mit Wasser giftige Gase
R 30	Kann bei Gebrauch leicht entzündlich werden
R 31	Entwickelt bei Berührung mit Säure giftige Gase
R 32	Entwickelt bei Berührung mit Säure sehr giftige Gase
R 33	Gefahr kumulativer Wirkungen
R 34	Verursacht Verätzungen
R 35	Verursacht schwere Verätzungen
R 36	Reizt die Augen
R 37	Reizt die Atmungsorgane
R 38	Reizt die Haut
R 39	Ernste Gefahr irreversiblen Schadens
R 40	Verdacht auf Krebs erzeugende Wirkung
R 41	Gefahr ernster Augenschäden
R 42	Sensibilisierung durch Einatmen möglich
R 43	Sensibilisierung durch Hautkontakt möglich
R 44	Explosionsgefahr bei Erhitzen unter Einschluss
R 45	Kann Krebs erzeugen
R 46	Kann vererbbare Schäden verursachen
R 48	Gefahr ernster Gesundheitsschäden bei längerer Exposition
R 49	Kann Krebs erzeugen beim Einatmen
R 50	Sehr giftig für Wasserorganismen
R 51	Giftig für Wasserorganismen
R 52	Schädlich für Wasserorganismen
R 53	Kann in Gewässern längerfristig schädliche Wirkung haben
R 54	Giftig für Pflanzen
R 55	Giftig für Tiere
R 56	Giftig für Bodenorganismen
R 57	Giftig für Bienen
R 58	Kann längerfristig schädliche Wirkungen auf die Umwelt haben
R 59	Gefährlich für die Ozonschicht
R 60	Kann die Fortpflanzungsfähigkeit beeinträchtigen
R 61	Kann das Kind im Mutterleib schädigen
R 62	Kann möglicherweise die Fortpflanzungsfähigkeit beeinträchtigen
R 63	Kann das Kind im Mutterleib möglicherweise schädigen
R 64	Kann Säuglinge über die Muttermilch schädigen
R 65	Gesundheitsschädlich: Kann beim Verschlucken Lungenschäden verursachen
R 66	Wiederholter Kontakt kann zu spröder und rissiger Haut führen
R 67	Dämpfe können Schläfrigkeit und Benommenheit verursachen
R 68	Irreversibler Schaden möglich

Beispielhafte Kombinationen der R-Sätze (Auszug)

R 14/15	Reagiert heftig mit Wasser unter Bildung hoch entzündlicher Gase
R 15/29	Reagiert mit Wasser unter Bildung giftiger und hoch entzündlicher Gase
R 20/21	Gesundheitsschädlich beim Einatmen und bei Berührung mit der Haut
R 20/22	Gesundheitsschädlich beim Einatmen und Verschlucken
R 20/21/22	Gesundheitsschädlich beim Einatmen, Verschlucken und bei Berührung mit der Haut
R 21/22	Gesundheitsschädlich bei Berührung mit der Haut und beim Verschlucken
R 26/27/28	Sehr giftig beim Einatmen, Verschlucken und bei Berührung mit der Haut
R 36/37/38	Reizt die Augen, Atmungsorgane und die Haut
R 39/23	Giftig: ernste Gefahr irreversiblen Schadens durch Einatmen
R 39/24	Giftig: ernste Gefahr irreversiblen Schadens bei Berührung mit der Haut
R 39/25	Giftig: ernste Gefahr irreversiblen Schadens durch Verschlucken
R 39/23/24	Giftig: ernste Gefahr irreversiblen Schadens durch Einatmen und Berührung mit der Haut
R 39/23/25	Giftig: ernste Gefahr irreversiblen Schadens durch Einatmen und durch Verschlucken
R 39/24/25	Giftig: ernste Gefahr irreversiblen Schadens bei Berührung mit der Haut und durch Verschlucken
R 39/23/24/25	Giftig: ernste Gefahr irreversiblen Schadens durch Einatmen, bei Berührung mit der Haut und durch Verschlucken
R 39/26/27	Sehr giftig: ernste Gefahr irreversiblen Schadens durch Einatmen und bei Berührung mit der Haut
R 39/26/28	Sehr giftig: ernste Gefahr irreversiblen Schadens durch Einatmen und Verschlucken
R 39/27/28	Sehr giftig: ernste Gefahr irreversiblen Schadens bei Berührung mit der Haut und durch Verschlucken
R 68/22	Gesundheitsschädlich: Möglichkeit irreversiblen Schadens durch Verschlucken
R 68/20/21	Gesundheitsschädlich: Möglichkeit irreversiblen Schadens durch Einatmen und bei Berührung mit der Haut

Sicherheitsratschläge: S-Sätze

S 1	Unter Verschluss aufbewahren
S 2	Darf nicht in die Hände von Kindern gelangen
S 3	Kühl aufbewahren
S 4	Von Wohnplätzen fern halten
S 5	Unter … aufbewahren (geeignete Flüssigkeit vom Hersteller anzugeben)
S 6	Unter … aufbewahren (inertes Gas vom Hersteller anzugeben)
S 7	Behälter dicht geschlossen halten
S 8	Behälter trocken halten
S 9	Behälter an einem gut gelüfteten Ort aufbewahren
S 12	Behälter nicht gasdicht verschließen
S 13	Von Nahrungsmitteln, Getränken und Futtermitteln fern halten
S 14	Von … fern halten (inkompatible Substanzen vom Hersteller anzugeben)
S 15	Vor Hitze schützen
S 16	Von Zündquellen fern halten – Nicht rauchen
S 17	Von brennbaren Stoffen fern halten
S 18	Behälter mit Vorsicht öffnen und handhaben
S 20	Bei der Arbeit nicht essen und trinken
S 21	Bei der Arbeit nicht rauchen
S 22	Staub nicht einatmen
S 23	Gas/Rauch/Dampf/Aerosol nicht einatmen (geeignete Bezeichnung[en] vom Hersteller anzugeben)
S 24	Berührung mit der Haut vermeiden
S 25	Berührung mit den Augen vermeiden
S 26	Bei Berührung mit den Augen gründlich mit Wasser abspülen und Arzt konsultieren
S 27	Beschmutzte, getränkte Kleidung sofort ausziehen
S 28	Bei Berührung mit der Haut sofort abwaschen mit viel … (vom Hersteller anzugeben)
S 29	Nicht in die Kanalisation gelangen lassen
S 30	Niemals Wasser hinzugießen
S 33	Maßnahmen gegen elektrostatische Aufladung treffen
S 35	Abfälle und Behälter müssen in gesicherter Weise beseitigt werden
S 36	Bei der Arbeit geeignete Schutzkleidung tragen
S 37	Geeignete Schutzhandschuhe tragen
S 38	Bei unzureichender Belüftung Atemschutzgerät anlegen
S 39	Schutzbrille/Gesichtsschutz tragen
S 40	Fußboden und verunreinigte Gegenstände mit … reinigen (vom Hersteller anzugeben)
S 41	Explosions- und Brandgase nicht einatmen
S 42	Beim Räuchern/Versprühen geeignetes Atemschutzgerät anlegen (geeignete Bezeichnung[en] vom Hersteller anzugeben)
S 43	Zum Löschen … (vom Hersteller anzugeben) verwenden (wenn Wasser die Gefahr erhöht, anfügen: „Kein Wasser verwenden“)
S 45	Bei Unfällen oder Unwohlsein sofort Arzt zuziehen (wenn möglich, dieses Etikett vorzeigen)
S 46	Bei Verschlucken sofort ärztlichen Rat einholen und Verpackung oder Etikett vorzeigen
S 47	Nicht bei Temperaturen über … °C aufbewahren (vom Hersteller anzugeben)
S 48	Feucht halten mit … (geeignetes Mittel vom Hersteller anzugeben)
S 49	Nur im Originalbehälter aufbewahren
S 50	Nicht mischen mit … (vom Hersteller anzugeben)
S 51	Nur in gut belüfteten Bereichen verwenden
S 52	Nicht großflächig für Wohn- und Aufenthaltsräume zu verwenden
S 53	Exposition vermeiden. Vor Gebrauch besondere Anweisung einholen
S 56	Diesen Stoff und seinen Behälter der Problemabfallentsorgung zuführen
S 57	Zur Vermeidung einer Kontamination der Umwelt geeigneten Behälter verwenden
S 59	Informationen zur Wiederverwendung/Wiederverwertung beim Hersteller/Lieferanten erfragen
S 60	Dieser Stoff und/oder sein Behälter sind als gefährlicher Abfall zu entsorgen
S 61	Freisetzung in die Umwelt vermeiden. Besondere Anweisungen einholen/Sicherheitsdatenblatt zu Rate ziehen
S 62	Bei Verschlucken kein Erbrechen herbeiführen. Sofort ärztlichen Rat einholen und Verpackung oder dieses Etikett vorzeigen
S 63	Bei Unfall durch Einatmen: Verunfallten an die frische Luft bringen und ruhig stellen
S 64	Bei Verschlucken Mund mit Wasser ausspülen (nur wenn Verunfallter bei Bewusstsein ist)

Beispielhafte Kombination der S-Sätze (Auszug)

S 1/2	Unter Verschluss und für Kinder unzugänglich aufbewahren
S 3/7	Behälter dicht geschlossen halten und an einem kühlen Ort aufbewahren
S 3/14	An einem kühlen Ort entfernt von … aufbewahren (die Stoffe, mit denen Kontakt vermieden werden muss, sind vom Hersteller anzugeben)
S 3/9/14	An einem kühlen, gut gelüfteten Ort, entfernt von … aufbewahren (die Stoffe, mit denen Kontakt vermieden werden muss, sind vom Hersteller anzugeben)
S 3/9/49	Nur im Originalbehälter an einem kühlen, gut gelüfteten Ort aufbewahren
S 7/8	Behälter trocken und dicht geschlossen halten
S 7/9	Behälter dicht geschlossen an einem gut gelüfteten Ort aufbewahren
S 20/21	Bei der Arbeit nicht essen, trinken, rauchen
S 24/25	Berührung mit den Augen und der Haut vermeiden
S 36/37	Bei der Arbeit geeignete Schutzhandschuhe und Schutzkleidung tragen
S 36/39	Bei der Arbeit geeignete Schutzkleidung und Schutzbrille/Gesichtsschutz tragen
S 37/39	Bei der Arbeit geeignete Schutzhandschuhe und Schutzbrille/Gesichtsschutz tragen
S 36/37/39	Bei der Arbeit geeignete Schutzkleidung, Schutzhandschuhe und Schutzbrille/Gesichtsschutz tragen
S 47/49	Nur im Originalbehälter bei einer Temperatur von nicht über … °C (vom Hersteller anzugeben) aufbewahren

Entsorgung von Chemikalienabfällen

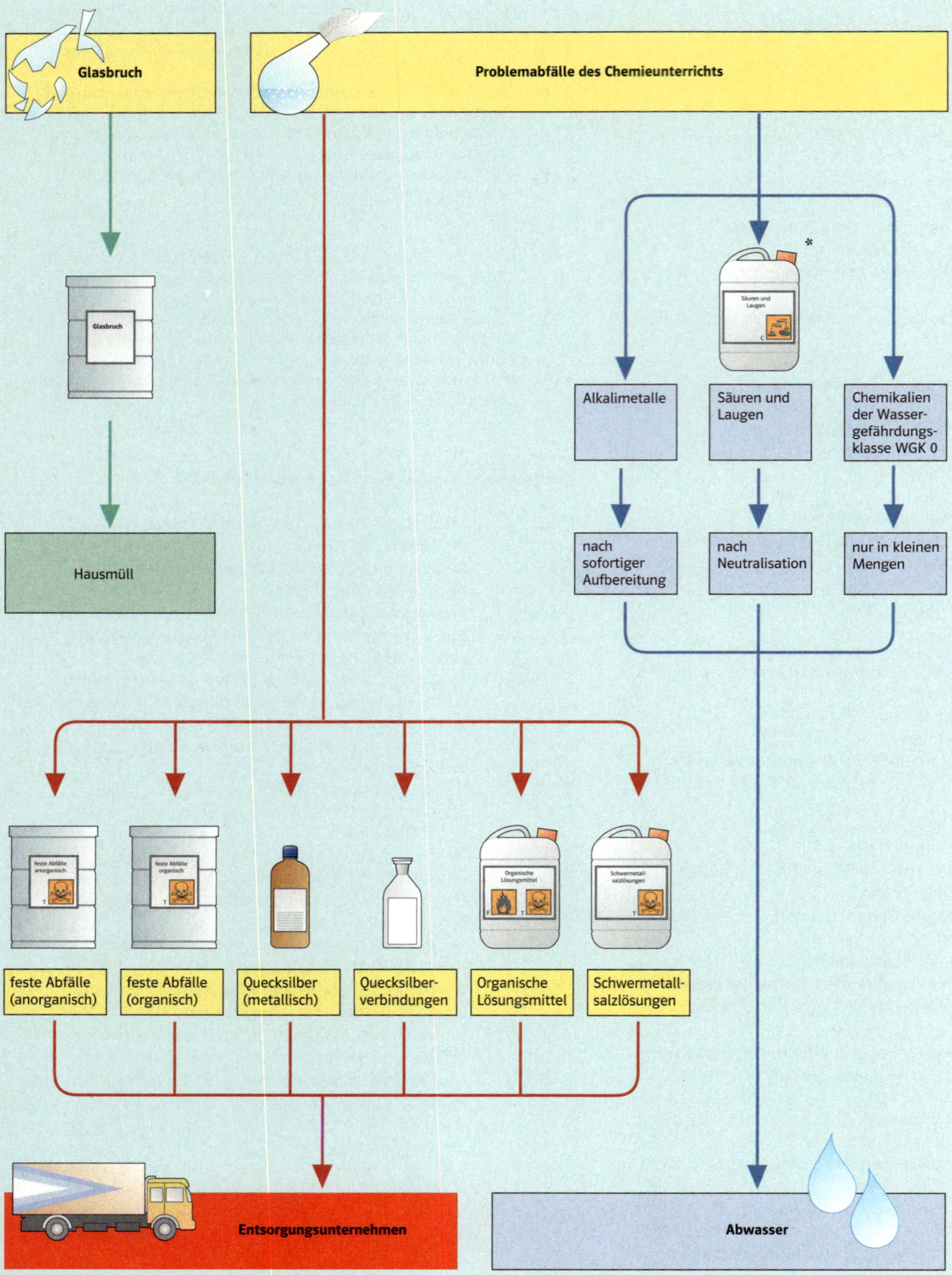

*Problemabfälle müssen in geeigneten Sammelgefäßen aus Kunststoff oder Glas gesammelt werden.

Stichwortverzeichnis

A

α-Aminocarbonsäure 129
α-Glucose 124
α-Glucosemolekül 125
2-Aminocarbonsäure 129
Abbruchreaktion 31
Abschmelzen des Eises in der Arktis 47
Acetaldehyd 72, 99, 102, 145
Acetat 80, 81
Acetation 80, 82
Aceton 72, 102, 145
Acetylsalicylsäure (ASS) 109
acides Wasserstoffatom 80
Acidität 76, 80, 81
- der Carbonsäuren 80
- und Moleküllänge 81
Acrylnitril 60
Actin 131
Addition
- elektrophile 137
- nukleophile 137
Additionsreaktion 32, 33, 137
Aktivierungsenergie 142
Akzeptor 136, 137
Alanin 129
Albedo 45
Albumin 131
Alcopops 94
Alcotest 75
Aldehyde 66, 89, 137, 139, 145
- Eigenschaften 72
Aldehyddehydrogenase (ALDH) 98
Aldehydgruppe 89, 123, 133, 145
Aldehydnachweis 78
Aldohexose 133
Aldose 122
Alkalisalze 118
alkalische Fetthydrolyse 118
alkalische Hydrolyse 133
alkalische Lösung 8
Alkanale 66, 72, 89, 139
- Eigenschaften 72
Alkane 18, 139
- physikalische Eigenschaften 25, 26
- Schmelztemperaturen 25
- Siedetemperaturen 25
Alkanole 64, 89, 139
Alkanone 66, 89, 139
- Eigenschaften 72
Alkansäureanion 81
Alkansäureester 139
Alkansäuren 89, 105, 139
- Eigenschaften 73
- Geruch 73
Alkene 18, 139, 145
- Halogenierung 32
- physikalische Eigenschaften 27
Alkine 18, 139
- Additionsreaktion 33
Alkohol 92, 98, 137
- Abbau 98
- primärer 137
- sekundärer 137
- tertiärer 136
- Reaktionen 74
- Wirkung 94
Alkoholanteil 94
Alkoholatbildung 76
Alkoholdehydrogenase (ADH) 98, 102
Alkohole 89, 96, 139, 145
- Eigenschaften 68
- einwertige 65
- mehrwertige 65, 71, 97
Alkoholfreies Bier 93
Alkoholgenuss 94
Alkoholische Gärung 92, 100
Alkoholkonsum 113
Alkoholmissbrauch 94
- Gefahren 95
Alkoholsucht 95
Alkohol und Verkehr 95
Ameisen 105
Ameisensäure 73, 81, 105, 145
Aminocarbonsäuren 128
Aminogruppe 128, 129, 132, 133
Aminosäureeinheit 130
Aminosäuremolekül 133
Aminosäuren 128, 129, 132
- Kürzel 129
- proteinogene (proteinaufbauende) 129
Aminosäuresequenz 132
Ammoniakwasser 8
Ammoniumion 8
Ampholyt 8
Amylase 125, 131
Amylose 125
anaerob 92
Analyse
- qualitative 10
- quantitative 10
Analytische Chemie 10
Ananas 107
Anion 8
Anophelesmücke 57
anthropogener Treibhauseffekt 45, 47
Antioxidantien 106
Antiseptikum 82
Äpfel 107
Apfelmost 92
Äpfelsäure 106, 107
Aroma 84
Aromastoffe 84, 85, 101, 109
- künstliche 109
- naturidentische 84, 109
- natürliche 109
Ascorbinsäure 106
Asparagin 129
Asparaginsäure 129
ASS (Acetylsalicylsäure) 109
Assimilation 48
Atmosphäre 44
atomare Masseneinheit 6
Atombindung 7
- polare 7
Atommasse 144
Atomorbital 7
Auswirkungen des bodennahen Ozons 58
Autoabgaskatalysator 41
Avogadrokonstante 6

B

β-Glucose 124
β-Glucosemolekül 127
Bakelit 101
Base 136
Basenkation 8
basische Lösung 8
Basiskonzepte 135
Beilsteinprobe 30
Benennung
- der Alkansäureanionen 81
- eines Esters 84
- von Peptiden 130
Benzin 39, 61
Benzin durch Cracken 42
Benzinmotor 40
Benzoesäure 106
Benzol 43
Beobachtungsebene 140
BERZELIUS 14, 92
Bezugstemperatur 46
Bienenwachs 109
Bier, Herstellung 93
bifunktionell 133
Bildungsenergie 6
Biodiesel 121, 133
Bioethanol 96
Biogas 38, 53
Biomasse 50
Biomembran 109
Biosphäre 44, 46
Blätteraldehyd 101
Blutalkoholgehalt 95
Blutzuckerspiegel 123, 132
bodennahes Ozon, Auswirkungen 58
Brandrodung 46
Braunkohle 37
Brennbarkeit
- der Kohlenwasserstoffe 29
- von Ethanol 74
Brennnessel 105
Brennspiritus 74, 92
Brennstoffe, fossile 36
Brennstoffzelle 9
Brennwerte einiger Lebensmittel 119
Briketts 37
Bromoniumion 32
Bromthymolblau 8
BRØNSTED 8
Brønstedbase 136
Brønstedsäure 76, 136
Buchenholzspan 103
Butan-2-on 102
Butanoat 81
Butanol 85
Butanolat 76
Butanolisomere 65, 75
Butanon 145
Butansäure 73, 81, 85, 105, 117
Buttersäure 73, 81, 105, 117
Butyrat 81

C

Calciumion 8
Calciumoxalat 107
Carbonation 8
Carbonsäureester 139
Carbonsäuremolekül 136
Carbonsäuren 67, 89, 105, 113, 133, 139, 145
Carbonylgruppe 66, 89, 145
Carbonylverbindung 113
Carboxylgruppe 67, 73, 81, 89, 128, 129, 132, 133, 145
Cellulose 127
CFKW (Chlorfluorkohlenwasserstoffe) 30, 57, 59
chemische Reaktion 141, 142
Chemisches Gleichgewicht 86, 89
Chlorfluorethane 57
Chloridion 8
Chloroform 57
Chlorophyll 15
Chromatogramm 132
Citrat 107
Citronensäure 106, 107
Cracken 42
- katalytisches 43
- thermisches 42
Crackverfahren 42
Cycloalkan 18
Cystein 129

D

DDT (Dichlor-diphenyl-trichlorethan) 57
Dehydrierung 33
delokalisiert 80
Destillation 92
- fraktionierende 39
Destruent 48
Diabetes 102, 132
Dicarbonsäuren 107, 112
Dichlor-diphenyl-trichlorethan 57
Dichlormethan 57
Dichromatlösung 75
Dichte 144
Dieselersatz 120
Dieselmotor 40
Diethylether 57, 70
Dihydrogenphosphation 8
Dimer 73
Dimethylether 70
Diol 112
Dipeptid 130
Dipol-Dipol-Kräfte 7, 138
Dipol-Ionen-Kräfte 7, 138
Disaccharid 122, 127, 133
Dissimilation 48
Dissoziationsenergie 6
Dodecansäure 73, 105
Donator 136, 137
Donator-Akzeptor-Konzept 136, 137
Donator-Akzeptor-Vorgänge 137
Doppelbindung 18
Dreifachbindungen 18
Drei-Wege-Katalysator 61
Duftstoff 101, 118
Dürre 47

E

E 200 (Sorbinsäure) 106
E 210 (Benzoesäure) 106
E 211 (Natriumbenzoat) 106

E 220 (Schwefeldioxid) 106
E 260 (Essigsäure) 106
E 270 (Milchsäure) 106
E 296 (Äpfelsäure) 106
E 300 (Vitamin C) 106
E 330 (Citronensäure) 106
E 334 (Weinsäure) 106
E 420 (Sorbit) 106
E 422 (Glycerin) 106
Edukt 142
Einfachbindung 18
Einfachzucker 122
einwertiger Alkohol 65
Eisessig 73
Eiskonfekt 97
elektrische Energie 142
elektrische Leitfähigkeit 128
elektrisches Feld 128
Elektrolyse 9
Elektron 136
Elektronenabgabe 136
Elektronenaffinität 6
Elektronenakzeptor 76, 136
elektronenanziehendes Teilchen 32
Elektronenaufnahme 136
Elektronendonator 76, 136
Elektronenpaarabstoßungsmodell 7
Elektronenpaarakzeptor 137
Elektronenpaarbindung 7
Elektronenpaardonator 137
Elektronenübergang 9
Elektronenverschiebung 81
Elektronenverteilung 34
Elektronenwolke 7
elektrophile Addition 32, 137
elektrophiles Teilchen 32, 79
Element 144
Elementkreislauf 61
ELSBETT, LUDWIG 120
Emission 45
Emulgationsvermögen 117, 118
Endorphine 99
endotherm 142
Energie
- Verfügbarkeit 37
Energiebedarf früher und heute 52
Energiediagramm 142
Energiekonzept 142
Energiequellen, regenerative (erneuerbare) 50
Energietauscher 52, 54
Energieträger
- fossile 37
- Reichweiten 37
Enfluran (2-Chlor-1-difluormethoxy-1,1,2-trifluorethan) 57
Entkalken 105
Entsorgung von Chemikalienabfällen 148
E-Nummern 106
Enzyme 92, 131
EPA-Modell 7
Erdatmosphäre 44
Erdbeere 109
Erdgas 36, 37, 61
- Entstehung 36
- Förderung 36
- Lagerstätten 36
Erdgasquelle 37
Erdklima 47
Erdöl 36, 61
- Lagerstätten 36
Erdölquelle 37
Erhöhung der Klopffestigkeit 42
Erlenmeyer-Regel 65
Erliegen des Golfstroms 47
erneuerbare Energiequelle 50
Ersatzstoff für Zucker 97
essenziell 129
essenzielle Fettsäure 116
Essig 104
Essigessenz 82
Essigherstellung 103
Essigsäure 73, 81, 82, 85, 106, 145
- Schmelztemperatur 73
- Siedetemperatur 73, 85
Essigsäurebutylester 145
Essigsäuredimer 73
Essigsäureethylester 85
- Siedetemperatur 85
Essigsäureherstellung 103
Essigsaure Tonerde 82
Ester 84, 89, 113, 145
- Siedetemperaturen 85
Esterausbeute 87
Estergruppe 89, 145
Estermolekül 84
Esterspaltung 84, 86
Esterverbindung 109
Ethanal 72, 102, 145
Ethandiol 71
Ethanmolekül 19
Ethanoat 81
Ethanol 85, 99, 113, 145
- als Lösungsmittel 68
- Brennbarkeit 74
- partielle Oxidation 74
- Schmelztemperatur 68
- Siedetemperatur 68, 85
Ethanolat 76
Ethansäure 73, 81, 145
Ethansäurebutylester 145
Ethen 60, 145
Ethenmolekül 20
Ether 65, 70
Ethinmolekül 20
Ethylmethylketon 145
exotherm 142
Extrazellulärraum 131
E-Z-Isomerie 24, 34

F

Fällungsreaktion 10
Farbstoff 118
Faulgas 38
Fäulnisbakterien 106
Fehling'sche Probe 78, 123, 136, 137
Fette 133, 145
- Aufbau 116
- Bildung bzw. Hydrolyse 133
- Eigenschaften 116
- Aufgaben 119
- Bedeutung als nachwachsende Rohstoffe 120
- Bedeutung in der Ernährung 119
- Löslichkeit 117
- Verseifung 118
- versteckte 119
Fettmolekül 116
Fettsäuren 67, 105, 116, 133
- essenzielle 116
- gesättigte 117
- ungesättigte 116, 117
Fettspaltung 118
feuchtigkeitsziehend 97
Flambieren 74
Flammenfärbung 10
Formaldehyd 72, 99, 101, 145
Formale Ladung 32
Formelschreibweise 21
Formiat 81
fossil 36
fossile Brennstoffe 36
fossile Energieträger
- Verfügbarkeit 37
Fotooxidantien 58
Fotosynthese 123
Fotovoltaikanlage 50, 51
Fraktionierende Destillation 39
- von Rohöl 61
Freone 57
Frostschutzmittel 97
Fruchtsäure 107
Fruchtzucker 127
Fructose 127
Fuchsinschweflige Säure 123
Funktionelle Gruppe 64, 66, 89

G

Galvanisches Element 9
Gasrückführung 43
Gefährdung der Ozonschicht 59
Generator 54
Geothermie 54
Geothermiekraftwerk 54, 55
gesättigte Fettsäuren 117
Geschmacksstoff 84
Gezeitenkraftwerk 54, 55
Gitterenergie 6
Gleichgewichtskonzept 143
Gleichgewichtsreaktion 87, 89
Gleichgewicht
- dynamisches 143
- statisches 143
Glimmspanprobe 10
globale Mitteltemperatur 47
Glockenböden 39
Glucose 92, 124, 133
Glucosemolekül 132
- Aufbau 123
- offenkettige Form 123
- Ringform 124
Glutamin 129
Glycerin 71, 97, 106
Glycerintriester 133
Glycin 128, 129
Glykol 71
Griechische Zahlwörter 145
Grubengas 38
Grubengasexplosion 38
Gummibärchen 110
Gummiindustrie 105

H

2-Hexenal 101
Halbacetal 79, 123, 137
Halbacetalbildung 137
Halbketal 79
Halbstrukturformel 21
Halogenalkane 30, 58
Halogenierung
- von Alkanen 30
- von Alkenen 32
Halogenkohlenwasserstoffe 57, 61
Halothan (1-Brom-1-chlor-2,2,2-trifluorethan) 57
Hämoglobin 15, 131
Harnstein 107
Harnstoffsynthese 14
Hefepilz 92
Hefeteig 92
Heizöl 39
Heptose 122
Hexadecansäure 73, 105, 117
Hexanhexol 71, 97
Hexose 122
HIPPOKRATES 105
Holz 53
Holzhackschnitzel 53
Holzpellets 53
homogenes Gemisch 141
Homologe Reihe 34, 139
- der Alkanale 66
- der Alkane 22
- der Alkanole 64
- der Alkanone 66, 67
- der Alkansäuren 67
Hormone 131
Hormonrezeptor 131
Hydratation 7
Hydratisierung 33
Hydrierung 33
Hydrogencarbonat 48
Hydrogencarbonation 8
Hydrogenoxalat 107
Hydrogenphosphation 8
Hydrogensulfation 8
Hydrogensulfidion 8
Hydrogensulfition 8
Hydrogentartrat 107
Hydrolyse 86, 89, 122, 125, 130, 132, 133
hydrophil 69, 117
hydrophob 117
Hydrosphäre 44
Hydroxidionen 8
Hydroxycarbonsäuren 107
Hydroxygruppe 133
Hydroxylgruppe 64, 68, 89, 123, 145
hygroskopisch 87, 92, 97

I

Indikator 8
induzierter Dipol 7
innere Energie 142
Insektizid 57
Insulin 131, 132
Iod-Kaliumiodid-Lösung 125
Iod-Stärke-Reaktion 10
Ionenkanal 131
Ionisierungsenergie 6
Isomere Alkanmoleküle 26
Isomerie 24, 34
Isopropylalkohol 96
Isotop 6
IUPAC (International Union of Pure and Applied Chemistry) 23

J

Joghurt 107

K

Kalilauge 8
Kaliumion 8
Kalkwasser 8
Kalkwasserprobe 10
Karbon 36
Katalysator 40, 43
Kation 8
Kefir 107
Keratin 131
Kerogen 48
Kerze 105
Ketohexose 127
Ketone 66, 72, 89, 139, 145
Ketose 122
kleinste Teilchen 140, 141, 142
Kleopatra 103
Klimamodelle 47
klopfende Verbrennung 40
Klopffestigkeit 40, 42
Knallgasprobe 10
Kohle 36
Kohlenhydrate 122
Kohlensäure 8
Kohlenstoffatom 65
- primäres 65
- sekundäres 65
- tertiäres 65
Kohlenstoffdioxid 44, 45, 46, 92, 98
Kohlenstoffdioxidgehalt 46
Kohlenstoffkreislauf
- biologischer 48
- geologischer 48
- globaler 49
Kohlenstoffmonooxid 41
Kohlenwasserstoffe 139
- gesättigte 18
- Gewinnung 39
- ungesättigte 18
Kohlevorkommen und Gewinnung 37
Koks 37
Kolben 40
Kollagene 131
kolloide Lösung 125
Kondensation 84
Kondensationsreaktion 84, 89, 130, 133
Konservierungsstoff 106
Konstitution 94
Konstitutionsisomer 24, 124, 139
Konstitutionsisomerie 34
Konsument 48
Kopfschmerzen 109
korrespondierendes Redoxpaar 136
korrespondierendes Säure-Base-Paar 8, 76, 136
Kraftfahrzeugbenzin 40
- Verbrennung und Katalysator 40
- Veredelung 42, 43
Kraftwerkstypen 52
Krebstherapie 132
Kunststoff 60, 61, 112
Kunststofffolie 126

L

Lackmus 8
Lambda-Sonde 41
Laufwasserkraftwerk 54, 55
Laurinsäure 73, 105
Lecithin 109
Leucin 129
Licht 142
Lichterzeugung 142
Liebig 66, 92
Lindan 57
Linolsäure 117
Lipase 118
lipophil 57, 69, 117, 139
lipophob 117
Los-Angeles-Smog 58
Loschmidtzahl 6
Löslichkeit 26, 73, 85, 117

M

Makromolekül 60, 112, 125, 126, 130, 133
Malat 107
Maltose 127
Mälzen 93
Malzzucker 127
Mauna Loa 46
Meeresspiegel 47
Metastasen 132
Methacrylsäuremethylester 60
Methan 38, 44
- Eigenschaften 38
- Vorkommen 38
Methanal 72, 101, 145
Methanmolekül 19
Methanoat 81
Methanol 96, 99
Methanolat 76
Methansäure 73, 81, 105, 145
Milchsäure 106, 107
Mineralöl 116
Mitteltemperatur, globale 47
mittlere Atommasse 6
molare Masse 6
molares Volumen 6
Molekülmasse 6
Molekülorbital 7
Molekülstruktur 7
Monomer 60
Monosaccharid 122, 127
Myosin 131

N

Nachdurst 99
nachwachsender Rohstoff 50, 120
Nachweisreagenz 10
Nachweis von
- Kohlenstoff und Wasserstoffatomen 16
- Stärke 125
- Stickstoffatomen und Schwefelatomen 16
NAD^+ (Nicotinamidadenin-dinucleotid) 98
Natriumbenzoat 106
Natriumhydrid 76
Natriumion 8
Natronlauge 8
Naturdiesel 121, 133
Neutralisation 8
Nierenstein 107
Nitration 8
Nomenklatur 64, 66, 67
Nomenklaturregeln
- bei Alkanolen 64
- bei verzweigten Kohlenwasserstoffmolekülen 23
Nukleophil 79
nukleophile Addition 79, 137

O

9,12-Octadecadiensäure 117
9-Octadecensäure 117
Oberflächenwasser 46
Octadecansäure 73, 105, 117
Octanzahl 40, 61
Ölsäure 117, 145
Orbital 7
Ordnungszahl 144
organische Chemie 14
Ottomotor 40
Oxalat 107
Oxalsäure 106, 107
Oxidation 9, 74, 136
Oxidationshemmer 106
Oxidationsmittel 9, 76, 136
Oxidationszahl 9
Oxoniumion 8
Oxytocin 131, 132
Ozon 44, 45, 57, 58
Ozonloch 30, 59
Ozonschicht 30, 57, 59, 61
- Gefährdung 59
Ozonwerte 58

P

Palmitinsäure 73, 105, 117
Papierherstellung 127
Paraffine 29
Partialladung 7
Pedosphäre 44
Pentanolat 76
Pentanpentol 71, 97
Pentose 122
Peptid 130, 132, 133
- Benennung 130
- Di-, Tri-, Tetra-, Oligopeptide 130
- Primärstruktur 132
Peptidbindung 130, 133
Peptidgruppe 130
Per 57
Perchlorierte Kohlenwasserstoffe 57
permanenter Dipol 7
Permeabilität 126
Pestizid 43, 53
PET 112
Pflanzenöl 53, 120
Phänomen 140
Phänomenebene 140
Phenolphthalein 8
Phenylalanin 129
Phosphation 8
Phosphorsäure 8
pH-Wert 8
Physikalische Eigenschaften der Alkane 25
polar 117
polare Atombindung 7
Polyacrylnitril (PAN) 60
Polyester 112, 113
Polyesterharz 112
Polyethen (PE) 60, 126
Polyhydroxyaldehyde 122
Polyhydroxyketone 122
Polykondensation 112, 125
Polymer 60, 112
Polymerisation 60
Polymethylmethacrylat (PMMA) 60
Polypeptid 130, 131
Polypropen (PP) 60
Polysaccharid 122, 127, 130
Polystyrol (PS) 60
Polytetrafluorethen (PTFE) 60
Polyvinylchlorid (PVC) 57, 60
ppm (parts per million) 46
Preiselbeere 107
Produzent 48
Prolin 129
Promille 95
Propan-2-ol 96
Propanoat 81
Propanolat 76
Propanon 72, 102, 145
Propansäure 73, 81, 105
Propantriol 71, 97, 109, 145
Propen 60
Propionat 81
Propionsäure 73, 81, 105
Protease 131, 133
Protein 130
- Funktion 131
Protolyse 8
Proton 136
Protonenabgabe 136
Protonenakzeptor 136
Protonenaufnahme 136
Protonendonator 136
Protonenübergang 8
Pumpspeicherwerk 54
PVC 57, 60

Q

Qualle 105
Quitte 107

R

Radikal 31
radikalische Substitution 31, 142
Rapsöl 120, 121
Rapsölmethylester 120, 121, 133
Reaktionen
- unvollständige 86
- von Aldehyden 78
- von Alkoholen 74
- von Carbonsäuren 80
- von Essigsäure 82
- von Ketonen 78
Reaktionsbedingungen 31
Reaktionsenergie 142
Reaktionskette 31
Reaktionskoordinate 142
Reaktionsmechanismus 21, 31
Redoxreaktion 9, 136
Reduktion 9, 136
Reduktionsmittel 9, 76, 136
Reflexion 45
Reformieren 42
regenerative (erneuerbare) Energiequellen 50
Reinelemente 6
relative Häufigkeit 6
Rhabarber 107
Rohöl 39
Rohölfraktion 39
Rohrzucker 127
R-Sätze 146
Ruß 29
Rußfilter 41

S

Saccharose (Rohrzucker) 127
Salbengrundlagen 109
Salicylsäure 105, 109
Salpetersäure 8
Salzbildung 82
Salzsäure 8
Sauerampfer 107
Sauerklee 107
Sauerkraut 107
Säuerungsmittel 106
Säure 136
Säure-Base-Reaktion 136, 137
saure Hydrolyse 132
saure Lösung 8
Säurerestanion 8
Schadstoffe bei der Verbrennung 41
Schiff'sches Reagenz 74
Schimmelpilz 106
„Schlagende Wetter" 38
Schmelztemperaturbereich 116
Schutzbrille 2, 3
Schwefeldioxid 106
Schwefelsäure 8
Schwefelwasserstoff 8
Schweflige Säure 8
Schweißbrenner 29
Sediment 46
Seife 105, 117, 118, 133
Seifeninhaltsstoff 82
Selbstzündung 40
Sieden 93
Silan 126
Silberspiegelprobe 78, 136, 137
Silberweide 105
Siliciumdioxid 48
Silofutter 107
Sinkgeschwindigkeit 27
Skelettformel 21
Skorbut 107
Solarflüssigkeit 50
Solar-Wasserstoffanlage 51
Solarzelle 50, 51, 55
Sommersmog 58
Sonnenkollektor 50, 51, 55
Sorbinsäure 106
Sorbit 71, 97, 106
Speicherkraftwerk 54, 55
Spiritus 92
S-Sätze 147
Stabilität der Carbonsäureanionen 81
Stachelbeere 107
Stärke 92, 125
- Nachweis 125
- Speicherung 125
Stärkefolie 126
Startreaktion 31
Stearinsäure 73, 105, 117
Steinkohle 37
Stellungsisomerie 65
Stickstoff 41
Stickstoffdioxid (NO_2) 58
Stickstoffoxide 45
Stoff
- hydrophiler 69
- lipophiler 69
Stoffebene 117, 140, 141, 142
Stoffeigenschaften 7
Stoffmenge 6
Stoff-Teilchen-Konzept 68, 140, 141
Stratosphäre 44, 58, 59
Struktur-Eigenschafts-Konzept 26, 138
Strukturformel 21
Sturm 47
Styrol 60
Sublimationsenergie 6
Substitution 30
Sulfation 8
Sulfidion 8
Sulfition 8
Summenformel 21
Sumpfgas 38

T

Tartrat 107
Teilchenabstand 142
Teilchenebene 117, 136, 140, 141
Teilchenmasse 6
Teilchenmodell 140
Teilchenumgruppierung 142
Teilladungen 7
Tetrachlorethen („Per") 57
Tetraeder 7
Tetrafluorethen 60
Tetrose 122
thermische Energie 142
Tochtergeschwülste 132
Transport 37
Traubenzucker 92, 123
Treibhauseffekt 44, 46, 58, 61
- anthropogener 45, 47
- natürlicher 44
- und Kohlenstoffdioxid 46
Treibhausgas 45, 61
Treibhauspotential 57
Treibstoff 120
Trevira 112
Triacylglycerine 116
Tricarbonsäuren 107
Trichlormethan 57
Triglycerid 116, 133
Triose 122
Tropopause 59
Troposphäre 44, 45, 58
Turbine 54
Tyndall-Effekt 125
Tyrosin 129

U

Umesterung 120
ungesättigte Fettsäuren 116, 117
unvollständige Reaktionen 86
Unwetter 47
UV-Strahlen 58, 59

V

Van-der-Waals-Kräfte 7, 68, 70, 117, 138
Vanillin 101
Verbindungsklassen 89
Verbrennung 40, 41
- im Benzinmotor 40
- klopfende 40
Verbrennungsvorgänge 142
Veresterung 84, 88, 89
Verfügbarkeit 37
Vergällungsmittel 102
Verseifung 133, 136
- von Fetten 118
Vielfachzucker 122
Vielfalt der Proteine 131
Vinylchlorid 60
Viskosität 26, 27
Vitamin C 106, 107
Vollacetal 79
Vollketal 79
Vulkanausbruch 49

W

Waldschäden 41
Wärmestrahlung 44
Wasser 45, 98
Wasserdampf 44
Wasserstoffatom 80
Wasserstoffbrücken 7, 68, 70, 138
Watt 44
Weidenrinde 105
Weinsäure 106, 107
Weintrauben 107
Wellenkraftwerk 54
Weltenergiebedarf, Prognose 52
Windenergie 55
Windkraftanlage 54
WÖHLER, FRIEDRICH 14

X

Xylit 71, 97

Z

Zellatmung 48
Zellgift 99
Zimtaldehyd 101
Zitronenfalter 97
Zündfunken 142
Zündkerze 40
Zweifachzucker 122
zwischenmolekulare Kräfte 7, 68
Zwitterion 128, 129, 133
Zylinder 40

U1.1 Getty Images (Thomas Schmitt/RR), München – **U1.2** Getty Images (Stockbyte), München – **U1.3** Getty Images (Photographer's Choice), München – **8.2**, **10.2**, **10.5** Klett-Archiv, Stuttgart – **13.1** Getty Images (Photodisc/Dan Dalton), München – **13.2** Getty Images (Photonica/VEER Steve Drake), München – **13.3** Getty Images (Iconica), München – **13.4** Getty Images (Stone/Phil Degging), München – **13.5** Avenue Images GmbH (RF/Glowimages), Hamburg – **13.6** Getty Images (Stone/Michael Gall), München – **14.1** Deutsches Museum, München – **14.2** Ralph Grimmel, Stuttgart – **14.3** Prof. Dr. Peter Menzel, Esslingen – **17.1** iStockphoto (Damkier), Calgary, Alberta – **17.2** MEV, Augsburg – **17.3** Getty Images (Stockbyte), München – **17.4** Getty Images (Bill Steele), München – **17.5** Getty Images (Stockbyte Silver), München – **25.3**, **27.5** Klett-Archiv, Stuttgart – **27.6** Klett-Archiv (Zuckerfabrik digital), Stuttgart – **29.1** Klett-Archiv, Stuttgart – **29.3 (links)** MEV, Augsburg – **29.3 (rechts)** Mauritius, Mittenwald – **30.2** Klett-Archiv, Stuttgart – **35.1** Mauritius (Von Ravenswaay), Mittenwald – **35.2** Getty Images (Photodisc/Joseph Sohm – Visions of America), München – **35.3** Getty Images (Photographer's Choice), München – **35.4** Getty Images (Russell Illig), München – **35.5** Getty Images (The Image Bank), München – **35.6** Getty Images (Antonio Mo), München – **35.7** Getty Images (The Image Bank), München – **37.4** Mauritius (AGE), Mittenwald – **37.6** Mauritius (Mauritius images/Grafica), Mittenwald – **41.6** Teamwork Text und Foto (Karl-Bernd Karwasz), Hamburg – **44.2** NASA Goddard Space Flight Center (Tom Bridgman), Greenbelt, Maryland – **45.3** NASA Goddard Space Flight Center (Tom Bridgman), Greenbelt, Maryland – **47.8** Deutsches Klimarechenzentrum, Hamburg – **48.1** Okapia (David Fleetham, OSF), Frankfurt – **51.5** Gregor Honsel, Hannover – **51.6 a)** NASA, Washington , D.C. – **51.6 b)** www.bilderbox.com (Wodicka), Thening – **51.6 c)** Siemens AG, München – **51.6 d)** DPA (Haid), Hamburg – **54.3** Avenue Images GmbH (PhotoDisc), Hamburg – **56.1** Helga Lade, Frankfurt – **57.2** Focus (EOS/Meckes), Hamburg – **59.5** Deutsches Zentrum für Luft- u. Raumfahrt e.V., Weßling – **59.6** Getty Images (The Image Bank), München – **60.2** Fotolia LLC (Tom Schmucker), New York – **63.1** Getty Images (Getty Images), München – **63.2** Getty Images (Peter Dazeley), München – **63.3** Mauritius Royalty Free (imagebroker.net), Mittenwald – **63.4** Avenue Images GmbH (imagesource), Hamburg – **63.5** Getty Images (Taxi/Denis Boissavy), München – **63.6** Klett-Archiv (Zuckerfabrik Digital), Stuttgart – **65.E1** A1PIX (A1PIX), Taufkirchen – **66.2** Deutsches Museum, München – **69.4**, **69.5** Klett-Archiv (Zuckerfabrik digital), Stuttgart – **69.6** Klett-Archiv (Bettina Sommer), Stuttgart – **71.10** Picture-Alliance (dpa/Kay Nietfeld), Frankfurt – **71.12** Okapia (Wolfgang Steinmetz), Frankfurt – **72.2** Klett-Archiv, Stuttgart – **72.3** Getty Images (Chris Young), München – **73.2** Klett-Archiv (Zuckerfabrik digital), Stuttgart – **74.1** StockFood (Michael Brauner), München – **74.2**, **74.3**, **74.4** Klett-Archiv, Stuttgart – **75.5** Visum (Stefan Sobotta), Hamburg – **76.2** Klett-Archiv (Peter Zehentmeier), Stuttgart – **77.1** Okapia (Steinmetz), Frankfurt – **77.2** Picture-Alliance (dpa/Roland Scheidemann), Frankfurt – **78.1**, **78.2**, **82.6** Klett-Archiv, Stuttgart – **82.7** Mauritius (Botanica), Mittenwald – **82.8** Klett-Archiv, Stuttgart – **83.1** Springer Verlag (aus: BIOspektrum 5/2007, S. 578), Heidelberg – **85.2**, **85.4** Klett-Archiv (Zuckerfabrik digital), Stuttgart – **87.9**, **87.10** Klett-Archiv (Peter Zehentmeier), Stuttgart – **91.1** StockFood (Roland Krieg), München – **91.2** MEV, Augsburg – **91.3** Mauritius (JIRI), Mittenwald – **91.4** StockFood (Ursula Sonnenberg), München – **91.5** StockFood (Walter Cimbal), München – **91.6** Mauritius (Stock Image), Mittenwald – **92.1** Kage Mikrofotografie, Lauterstein – **92.2** Picture-Alliance (Helga Lade), Frankfurt – **93.1 a)** agrimedia, Eisenberg – **93.1 b)** Helga Lade (Fischer), Frankfurt – **93.1 c)** Okapia, Frankfurt – **93.1 d)**, **93.1 e)** Deutscher Brauer-Bund e.V., Berlin – **93.2**, **93.3** Deutscher Brauer-Bund e.V., Berlin – **94.3** Avenue Images GmbH (RF/www.imagesource), Hamburg – **95.4** Mauritius (Ripp), Mittenwald – **96.3** ecopix Fotoagentur (ecopix Fotoagentur), Berlin – **97.4** blickwinkel (G. Stahlbauer), Witten – **97.6** f1 online digitale Bildagentur (Birgit Koch), Frankfurt – **99.4** StockFood (Achim Deimling-Ostrinsky), München – **101.1 (oben)** MEV, Augsburg – **101.1 (unten)** Thomas & Thomas Design, Heidesheim – **102.2** Klett-Archiv (Sommer), Stuttgart – **103.E1** Corbis (Bettmann), Düsseldorf – **103.2** Klett-Archiv, Stuttgart – **104.1** StockFood (Element Photo), München – **105.1** Baumann, Gomadingen – **105.2** Avenue Images GmbH (Fancy), Hamburg – **105.3** Focus (Chapman/SPL), Hamburg – **106.2** Thomas Seilnacht, Bern – **106.3** Klett-Archiv (Bettina Sommer), Stuttgart – **107.1 a)** Getty Images (Dorling Kindersley), München – **107.1 b)** Avenue Images GmbH (imagesource), Hamburg – **107.1 c)** Corel Corporation, Unterschleissheim – **107.1 d)** Getty Images (Photodisc/Pearce/Photolink), München – **107.1 e)** Getty Images (Iconica/Johner), München – **108.1** Klett-Archiv (Zuckerfabrik digital), Stuttgart – **109.1** Focus (Burgess/SPL), Hamburg – **109.2** Focus (Parker/SPL), Hamburg – **109.3** alimdi.net (Claudia Reitmeier), Deisenhofen – **109.5** Hardy Haenel, Hamburg – **110.1** creativ collection, Freiburg – **112.1** Klett-Archiv (Bettina Sommer), Stuttgart – **112.2** MEV, Augsburg – **113.1** Getty Images (Stone/Kelvin Murra), München – **114.4** Mauritius (age fotostock), Mittenwald – **115.1** Mauritius (Ypps), Mittenwald – **115.2** Avenue Images GmbH (Pixtal), Hamburg – **115.3** StockFood (Walter Cimbal), München – **115.4** Mauritius (Viktor Trublenkov), Mittenwald – **115.5** Getty Images (Chris Newton), München – **115.6** Mauritius (Nikky), Mittenwald – **116.4** Klett-Archiv, Stuttgart – **118.1** Mauritius (Busse Yankushev), Mittenwald – **120.1** ullstein bild (The Granger Collection), Berlin – **120.2** ELSBETT Technologie GmbH, Thalmässing – **120.4** Visum (Klein), Hamburg – **121.1** Getty Images (Muriel de Seze), München – **121.2** Picture-Alliance (Bonß), Frankfurt – **122.1** Klett-Archiv (Nature + Science AG), Stuttgart – **123.1** Klett-Archiv (Bettina Sommer), Stuttgart – **123.2** creativ collection, Freiburg – **124.5** Klett-Archiv (Bettina Sommer), Stuttgart – **126.2** Picture-Alliance (dpa), Frankfurt – **127.3** Getty Images (Dr. Dennis Kunkel), München – **127.5** Klett-Archiv (Bettina Sommer), Stuttgart – **132.3** Avenue Images GmbH (Getty/Digital Vision/Gray), Hamburg – **133.3 a)** Klett-Archiv, Stuttgart – **133.3 b)** Mauritius (Botanica), Mittenwald – **133.3 c)** Kage Mikrofotografie, Lauterstein – **133.3 d)** Werner Nachtigall (aus: „W. Nachtigall, G. Blüchel: Das große Buch der Bionik", Deutsche Verlags Anstalt), Saarbrücken – **134.3** Mauritius (Foodpix), Mittenwald – **137.3** Klett-Archiv, Stuttgart – **141.5** Klett-Archiv, Stuttgart – **143.2** Blume-Bild (Kirsch), Celle – **143.3** creativ collection, Freiburg

Gestaltung Bildperiodensystem: normaldesign, Schwäbisch Gmünd und Thomas Seilnacht, Bern

Periodensystem der Elemente

mittlere Atommasse in u — 186,2
Ordnungszahl — 75 **Re** — Elementsymbol
Metalle / Halbmetalle / Nichtmetalle
Elementname — Rhenium

fest / gasförmig / flüssig

	I (1)	II (2)	III A (3)	IV A (4)	V A (5)	VI A (6)	VII A (7)	VIII A (8/9/1	
1	1,0 1 **H**  Wasserstoff								
2	6,9 3 **Li**  Lithium	9,0 4 **Be**  Beryllium							
3	23,0 11 **Na**  Natrium	24,3 12 **Mg**  Magnesium							
4	39,1 19 **K**  Kalium	40,1 20 **Ca**  Calcium	45,0 21 **Sc**  Scandium	47,9 22 **Ti**  Titan	50,9 23 **V**  Vanadium	52,0 24 **Cr**  Chrom	54,9 25 **Mn**  Mangan	55,8 26 **Fe**  Eisen	58,9 27 **Co**  Cobalt
5	85,5 37 **Rb**  Rubidium	87,6 38 **Sr**  Strontium	88,9 39 **Y**  Yttrium	91,2 40 **Zr**  Zirconium	92,9 41 **Nb**  Niob	95,9 42 **Mo**  Molybdän	98 43 **Tc** $4{,}2 \cdot 10^6$ a Technetium	101,1 44 **Ru**  Ruthenium	102,9 45 **Rh**  Rhodium
6	132,9 55 **Cs**  Caesium	137,3 56 **Ba**  Barium	57–71 Lanthanoide	178,5 72 **Hf**  Hafnium	180,9 73 **Ta**  Tantal	183,8 74 **W**  Wolfram	186,2 75 **Re**  Rhenium	190,2 76 **Os**  Osmium	192,2 77 **Ir** 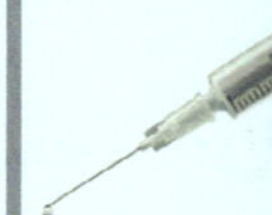 Iridium
7	223 87 **Fr** 22 min Francium	226 88 **Ra** 1600 a Radium	89–103 Actinoide	261 104 **Rf** 78 s Rutherfordium	262 105 **Db** 34 s Dubnium	266 106 **Sg** 21 s Seaborgium	267 107 **Bh** 17 s Bohrium	269 108 **Hs** 9 s Hassium	268 109 **Mt** 70 m Meitnerium

Lanthanoide	138,9 57 **La** Lanthan	140,1 58 **Ce** Cer	140,9 59 **Pr** Praseodym	144,2 60 **Nd** Neodym	145 61 **Pm** 17,7 a Promethium	150,4 62 **Sm** Samarium	152,0 63 **Eu** Europium
Actinoide	227 89 **Ac** 22 a Actinium	232 90 **Th** $1{,}4 \cdot 10^{10}$ a Thorium	231 91 **Pa** $3{,}3 \cdot 10^4$ a Protactinium	238 92 **U** $4{,}5 \cdot 10^9$ a Uran	237 93 **Np** $2{,}1 \cdot 10^6$ a Neptunium	244 94 **Pu** $8{,}0 \cdot 10^7$ a Plutonium	243 95 **Am** 7370 a Americium